高等学校"十三五"规划教材

大学基础化学实验

第三版

吴俊森　主　编

许　文　王　琦　马永山　副主编

U0231039

化学工业出版社

·北京·

内容简介

本书涉及无机化学实验、分析化学实验、有机化学实验、物理化学实验等课程，在保证原四大化学实验基本要求的基础上，对实验内容进行了优化。本书分为两大部分，第一部分是基础化学实验基本知识，分为绪论、化学实验室常用仪器设备的使用、化学实验基本操作、实验中的数据表达与处理等，使学生能够较系统地掌握化学实验基础知识。第二部分是实验，共计 61 个。在选取实验项目时，考虑到学科之间相互交叉渗透，编写了与环境科学、材料科学及生命科学相关的应用性化学实验，以拓展学生的知识面，同时也有利于不同专业的学生使用。

本书为高等院校应用化学、环境、生物、材料、医学、农学、市政、土木等近化学专业的实验教材，也可供从事化学实验工作或化学研究的工作人员参考。

图书在版编目（CIP）数据

大学基础化学实验/吴俊森主编．—3 版．—北京：
化学工业出版社，2021.2（2024.1重印）
高等学校"十三五"规划教材
ISBN 978-7-122-38137-8

Ⅰ.①大⋯　Ⅱ.①吴⋯　Ⅲ.①化学实验-高等学校-
教材　Ⅳ.①O6-3

中国版本图书馆 CIP 数据核字（2020）第 243425 号

责任编辑：宋林青　　　　　　　　文字编辑：刘志茹
责任校对：宋　玮　　　　　　　　装帧设计：史利平

出版发行：化学工业出版社（北京市东城区青年湖南街 13 号　邮政编码 100011）
印　　刷：北京云浩印刷有限责任公司
装　　订：三河市振勇印装有限公司
787mm×1092mm　1/16　印张 14½　彩插 1　字数 362 千字　2024 年 1 月北京第 3 版第 4 次印刷

购书咨询：010-64518888　　　　　　　　售后服务：010-64518899
网　　址：http://www.cip.com.cn

凡购买本书，如有缺损质量问题，本社销售中心负责调换。

定　　价：32.00 元

前　言

本书第一版于 2006 年出版，第二版于 2013 年出版，根据学科发展和教学需要，在保持第二版基本格局的前提下，对教材内容进行了修改和增减。

本次再版突出了安全化学、绿色化学的理念，在保证对学生基本训练的基础上，加强创新意识和绿色环保意识的培养。对部分实验内容、化学实验中常用的仪器等进行了增减、更新，新增了 7 个实验。

本书共分为两大部分：第一部分是化学实验基本知识，第二部分是实验，全书共收录了 61 个实验，内容涉及化学二级学科的无机化学实验、有机化学实验、分析化学实验和物理化学实验的基本原理和技能。

本次修订由吴俊森教授任主编并整理定稿，参加本书第三版修订工作的有吴俊森教授（第一部分，第二部分中实验 1～9、实验 24～43 和附录 1～21）、许文副教授（实验 10～23）、王琦副教授（实验 44～56）、马永山副教授（实验 57～61）。张兆海副教授、孙友敏教授、贾祥凤副教授、李雪梅副教授以及化学教研室与实验室的老师们提出了许多宝贵意见及建议，在此表示衷心感谢。

此次修订虽经一再校阅，仍会有不尽如人意之处，欠妥之处仍恐难免，恳请读者批评指正，我们将不胜感激。

编者
2020 年 9 月

第一版前言

社会的发展对高等工科（非化工专业）院校的化学教育提出了许多新的要求，如课程体系、教学内容、学时安排等。自 2000 年以来，我校化学实验教学示范中心对四大化学（无机化学、分析化学、有机化学和物理化学）实验如何适应教学改革发展的要求作了较为深入地探讨，从实验教学的课程框架上，在保证原四大化学实验基本教学要求的基础上，考虑到课程的系统性、科学性和完整性，改变了四大化学实验彼此独立、自成体系的传统模式，对实验内容进行了优化，将它们组合成了一门课程，即"大学基础化学实验"。

该书分为两部分，第一部分是基础化学实验基本知识，分为绪论、化学实验室常用仪器设备的使用、化学实验基本操作、实验中的数据表达与处理等，以使学生能够较系统地掌握化学实验基础知识。第二部分是实验，共计 52 个，涵盖了基本操作及基本技能训练实验、综合性及设计性实验等内容。在选取实验项目时，考虑到学科之间相互交叉渗透的特点，编写了与材料科学、生命科学及环境科学相关的应用性化学实验，以拓展学生的知识面，同时也有利于不同专业的学生使用。另外，与科技发展相适应，在仪器更新速度不断加快的情况下，本书尽量采用较新型号的仪器为参考，同时兼顾较旧型号的仪器。

本书由吴俊森主编，参加编写工作的有孙友敏（第一部分 1.1～1.5，2.1～2.4 及实验 49～51），许文（第一部分 3.1～3.6，实验 9～19，实验 48 及实验 52），张兆海（实验 1～8），王琦（第一部分 2.8～2.9 及实验 38～41），冯立明（第一部分 4.1～4.5），郭晓斐、冯立明（实验 22～26，30～33，37 及附录 1～2），王桂青（实验 42、43），王玥（实验 44～47），常乃丰（附录 3～23），吴俊森（第一部分 2.5～2.7，实验 20、21，27～29，34～36）。全书由吴俊森统稿，冯立明，吴俊森主审。在编写过程中，马铭杰老师提出了许多宝贵意见，在此表示衷心的感谢。

由于编者水平有限，虽经一再校阅，书中可能仍有疏漏之处，敬请读者提出宝贵意见和建议。

编者
2006 年 5 月

第二版前言

本书是根据化学实验的教学基本要求，在 2006 年《大学基础化学实验》第一版的基础上修订而成的。

本书继续保持第一版原有的加强与工程实践的联系、因材施教、重视对学生能力的培养、考虑学科之间相互交叉渗透等特点。此次修订对第一版的内容做了调整、充实和改编，进一步加强了与工程实践的联系，编写了一些新的应用性实验，如水中碱度的测定、溶解氧的测定等，并增加了部分附录内容及新型设备的使用方法。

本书实验主要包括：练习基本操作的实验；与化学理论教学内容有关的实验；培养科学研究能力的研究性、设计性及综合性实验。

本书由吴俊森主编，参加本书第二版修订工作的有贾祥凤（第一部分，基础化学实验基本知识）、王琦（实验四十一～四十五）、冯立明（实验二十三～二十七，三十三～三十六，四十六～五十一）、张兆海（实验一～八）、孙友敏（实验五十二～五十六）、许文（实验九～十九）、马永山（实验三十七～四十，附录 1～23）、吴俊森（实验二十～二十二，二十八～三十二）。全书由吴俊森整理定稿，冯立明主审。在修订过程中，马铭杰老师、任会学老师提出了许多宝贵意见，在此表示衷心感谢。

由于编者水平有限，虽经一再校阅，但欠妥之处仍恐难免，望读者批评指正。

编者

2012 年 10 月

目　　录

第一部分　基础化学实验基本知识

第二部分　实　验　内　容

附　　录

第一部分　基础化学实验基本知识

1　绪　　论

1.1　基础化学实验课的教学目标

化学是一门以实验为基础的学科，化学中的定律和理论基本上是从实验中总结出来的，且任何定律和理论的检验、评价以及应用都以实验为依据。因此，在化学教学中，实验是对学生进行科学实验基本训练的必修基础课。

基础化学实验的教学目的是通过基本实验的严格训练，使学生正确掌握化学实验的基本原理、基本操作和基本技能以及正确使用基本实验仪器，培养学生独立工作的能力；通过综合实验，培养学生对典型实验方法和"三基"的综合运用能力；培养学生实事求是的科学态度、严谨治学的科学素养、细致整洁的科学习惯以及勤于思考、勇于开拓的科学精神。

1.2　基础化学实验课的学习方法

要达到上述实验目的，不仅要有正确的学习态度，而且要有正确的学习方法。实验前的预习、实验室实验和实验后书写实验报告是安全、有效地完成基础化学实验的三个重要环节。

1.2.1　实验预习

实验预习是做好实验的第一步，首先应认真阅读实验教材及相关的参考资料，做到明确实验目的、清楚实验原理、熟悉实验内容和实验方法、牢记实验条件和实验中有关的注意事项。在此基础上，简明扼要地写出预习笔记。预习笔记包括实验目的和要求、实验基本原理、实验内容、操作步骤以及针对实验中可能出现的问题，写出防范措施和解决办法。

1.2.2　实验操作及注意事项

实验是培养独立工作和思维能力的重要环节，必须认真、独立地完成。

（1）按时进入实验室，认真听指导教师讲解实验、回答问题。疑难问题要及时提出，并在教师指导下做好实验准备工作。

（2）实验仪器和装置装配完毕，须经指导教师同意后方可接通电源进行实验。实验操作及仪器的使用要严格按照操作规程进行。

（3）实验过程中精力要集中，仔细观察实验现象，实事求是地记录实验数据，积极思考，发现异常现象要仔细查明原因，或请教指导教师帮助分析处理。实验记录是科学研究的第一手资料，实验记录的好坏直接影响实验结果的分析。因此，必须对实验的全过程进行仔细观察和记录，记录时，要与操作一一对应，内容简明扼要，书写清楚。

（4）实验中应保持良好的秩序。不大声喧哗、打闹，不随便走动，不乱拿仪器药品，爱护公共财物，保持实验室卫生。实验记录和实验结果必须经老师审查，老师同意后方可离开实验室。

1.2.3 实验报告

学生应独立完成实验报告，并按规定时间送指导教师批阅。实验报告内容包括实验目的、实验原理、简单操作步骤、数据处理和结果讨论。数据处理应有原始数据记录表和计算结果表示表（有时两者可合二为一），结果讨论应包括对实验现象的分析解释、查阅文献的情况、对实验结果进行定性分析或定量计算、对实验的改进意见和做实验的心得体会等。这是锻炼学生分析问题的重要环节，是使直观的感性认识上升到理性思维的必要步骤，务必认真对待，严谨相互抄袭和随意涂改。

1.3 实验报告的基本格式

性质实验报告

实验名称：

学院（系）：　　　　　　　专业：　　　　　　　班级：

学号：　　　　　　　　　　姓名：　　　　　　　实验日期：

一、实验目的

略写。

二、实验内容（以表格形式填写）

实验步骤	实验现象	解释及反应方程式
1. $0.1mol \cdot L^{-1}$ NaOH(3mL)＋酚酞试液	溶液呈红色	$NaOH \longrightarrow Na^{+} + OH^{-}$
2.……	……	……

三、问题与讨论

测定实验报告

实验名称：

学院（系）：　　　　　　　专业：　　　　　　　班级：

学号：　　　　　　　　　　姓名：　　　　　　　实验日期：

一、实验目的

略写。

二、实验原理

略写。

三、实验步骤

不要抄书上的文字，实验步骤可用一流程图来表示，达到根据此流程图即可进行实验的目的。

四、数据记录与结果处理

可将实验中测定的数据与所需计算的结果总结在一个表格中。

五、问题与讨论

合成实验报告

实验名称：

学院（系）：　　　　　　　专业：　　　　　　　班级：

学号：　　　　　　　　　　姓名：　　　　　　　实验日期：

一、实验目的

略写。

二、反应原理

略写。

三、实验步骤及现象记录

不要抄书上的文字，实验步骤可用"框图"来表示，每一个操作可作为一个"框图"，画出仪器装置图。

四、实验结果

产物的颜色状态：

理论产量计算：

产量＝　　　　　；

产率＝　　　　　。

五、问题与讨论

1.4 基础化学实验的安全知识

进行化学实验时，经常要接触到水、电以及易燃、易爆、有毒的有机试剂和溶剂，因此，必须十分注意安全。事故的发生，往往是不熟悉药品和仪器性能、违反操作规程和麻痹大意所致。只要做好实验预习，严格操作规程，坚守岗位，集中精力，事故是可以避免的。

1.4.1 实验室规则

为了保证化学实验课的教学质量，确保每堂课都能安全、有效、正常进行，学生必须遵守以下规则。

（1）在进入化学实验室以前，必须认真阅读本章内容，了解进入实验室后应注意的事项及有关规定。每次做实验前，认真预习该实验内容，明确实验目的及要掌握的操作技能。了解实验步骤、所用药品的性能及相关安全问题。写出实验预习报告。

（2）实验课开始后，先认真听指导老师讲解实验，然后严格按照操作规程安装好实验装置，经老师检查合格后方可进行下一步操作。

（3）药品的称量应在老师指定的地方进行，称取完毕，要及时将试剂瓶盖子盖好，并将台秤和药品台擦净。不许将药品瓶拿到自己的实验台称取。

（4）实验过程中要仔细观察实验现象，认真及时做好记录，同学间可就实验现象进行研讨，但不许谈论与实验无关的问题。不经老师许可，不能离岗。不能听随身听、接打手机。严禁吸烟、饮食。固、液体废弃物分别放在指定的垃圾盒中，不能随便扔、倒在水池中。

（5）实验完毕，把实验记录交老师审阅，由老师登记实验结果。学生将产品回收到指定瓶中，然后洗净自己所用的仪器并保管好。公用仪器放在指定的位置。把自己的卫生区清理干净后，经老师许可方可离开实验室。

（6）每天的值日生负责实验室的整体卫生（水池、通风橱、台面、地面）、废液的处理、水电安全。经老师检查合格后，方可离去。

1.4.2 安全防火措施

化学药品中，很多是易燃、易爆的，因此，火灾是实验室应重点防范的事故之一。为了防止着火，实验中必须注意以下几点。

（1）各类易燃、易爆试剂在存放时应远离明火。环境应通风、阴凉；易相互发生反应的试剂应分开放置；活泼的金属钾、钠不要与水接触或暴露在空气中，应保存在煤油中，废钠通常用乙醇或异丙醇销毁；白磷应保存在水中；盛有机试剂的试剂瓶瓶塞要塞紧。

（2）不能用敞口容器加热和放置易燃、易爆的化学试剂。应根据实验要求和物质的特性选择正确的加热方法，如对沸点低于80℃的液体，在蒸馏时，应采用间接加热，严禁用电炉或火焰直接加热。

（3）不得在烘箱内存放、干燥、烘焙有机物。

（4）使用高压气体钢瓶时，要严格按操作规程进行，如乙炔、氢气钢瓶应远离明火，存放在通风良好的地方。使用氧气钢瓶时，不得让氧气大量溢入室内。在含氧量约25%的大气中，物质燃烧所需的温度要比在空气中低得多，且燃烧剧烈，不易扑灭。不得让气体钢瓶在地上滚动，不得撞击钢瓶表头，更不得随意调换表头。搬运钢瓶时应使用钢瓶车。

（5）易爆炸物质在移动或使用时不得剧烈振动，必要时先戴好面罩再进行操作。

（6）在实验室内严禁吸烟，严禁将不同试剂胡乱掺和，严禁使用不知其成分的试剂。废溶剂不得倒入废液缸和垃圾桶中，应专门回收处理。

（7）若不慎发生着火，应及时采取正确的措施，控制事故的扩大。首先，立即切断电源，移走易燃物。然后根据易燃物的性质和火势，采取适当的方法补救。

火情及灭火方法简介如下：

- 烧瓶内反应物着火时，用石棉布盖住瓶口，火即熄；
- 地面或桌面着火时，若火势不大，可用淋湿的抹布或沙子灭火；
- 衣服着火，应就近卧倒，用石棉布把着火的部位包起来，或在地上滚动以灭火焰，切忌在实验室内乱跑；
- 火势较大，应采用灭火器灭火。二氧化碳灭火器是化学实验室最常用的灭火器。灭火器内存放着压缩的二氧化碳气体，使用时，一手提灭火器，一手握在喷二氧化碳的喇叭筒的把手上（不能手握喇叭筒！以免冻伤）。打开开关，二氧化碳即可喷出。这种灭火器，灭火后的危害小，特别适用于油脂、电器及其他较贵重的仪器着火时灭火。

常用灭火器的性能及特点列于表1-1。

表 1-1　常用灭火器的性能及特点

灭火器类型	药液成分	适用范围
二氧化碳灭火器	液态 CO_2	适用于扑灭电器设备、小范围的油类及忌水的化学药品失火
泡沫灭火器	$Al_2(SO_4)_3$ 和 $NaHCO_3$	适用于油类着火，但污染严重,后处理麻烦
四氯化碳灭火器	液态 CCl_4	适用于扑灭电器设备、小范围的汽油、丙酮等着火。不能用于扑灭活泼金属如钾、钠的起火
干粉灭火器	主要成分是碳酸氢钠等盐类物质与适量的润滑剂和防潮剂	适用于扑灭油类、可燃性气体、电器设备、精密仪器、图书文件等物品的初起火灾
酸碱灭火器	H_2SO_4 和 $NaHCO_3$	适用于扑灭非油类和电器的初起火灾
1211灭火器	CF_2ClBr 液化气体	特别适用于油类、有机溶剂、精密仪器、高压电器设备失火

不管用哪一种灭火器，都是从火的周围向中心扑灭。

需要注意的事，在大多数场合下不能用水来扑灭有机物着火。因为一般有机物的密度都比水小，泼水后，火不但不熄反而漂浮在水面燃烧，火随水流蔓延，将会造成更大的火灾事故。

- 如火势不易控制，应立即拨打火警电话119！

1.4.3　中毒的预防及处理

大多数化学药品都具有一定的毒性。中毒主要是通过呼吸道和皮肤接触有毒物品而对人体造成危害。因此，预防中毒应做到以下几点。

（1）实验前要了解药品的性能，称量时使用工具、戴乳胶手套，尽量在通风橱中进行。特别注意的是勿使有毒药品触及五官和伤口处。

（2）反应中可能生成有毒气体的实验应加气体吸收装置，并将尾气导至室外。

（3）用完有毒药品或实验完毕要用肥皂将手洗净。

假如已发生中毒，应按如下方法处理。

（1）溅入口中尚未下咽者　应立即吐出，用大量水冲洗口腔；如已吞下，应根据毒物的性质给以解毒剂，并立即送医院救治。

（2）腐蚀性毒物中毒　对于强酸，先饮大量水，然后服用氢氧化铝膏、鸡蛋清；对于强碱，也应先饮大量水，然后服用醋、酸果汁、鸡蛋清。不论酸或碱中毒皆再给以牛奶灌注，不要吃呕吐剂。

（3）刺激剂及神经性毒物中毒　先用牛奶或鸡蛋清使之立即冲淡和缓和，再用一大匙硫酸镁（约30g）溶于一杯水中催吐。有时也可用手指伸入喉部促使呕吐，然后立即送医院救治。

（4）吸入气体中毒　将中毒者移至室外，解开衣领及袖口。吸入少量氯气或溴者，可用碳酸氢钠溶液漱口。

1.4.4　灼伤的预防及处理

皮肤接触了高温、低温或腐蚀性物质后均可能被灼伤。为避免灼伤，在接触这些物质时应戴好防护手套和眼镜。发生灼伤时应按下列要领处理。

（1）被碱灼伤时　先用大量水冲洗，再用1%～2%的乙酸或硼酸溶液冲洗，然后再用水冲洗，最后涂上烫伤膏；

（2）被酸灼伤时　先用大量水冲洗，然后用1%～2%的碳酸氢钠溶液冲洗，最后涂上烫伤膏；

（3）被溴灼伤时　应立即用大量水冲洗，再用酒精擦洗或用2%的硫代硫酸钠溶液洗至灼伤处呈白色，然后涂上甘油或鱼肝油软膏加以按摩；

（4）被热水烫伤时　应立即用冷水冲洗，一般在患处涂上红花油，然后擦烫伤膏；

（5）被金属钠灼伤时　可见的小块用镊子移走，再用乙醇擦洗，然后用水冲洗，最后涂上烫伤膏；

（6）以上这些物质一旦溅入眼睛中（金属钠除外），应立即用大量水冲洗，并及时去医院治疗。

1.4.5　割伤的预防及处理

化学实验中主要使用玻璃仪器。使用时，最基本的原则是不能对玻璃仪器的任何部位施加过度的压力。具体操作要注意以下两点。

（1）需要用玻璃管和塞子连接装置时，用力处不要离塞子太远，尤其是插入温度计时，要特别小心。

（2）新割断的玻璃管断口处特别锋利，使用时，要将断口处用火烧至熔化，或用小刀使其成圆滑状。

发生割伤后，应先将伤口处的玻璃碎片取出，再用生理盐水将伤口洗净，轻伤可用"创可贴"，伤口较大时，用纱布包好伤口送医院。若割破静（动）脉血管，流血不止时，应先止血。具体方法是：在伤口上方5～10cm处用绷带扎紧或用双手掐住，尽快送医院救治。

1.4.6 水电安全

同学进入实验室后，应首先了解水电开关及总闸的位置在何处，而且要掌握它们的使用方法。如实验开始时，应先缓缓接通冷凝水（水量要小），再接通电源打开电热包。但绝不能用湿手或手握湿物去插（拔）插头。使用电器前，应先检查线路连接是否正确，电器内外要保持干燥，不能有水或其他溶剂。实验做完后，应先关掉电源，再去拔插头，而后关掉冷凝水。值日生在做完值日后，要关掉所有的水闸及总电闸。

1.4.7 实验室废物的处理

（1）废液的处理　废液要回收到指定的回收瓶或废液缸中集中处理。

（2）废弃固体的处理　任何废弃固体物（如沸石、棉花、镁屑等）都不能倒入水池中，而要倒入教师指定的固体垃圾盒中，最后由值日生在教师的指导下统一处理。

（3）易燃、易爆的废弃物（如金属钠）应由教师处理，学生切不可自主处理。

1.5 化学试剂常识

化学试剂是实验中不可缺少的物质，因此，了解试剂的性质、分类、等级以及使用、保管常识是非常必要的。

1.5.1 化学试剂的分类

化学试剂的种类很多，世界各国对化学试剂的分类和级别的标准不尽一致，各国都有自己的国家标准或其他标准（部颁标准、行业标准等）。我国化学试剂的产品标准有国家标准（GB）、化工部标准（HG）及企业标准（QB）。目前，部级标准已归纳为行业标准（ZB）。近年来，陆续有一些化学试剂的国家标准在建立或修订过程中不同程度地采用了国际标准或国外的先进标准。我国生产的化学试剂（通用试剂）的等级标准，按照药品中杂质含量的多少，基本上可分为四级，级别的代表符号、规格标志及适用范围如表1-2所示。

表 1-2　化学试剂的级别和适用范围

级别	一级品	二级品	三级品	四级品	
中文名称	保证试剂,优级纯	分析试剂,分析纯	化学纯	实验试剂	生物试剂
英文名称	guaranteed reagent	analytical reagent	chemical pure	laboratory reagent	biological reagent
英文符号	G.R.	A.R.	C.P.	L.R.	B.R.
瓶签颜色	绿	红	蓝	棕或黄	黄或其他颜色
适用范围	精密分析和科学研究	精密的定性定量分析	一般定性及化学制备	一般化学实验辅助试剂	生物化学及医用化学实验

根据实验的不同要求选用不同级别的试剂。一般说来，在制备化学实验中，化学纯级别的试剂就已能符合实验要求。但在有些实验中，例如分析实验中，要使用分析纯级别的试剂。

随着科学技术的发展，对化学试剂的纯度要求也愈加严格，愈加专门化，因而出现了具有特殊用途的特殊规格试剂。例如，"色谱试剂（G.C.，G.L.C.）"、"生化试剂（B.R.，C.R.，E.B.P.）"、"高纯试剂（C.G.S.）"等。此外，在工业生产中，还有大量的化学工业品以及可供食用的食品级产品等。

1.5.2　化学试剂的选用

要根据所做实验的具体情况，如分析方法的灵敏度和选择性、分析对象的含量及对分析结果准确度的要求，合理选用相应级别的试剂。由于高纯试剂和基准试剂的价格要比一般试剂高得多，因此，在满足实验要求的前提下，选择试剂的级别应就低而不就高，注意节约。试剂的选用要考虑以下几点。

（1）滴定分析中常用标准溶液，应选择分析纯试剂配制，基准试剂标定。在某些情况下，如对分析结果要求不很高的实验，也可用优级纯或分析纯代替工作基准试剂标定。滴定分析中所用的其他试剂一般为分析纯试剂。

（2）如所做实验对杂质含量要求低，应选择优级纯试剂，若只对主体含量要求高，则应选用分析纯试剂。

（3）仪器分析实验中一般选用优级纯或专用试剂，测定微量成分时应选用高纯试剂。

1.5.3　化学试剂的保管

保管化学试剂，要注意防火、防水、防挥发、防曝光和防变质。应根据试剂的易燃性、腐蚀性、潮解性和毒性等不同特点，采取不同的方式保存。危险性试剂必须严格管理和控制，应分类隔开存放，不可混放。一般来说，无机试剂要与有机试剂分开存放。

针对不同的试剂，在保管中应注意下列问题。

（1）$KMnO_4$、$K_2Cr_2O_7$、$KClO_3$、硝酸盐和过氧化物等强氧化剂，应存放于阴凉通风处，不可与还原性物质或可燃物一起存放，避免受热、受撞击。

（2）Li、Na、K、锌粉和电石可与水发生剧烈反应，产生可燃性气体。Li须以石蜡密封，Na、K须保存于煤油中，锌粉和电石应置于干燥处。

（3）有机溶剂等易燃液体试剂，应保存在阴凉通风处，注意单独存放，远离火源。

（4）铝粉、镁粉、硫黄和红磷等易燃固体试剂应存于通风干燥处，注意单独存放。白磷须保存在水中，且置于阴凉避光的地方。

（5）剧毒药品如氰化物、含砷化合物、汞盐以及汞等，应由专人负责，锁于铁柜中。其他有毒试剂，如钡盐、铅盐、锑盐等，也应妥善保管。

（6）固体试剂应装在广口瓶中，液体试剂盛在细口或滴瓶中；见光易分解或变质的试剂应盛放在棕色瓶中，避光保存；容易侵蚀玻璃而影响试剂纯度的，如过氧化氢、氢氟酸、含氟盐、苛性碱等应储存于塑料瓶中，盛碱的瓶子要用橡皮塞，不能用磨口塞，以防瓶口被碱溶结。试剂瓶应贴上标签，注明试剂名称、纯度、浓度和配制日期。标签外面贴透明胶带保护。

2　化学实验室常用仪器、设备的使用

2.1　常用玻璃仪器及其使用

化学实验中经常使用玻璃仪器，这是由于玻璃具有很高的化学稳定性及热稳定性，有很好的透明度及良好的绝缘性能和一定的机械强度；另一方面玻璃原料来源方便，并可以用多种方法按需求制成各种不同的产品，还可以通过改变玻璃的化学组成制出各种不同需求的玻璃仪器。常用的玻璃仪器见表 2-1。

表 2-1 常用的玻璃仪器

仪器图示	规格	用途	备注
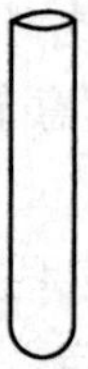 试管 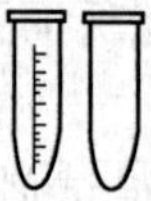 离心试管	分硬质试管、软质试管、普通试管、离心试管； 普通试管以（管口外径×长度）表示，离心试管以其容积表示	用作少量试液的反应容器，便于操作和观察；离心试管还可用于定性分析中的沉淀分离	加热后不能骤冷，以防试管破裂； 盛试液不超过试管的1/3～1/2； 加热时用试管夹夹持，管口不要对人，且要求不断摇动试管，使其受热均匀； 小试管一般用水浴加热
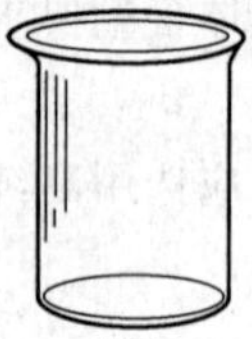 烧杯	以容积表示，如 1000mL、500mL、400mL、250mL、100mL、50mL、25mL	反应容器； 反应物较多时用，亦可配制溶液、溶样等	可以加热至高温，使用时应注意勿使温度变化过于剧烈； 加热时底部垫石棉网，使其受热均匀，一般不可烧干
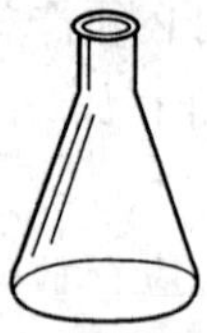 锥形瓶	以容积表示，如 500mL、250mL、100mL、50mL	反应容器； 摇荡比较方便，适用于滴定操作	可以加热，使用时应注意勿使温度变化过于剧烈； 加热时底部垫石棉网，使其受热均匀； 磨口锥形瓶加热时要打开瓶塞
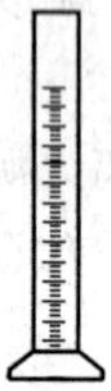 量筒  量杯	以所能量度的最大容积表示。量筒有 250mL、100mL、50mL、25mL、10mL 等； 量杯有 100mL、50mL、20mL、10mL 等	用于一定液体体积的量取	不能加热； 沿壁加入或倒出溶液
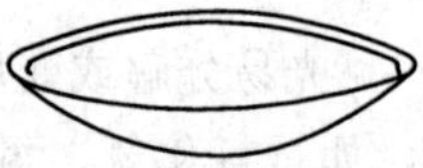 表面皿	以直径表示，如 15cm、12cm、9cm、7cm	盖在烧杯或漏斗上，以免液体溅出或灰尘落入；存放待干燥的固体物质	不能用火直接加热，直径要略大于所盖容器
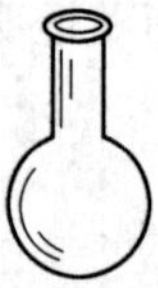 圆底烧瓶 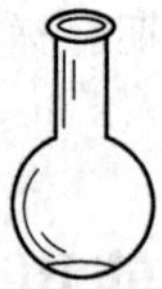 平底烧瓶	有平底和圆底之分，以容积表示，如 500mL、250mL、100mL、50mL	反应容器； 有机合成和蒸馏	可以加热，使用时应注意勿使温度变化过于剧烈； 加热时底部垫石棉网或用各种加热套加热，使其受热均匀
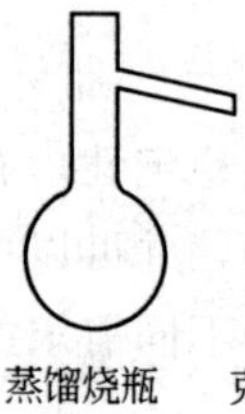 蒸馏烧瓶 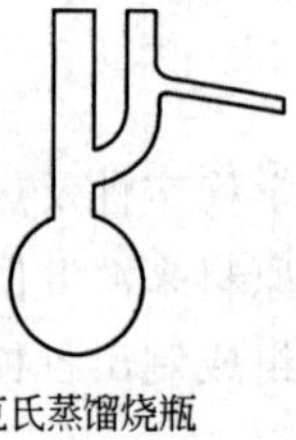 克氏蒸馏烧瓶	以容积表示	用于液体蒸馏，也可用于制取少量气体； 克氏蒸馏烧瓶最常用于减压蒸馏实验	加热时应放在石棉网上或用各种加热套

续表

仪器图示	规格	用途	备注
 布氏漏斗 　吸滤瓶	按体积大小分,如 500mL、250mL、100mL	用于减压过滤	不能直接加热
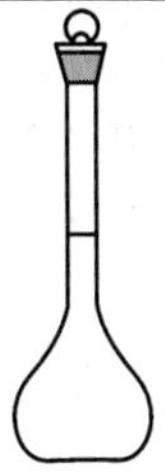 容量瓶	以容积表示,如 1000mL、500mL、250mL、100mL、50mL	配制准确体积的标准溶液或被测溶液	不能烘烤,也不能直接用火加热; 不能在其中溶解固体; 容量瓶是量器,不是容器,不宜长期存放溶液; 容量瓶与磨口塞要配套使用
 碘量瓶	以容积表示,如 250mL、100mL、50mL	用于碘量法或其他生成挥发性物质的定量分析	塞子及瓶口边缘的磨砂部分注意勿擦伤,以免产生漏气; 滴定时打开塞子,用蒸馏水将瓶口及塞子上的碘液洗入瓶中; 加热时打开瓶塞
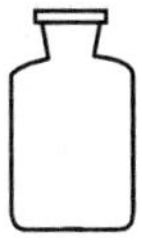 细口瓶 　广口瓶 　滴瓶	无色、棕色。以容积表示,如 500mL、250mL、125mL	细口瓶盛放液体试剂;广口瓶盛放固体试剂;棕色瓶用于存放见光易分解的试剂	不能加热; 取用试剂时,瓶盖应倒放在桌上,切忌张冠李戴; 盛碱性物质要用橡皮塞或塑料瓶; 不能在瓶内配制操作过程中放出大量热量的溶液
 称量瓶	分矮形、高形,以外径×高表示;如 高 形 25mm×40mm、矮形 50mm×30mm	要求准确称取一定量的固体样品时,矮形用作测定水分或在烘箱中烘干基准物;高形用于称量基准物、样品	不能直接用火加热; 盖与瓶配套,不能互换; 不可盖紧磨口塞烘烤
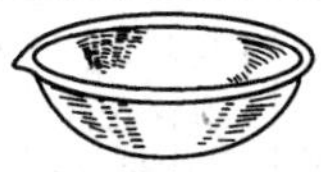 蒸发皿	以容积表示,如 150mL、100mL、50mL	用于蒸发、浓缩液体	不宜骤冷
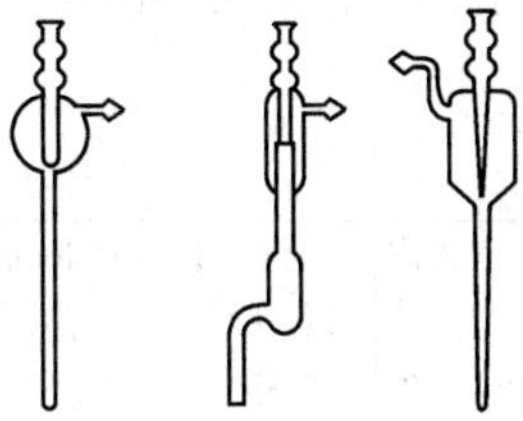 抽气管		上端接水龙头,侧端接抽滤瓶,形成负压作减压抽滤	抽滤结束后先拨开侧管,再关水龙头
 研钵	厚料制成,规格以钵口径表示,如 12cm、9cm	研磨固体物质时用	不能做反应容器; 只能研磨,不能敲击; 不能烘烤

仪器图示	规格	用途	备注
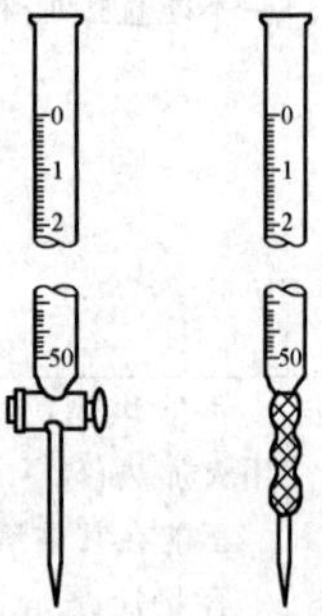 酸式滴定管　碱式滴定管	以容积表示,如 50mL、25mL	用于滴定操作或精确量取一定体积的溶液	碱式滴定管盛碱性溶液,酸式滴定管盛酸性溶液,两者不能混用; 碱式滴定管不能盛氧化剂; 见光易分解的滴定液宜用棕色滴定管; 酸式滴定管活塞应用橡皮筋固定,防止滑出跌碎; 活塞要原配,漏水的不能使用
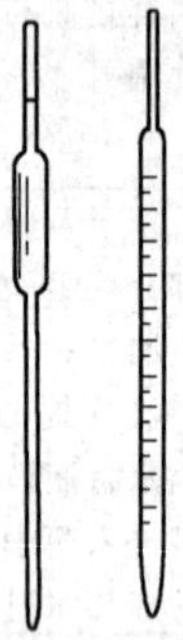 移液管　吸量管	以所量度的最大容积表示,如 50mL、25mL、10mL、5mL、2mL、1mL	用于精确量取一定体积的液体	不能加热
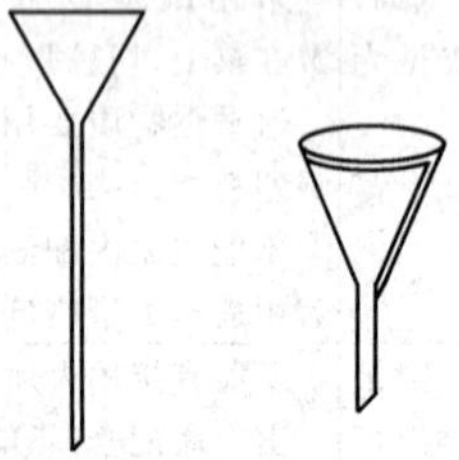 长颈漏斗　短颈漏斗	以口径和漏斗颈长短表示,如 6cm 长颈漏斗、4cm 短颈漏斗	长颈漏斗用于定量分析,过滤沉淀; 短颈漏斗用作一般过滤	不能用火加热
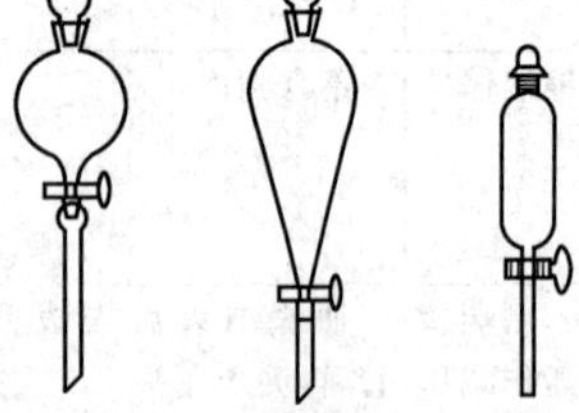 球形　梨形　筒形 分液漏斗	以容积和漏斗的形状表示	分离两种不相混溶的液体; 用溶剂从溶液中萃取某种成分; 用溶剂从混合液中提取杂质,达到洗涤的目的	磨口塞要原配,不可加热; 加入全部液体的总体积不得超过漏斗容积的 3/4; 分液时上口塞要接通大气(玻塞上侧槽对准漏斗上端口径上的小孔)
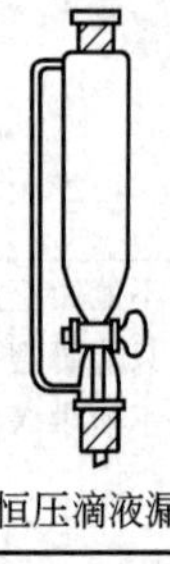 恒压滴液漏斗		用于合成反应的液体加料操作; 也可用于简单的连续萃取操作	上、下磨口按标准磨口配套使用

仪器图示	规格	用途	备注
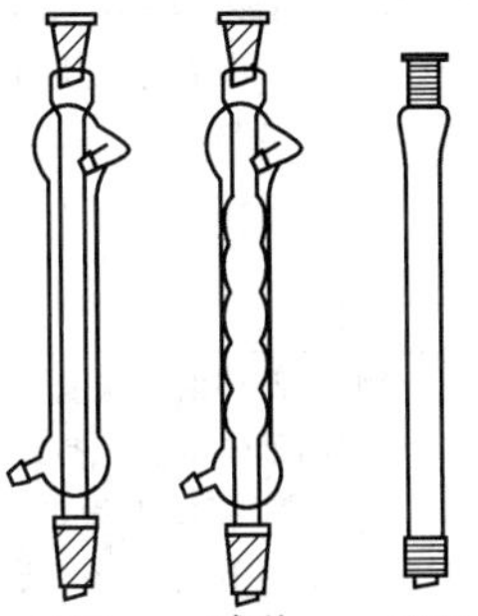 直形　球形　空气 冷凝管	以口径表示	用于冷凝和回流	140℃ 以下时用直形冷凝管； 空气冷凝管适用于蒸馏物质的沸点高于140℃者； 球形冷凝管适用于加热回流的实验； 回流冷凝管要直立使用； 按标准磨口配套使用
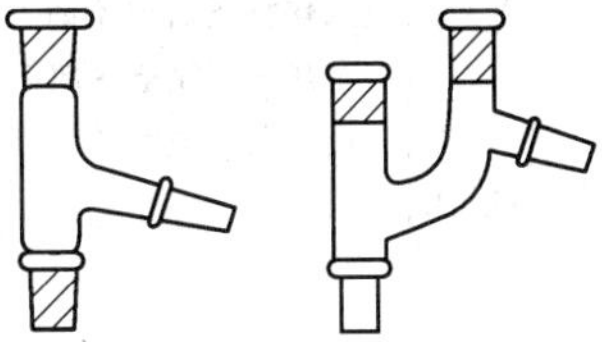 蒸馏头　克氏蒸馏头	以口径大小表示，10[#]、12[#]、14[#]、16[#]	与圆底烧瓶组装后用于蒸馏； 克氏蒸馏头作减压蒸馏用	按标准磨口配套使用
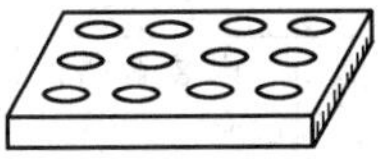 点滴板	按凹穴数目分十六、九穴、六穴等	用于点滴反应，如不需要分离沉淀的反应，尤其是显色反应	不能加热； 不能用于含氢氟酸和浓碱溶液的反应
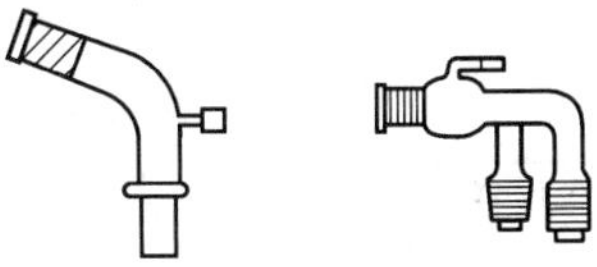 接引管　二叉接引管	以口径大小表示	用于引导馏液； 二叉接引管可收集不同馏分而又不中断蒸馏	按标准磨口配套使用
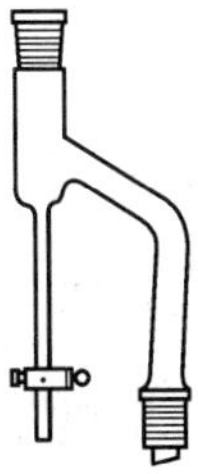 分水器	以口径大小表示	接收回流蒸汽冷凝液，并将冷凝液中水分从有机物中分出	按标准磨口配套使用
 韦氏分馏柱	以口径大小表示	用于分馏分离多组分沸点相近的物质	按标准磨口配套使用

仪器图示	规格	用途	备注
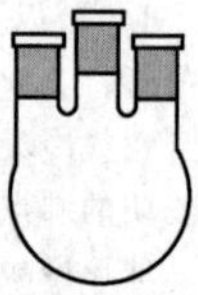 三口烧瓶	以容量表示,如 200mL、100mL、50mL、25mL 有磨口、非磨口	用于进行搅拌的实验	必须按标准磨口配套;应在石棉网上或加热浴中加热
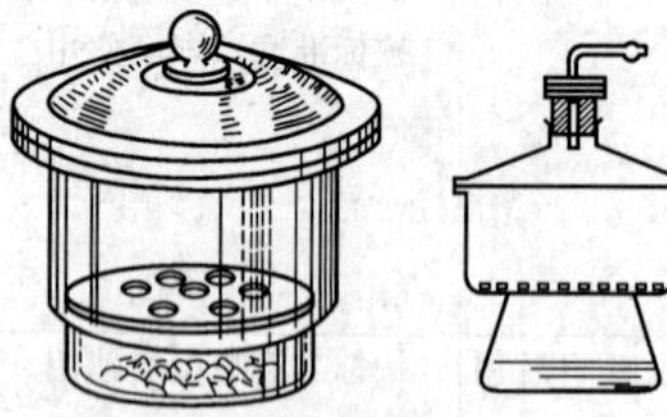 干燥器	以直径表示,如 18cm、15cm、10cm	保持烘干或灼烧后物质的干燥	使用前要检查干燥器内的干燥剂是否有效;底部放干燥剂,干燥剂不要放得过满,装至下室一半即可;不可将红热的物质放入,放入热物质后要不时开盖,直至热物质完全冷却;磨口处涂适量凡士林
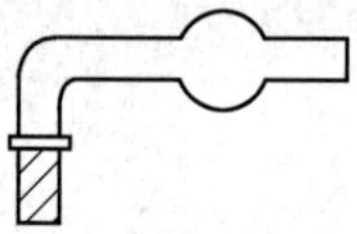 弯形干燥管	以口径表示,10#、12#、14#、16#	与圆底烧瓶组装后用于蒸馏	
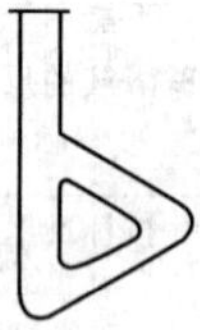 b 形管		用于测定熔点和沸点	内装石蜡油、硅油或浓硫酸
 洗瓶	一般是塑料瓶	装蒸馏水洗涤仪器或洗涤沉淀物	
 温度计	按量程分,如 100℃、200℃、300℃	用于反应液温度或沸点的测定	用完后不可马上用冷水冲洗
 温度计套		用于连接反应器和温度计	按标准磨口配套使用

2.2 部分常用玻璃实验装置（图 2-1～图 2-5）

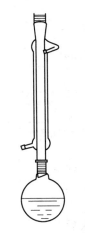

图 2-1 回流装置

图 2-2 回流分水装置

图 2-3 索氏提取器

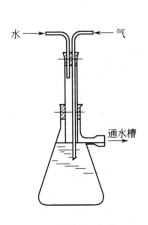

图 2-4 气体吸收装置

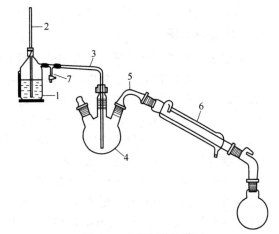

图 2-5 水蒸气蒸馏装置

1—水蒸气发生器；2—安全管；3—水蒸气导管；4—三口烧瓶；
5—馏出液导管；6—冷凝管；7—螺旋管

2.3 玻璃仪器的洗涤与干燥

2.3.1 玻璃仪器的洗涤

化学实验中经常使用各种玻璃仪器，如果使用不洁净的仪器，往往由于污物和杂质的存在而得不到正确的结果，因此，玻璃仪器的洗涤是实验化学中一项重要的内容。

玻璃仪器的洗涤方法很多，应根据实验要求、污物的性质和沾污的程度来选择合适的洗涤方法。

（1）对于水溶性的污物，一般可以直接用水冲洗，冲洗不掉的物质，可以选用合适的毛刷刷洗，如果毛刷刷不到，可用碎纸捣成浆糊，放进容器，剧烈摇动，使污物脱落，再用水冲洗干净。

（2）对于那些无法用普通水洗方法洗净的污垢，需根据污垢的性质选用适当的试剂，通过化学方法除去（表 2-2）。

表 2-2　常见污迹处理方法

垢迹	处理方法
MnO_2、$Fe(OH)_3$、碱土金属的碳酸盐	用盐酸处理,对于 MnO_2 垢迹,盐酸浓度要大于 $6mol·L^{-1}$;也可以用少量草酸加水,并加几滴浓硫酸来处理。 $$MnO_2 + H_2C_2O_4 + H_2SO_4 \Longrightarrow MnSO_4 + 2CO_2 \uparrow + 2H_2O$$
沉积在器壁上的银或铜	用硝酸处理
难溶的银盐	用 $Na_2S_2O_3$ 溶液洗,Ag_2S 垢迹则需用热、浓硝酸处理
粘附在器壁上的硫黄	用煮沸的石灰水处理: $$3Ca(OH)_2 + 12S \longrightarrow 2CaS_5 + CaS_2O_3 + 3H_2O$$
残留在容器内的 Na_2SO_4 或 $NaHSO_4$ 固体	加水煮沸使其溶解,趁热倒掉
不溶于水、酸、碱的有机物和胶质等	用有机溶剂洗或用热的浓碱液洗,常用的有机溶剂有乙醇、丙酮、苯、四氯化碳、石油醚等
瓷研钵内的污迹	取少量食盐放在研钵内研洗,倒去食盐,再用水冲洗
蒸发皿和坩埚上的污迹	用浓硝酸、王水或重铬酸盐洗液

用上述方法洗去污物后的仪器,还必须用自来水和蒸馏水冲洗数次后才能洗净。

玻璃仪器洗净的标准:已洗净的玻璃仪器应该是清洁透明的,其内壁被水均匀地湿润。凡已洗净的仪器,内壁不能用布或纸擦拭,否则布或纸上的纤维及污物会玷污仪器。

2.3.2　玻璃仪器的干燥

有些实验要求仪器必须是干燥的,常用的干燥方法有如下几种。

(1)晾干　将洗净的仪器倒立放置在适当的仪器架上或者仪器柜内,让其在空气中自然干燥,倒置可以防止灰尘落入,但要注意放稳仪器。

(2)烤干　一些常用的烧杯、蒸发皿等可置于石棉网上用小火烤干。烤干前应先擦干仪器外壁的水珠。试管烤干时应使试管口向下倾斜,以免水珠倒流炸裂试管。烤干时应先从试管底部开始,慢慢移向管口,不见水珠后再将管口朝上,把水汽赶尽。

(3)吹干　用热或冷的空气流将玻璃仪器吹干,所用仪器是电吹风机或玻璃仪器气流干燥器。用吹风机吹干时,一般先用热风吹玻璃仪器的内壁,待干后再吹冷风使其冷却。如果先用易挥发的溶剂如乙醇、乙醚、丙酮等淋洗一下仪器,将淋洗液倒净,然后用吹风机按冷风→热风→冷风的顺序吹,则会干得更快。

(4)烘干　将洗净的仪器放入电热恒温干燥箱内加热烘干。

2.4　基本度量仪器的使用

2.4.1　量筒

量筒是用来量取液体体积的仪器之一,不能用来作为反应容器,也不能用来量取热的液体。

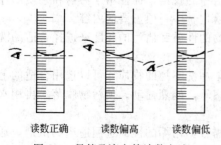

读数正确　读数偏高　读数偏低

图 2-6　量筒及滴定管读数方法

常见量筒的容量有 10mL、20mL、50mL、100mL、1000mL 等规格,根据量取液体体积大小,选择不同规格的量筒,尽可能选用等于或略大于所取液体体积的量筒,以减小误差。读数时应将量筒平放在台面上,使眼睛的视线与量筒内弯月面的最低点保持水平(如图 2-6)。

在进行某些实验时,如果不需要准确地量取液体试剂,不必每次都用量筒,可以根据在日常操作中所积累的经验来估量液体的体积。如滴管每滴出 20 滴约 1mL 等。

2.4.2　移液管

移液管是用来准确量取一定体积液体的仪器，分为单刻度胖肚形移液管和分刻度直形移液管，分刻度直形移液管又称吸量管。吸量管可以移取不同体积的液体。

移液管移取溶液前必须用洗液洗净内壁，经自来水冲洗干净，再用蒸馏水润洗 3 次后，还必须用少量待吸溶液润洗内壁 3 次，以保证移取后溶液的浓度不变。

用移液管吸取溶液时，一般左手拿洗耳球，右手拇指及中指拿住管颈标线以上的部分，管尖插入液面以下 1～2cm 深处，不能伸入太深，以免移液管外壁沾有过多液体，也不能伸入太浅，以免液面下降时吸入空气。这时，拿洗耳球的手轻轻松开，眼睛注意移液管中液面上升情况，同时还要注意移液管下端应随容器中液面下降而往下伸，以免吸空。当液面上升到标线以上时，迅速用右手食指紧按管口，将移液管取出液面，右手垂直地拿住移液管，使管尖靠在液面以上的容器壁上，稍微放松右手食指，用拇指和中指轻轻转动移液管，使液面缓慢下降，直到液面的弯月面与标线相切时，立即用食指按紧管口，使液体不再流出。把移液管慢慢地垂直移入准备接收溶液的容器内，倾斜容器使容器的内壁与移液管的尖端接触（见图 2-7），松开食指让溶液自由流下，待溶液流尽后，再停 15s 取出移液管。不要把残留在管尖的液体吹出，因为在校准移液管

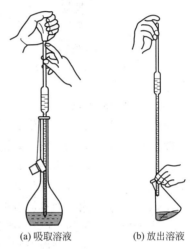

(a) 吸取溶液　　　　(b) 放出溶液

图 2-7　移液管的使用

体积时，没有把这部分液体算在内（如管上注有"快吹"或"吹"字样的移液管，则要用洗耳球将管尖的液体吹出）。

2.4.3　滴定管

滴定管是在滴定过程中用于准确测量滴定溶液体积的一类玻璃量器。常量分析的滴定管容积有 25mL 和 50mL。最小刻度为 0.1mL，可估读到 0.01mL。滴定管一般分为酸式和碱式两种。酸式滴定管的刻度管和下端的尖嘴玻璃管通过玻璃活塞相连，适用于装盛酸性或氧化性的溶液，碱式滴定管的刻度管与尖嘴管之间通过乳胶管相连，乳胶管内有一颗玻璃珠用以控制溶液流出速度。碱式滴定管用于装盛碱性溶液，不能用来放氧化性溶液、碘和硝酸银等能与乳胶管起作用的溶液。某些见光易分解的溶液，如高锰酸钾、硝酸银等可采用棕色滴定管。

（1）洗涤

无明显油垢的滴定管可用自来水冲洗或先用滴定管刷蘸肥皂水或洗涤剂刷洗（但不能用去污粉），随后用自来水冲洗。如有明显油污，酸式滴定管可直接加入洗液浸泡，而碱式滴定管则先要去掉橡皮管后再用洗液浸泡。洗毕，用自来水多次冲洗后，至流出的水无色，再用去离子水润洗三次，洗净后的管内壁上应该是一薄层均匀的水膜，不应挂有水珠，否则必须重新清洗。

（2）检漏

使用酸式滴定管时，如果活塞转动不灵或漏水，必须将滴定管平放于实验台上，取下活塞，用吸水纸将活塞和活塞套擦干，然后取少许凡士林或真空活塞脂，在活塞孔的两边沿圆

周涂上一薄层（图 2-8）。注意凡士林涂的不要离活塞孔太近，以免堵塞活塞孔。把涂好凡士林的活塞小心地插入活塞套里，单方向旋转活塞，直到活塞与活塞套接触处全部透明且转动灵活，否则，应重新处理。把装好活塞的滴定管平放在桌面上，让活塞的小头朝上，然后在小头上套上一小橡皮圈（可以从橡皮管上剪下一小圈）以防活塞脱落。碱式滴定管要检查玻璃珠的大小和乳胶管粗细是否匹配，即是否漏水，能否灵活地控制液滴。

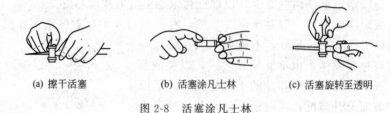

(a) 擦干活塞　　　　(b) 活塞涂凡士林　　　　(c) 活塞旋转至透明

图 2-8　活塞涂凡士林

（3）装液与赶气泡

加入待装溶液前，先用蒸馏水润洗滴定管 3 次，每次约 10mL。润洗时，两手平端滴定管，慢慢转动滴定管，让水遍及全管内壁，然后从两端放出。再用待装溶液润洗三次，用量依次为 10mL、5mL、5mL，方法与用蒸馏水润洗相同。润洗完毕后，装入待装的溶液至"0"刻度以上，检查活塞附近（或橡皮管内）有无气泡，如有应及时排出。其方法是：酸式滴定管用右手拿住滴定管使它倾斜约 30°，左手迅速打开活塞，使溶液冲下将气泡赶掉。碱式滴定管可将橡皮管向上弯曲，捏住玻璃珠的右上方，赶出气泡（图 2-9）。将排出气泡后的滴定管补加操作溶液到零刻度以上，然后再调至零刻度线位置。

图 2-9　碱式滴定管
气泡随溶液排出

（4）读数

读数前，滴定管应垂直静置 1min。读数时，管内壁应无液珠，管出口的尖嘴内应无气泡，尖嘴外应不挂液滴，否则读数不准。具体读数方法是：视线应与所读的液面处于同一水平面上（图 2-10）。对无色或浅色溶液、乳白板蓝线衬背的滴定管读数，应以两个弯月相交的最尖部分为准，而对弯月面看不清的有色溶液，可读取液面两侧的最高点处。初读数与终读数必须按同一方法读取。

为使弯月面显得更清晰，可借助于读数卡。将黑白两色的卡片紧贴在滴定管的后面，黑色部分放在弯月面下约 1mm 处，即可见到弯月面的最下缘映成黑色。读取黑色弯月面的最低点（图 2-11）。

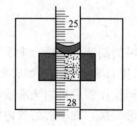

图 2-10　滴定管读数　　　　　图 2-11　读数卡使用

（5）滴定

读取初读数之后，立即将滴定管下端插入烧杯（或锥形瓶）口内约 1cm 处，管口放在烧杯的左侧（但不要靠杯壁或锥形瓶颈壁），左手操纵活塞（或捏玻璃珠的右上方的乳胶管），使滴定液逐渐加入；同时右手用玻璃棒顺着同一方向充分搅拌溶液或转动锥形瓶，使溶液单方向旋转，注意玻璃棒不要碰到杯壁和杯底（图 2-12）。

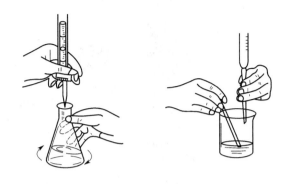

图 2-12　滴定操作

滴定时的速度控制一般是：开始时 $10mL \cdot min^{-1}$ 左右；接近终点时，每加一滴摇匀一次；最后，每加半滴摇匀一次（加半滴操作，是使溶液悬而不滴，让其沿器壁流入容器，再用少量去离子水冲洗内壁，并摇匀）。仔细观察溶液的颜色变化，直至滴定终点为止。读取终读数，立即记录。注意，在滴定过程中左手不应离开滴定管，以防流速失控。

实验完毕后，将滴定管中的剩余溶液弃去，洗净后装满纯水，挂在滴定管架上，再罩上滴定管盖，下口套一段洁净的橡皮管备用。长期不用，应倒尽水。酸式滴定管的活塞和塞窝之间应垫上一张小纸片。

2.4.4　容量瓶

容量瓶是一平底、细颈的梨形瓶，瓶口带有磨口玻璃塞或塑料塞。颈上有环形标线，瓶体标有体积，一般表示 20℃时液体充满至刻度时的容积。常见的有 10mL、25mL、50mL、100mL、250mL、500mL 和 1000mL 等各种规格。此外还有 1mL、2mL、5mL 的小容量瓶，但用得较少。

容量瓶使用前必须检查瓶塞是否漏水。检查时，在瓶中加水至标线附近，盖好瓶塞，左手用食指按住瓶塞，其余手指拿住瓶颈标线以上部分，右手五指托住瓶底边缘（如图 2-13 所示），将瓶倒立 2min，如不漏水，将瓶直立，把瓶塞转动 180°，再倒立 2min，若仍不渗水即可使用。

把准确称量的固体物质置于一小烧杯中溶解（热溶液应冷至室温），然后转移到预先洗净的容量瓶中。转移时一手拿玻璃棒，一手拿烧杯，在瓶口上方慢慢将玻璃棒从烧杯中取出，并插入瓶口（但不要与瓶口接触），再让烧杯嘴贴紧玻璃棒，慢慢倾斜烧杯，使溶液沿玻璃棒流下（如图 2-14）。当溶液流完后，在烧杯仍靠着玻璃棒的情况下慢慢地将烧杯直立，使烧杯和玻璃棒之间附着的液滴流入烧杯中，再将玻璃棒末端残留的液滴靠入瓶口内。在瓶口上方将玻璃棒放回烧杯内，但不得将玻璃棒靠在烧杯嘴一边。用少量蒸馏水冲洗烧杯 3~4 次，每次的洗涤液按上法全部转入容量瓶中，然后在容量瓶中加蒸馏水，稀释到容量瓶容积的 2/3 时，直立旋转容量瓶，使溶液初步混合（此时切勿加塞倒立容量瓶），最后继续加蒸馏水稀释至接近刻度线时，改用滴管逐滴加水至弯月面恰好与刻度线相切，盖上瓶塞，按图 2-13 的拿法倒立容量瓶，待气泡上升到顶部后，再倒转过来，如此反复多次，使溶液充分混匀。

按同样的操作，用移液管和吸量管吸取一定浓度和一定体积的浓溶液，可将一定浓度的浓溶液准确稀释。

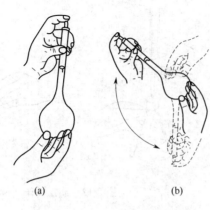

图 2-13　容量瓶内溶液的混匀　　　　　图 2-14　定量转液操作

2.5　分析天平的使用

分析天平是一种精密的称量仪器，分析天平的种类很多，根据天平的使用目的，可分为分析天平和专用天平；根据天平的分度值大小，可分为常量（0.1mg）、半微量（0.01mg）及微量（0.001mg）天平；根据天平的构造，可分为机械天平和电子天平等。根据对称量准确度的不同要求，需要使用不同类型的天平。实验室常用电光天平和电子天平。

2.5.1　电光天平

（1）构造

电光天平是常用的一种分析天平，有半机械加码和全机械加码两种。半机械加码电光天平的构造如图 2-15 所示。

① 天平梁　天平梁是天平的主要部件，天平梁上有三个三棱形的玛瑙刀，梁的两边装有调节横梁平衡位置（即粗调零点）的两个平衡螺丝，梁的中间装有垂直向下的指针，用以指示平衡位置，支点刀的后上方装有调节天平灵敏度的重心螺丝。

② 升降枢组　位于天平底板正中间，与托叶、盘托和光源相连，用于开启或关闭天平。

③ 指针　指针固定在天平梁的中间，当天平梁摆动时，指针随之摆动，指针下端装有缩微标尺，通过光学投影装置在投影屏上显示出标尺的位置，从而可确定天平梁的平衡位置。

④ 读数系统　指针下端装有缩微标尺，光源通过光学系统将缩微标尺上的分度线放大，再反射到光屏上，从光屏上可看到标尺的投影，在投影屏上能读出 0.1～10mg 范围内的数值。投影屏下方还设有微动调节杆，便于进行零点微调。

⑤ 机械加码装置　转动环码指数盘，可使右盘增加 10～990mg 环形砝码，内层为 10～90mg 组，外层为 100～900mg 组。

⑥ 砝码　每台天平都附有一盒配套使用的砝码，取用砝码时必须用镊子，用毕及时放回盒内。

（2）电光天平的使用方法

以下介绍半机械加码电光天平的使用方法，全机械加码电光天平的使用方法基本相同。

① 取下天平防尘罩，叠好放在指定位置，检查天平是否正常，是否水平，环码有无脱落，秤盘是否洁净，环码指数盘是否指示"0.00"的位置等。

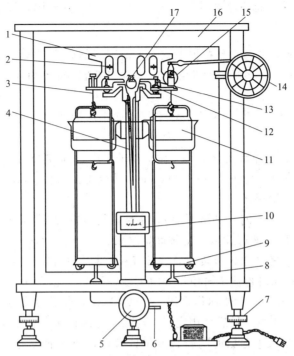

图 2-15　半机械加码电光天平

1—天平梁；2—平衡调节螺丝；3—吊耳；4—指针；5—升降枢纽；
6—微动调节杆；7—天平足；8—托盘；9—天平盘；10—投影屏；11—阻尼器；
12—托叶；13—支柱；14—环码指数盘；15—环码；16—框罩；17—支点刀口

② 调零点　接通电源，轻轻开启升降枢纽，可在光屏上看到标尺的投影在移动，标尺稳定后，观察屏中央刻度线与标尺的"0"线是否重合。若不重合，通过拨动微动调节杆，使光屏上的刻度线恰好与标尺的"0"线重合，即为零点。如果调不到零点，则需关闭天平，调节平衡螺丝。

③ 称量　先在托盘天平（即台秤）上粗称被称物体，然后放到分析天平左盘中心，加码至粗称数据的克位，克组调定后，再依次调定毫克组，10mg 组，最后完全开启天平，即可读数。

④ 读数　先读取天平盘中的砝码值，再读环码值，最后读标尺上的数据。

$$物体质量 = 砝码质量(g) + 环码质量(g) + 投影屏读数(g)$$

⑤ 复原　称量完毕，关闭天平，取出被称物，将砝码放回盒内，环码指数盘退回到"0.00"位置。

（3）注意事项

① 加减砝码、取放称量物时，必须先关闭天平。绝对不允许在天平摆动时取放物体或加减砝码、环码。

② 取放砝码必须用镊子，不能用手直接拿取。

③ 使用环码指数盘时，一定要轻轻地逐挡转动，以免损坏机械加码装置或导致环码掉落。

④ 称量过程中不能开启天平前门取放物体和砝码，应使用两边的侧门。

⑤ 不能在天平上称热的或具有腐蚀性的物体，不可将药品直接放在天平盘上称量。

⑥ 同一个实验的多次称量必须使用同一架天平、同一盒砝码，以减少称量的系统误差。

2.5.2 电子天平

电子天平是新一代天平，它是根据电磁力平衡原理制造的。电子天平型号很多，但就其基本结构和称量原理而言，各种型号都差不多。现以 FA1604 型电子天平为例说明电子天平的使用方法。

① 调水平 在使用前应先观察天平水平仪，如小水泡偏移，需调节水平调节脚，使水泡位于水平仪中心。

② 开机 接通电源，开始通电工作（显示器未工作），通常需要预热 30min 以后，方可开启显示器进行操作使用。轻按"ON"键，显示屏全亮，出现"0.0000g"。如果显示不是"0.0000g"，则按 TAR 键调零。

③ 称量 当显示器为零时（或清零后），将称量物轻轻放在秤盘中央，待显示数字稳定且出现质量单位"g"后，即可读数，记录称量结果。

④ 清零、去皮 若需清零、去皮重，轻按 TAR 键，即出现全零状态，容器质量显示值已除去，即为去皮重；如果容器不再使用并取下后，天平会显示一个等于容器质量的负值。

⑤ 关机 称量完毕，取下被称物，按一下 OFF 键，让天平处于待命状态，再次称量时，按一下 ON 键即可使用。最后使用完毕，应拔下电源插头，盖上防尘罩。

⑥ 天平校准 如果天平存放时间较长或位置移动，使用前应进行校准。校准应在天平预热 30min 后进行。程序为：调整水平，按下 ON 键，显示稳定后若不为零，则按一下 TAR 键，稳定的显示"0.0000g"后，按一下校准键（CAL），天平将自动校准，校准完毕，显示器应显示出"0.0000g"。若显示不为零，则再清零，再重复以上校准操作。

2.5.3 称量方法

（1）直接法

在空气中稳定、不易吸水的试样，可以用直接法称量。如称量金属或合金试样，可将试样置于天平盘的表面皿上直接称取。

（2）减量法

此法用于称取粉末状或易吸水、易氧化、易与空气中某些组分反应的物质。一般使用称量瓶称出试样。操作方法如下。

将适量的待测试样放入洁净、干燥的称量瓶中，盖好瓶盖，用洁净的纸条套在称量瓶上（或戴洁净的布手套）（如图 2-16），把称量瓶放到台式天平上粗略称出其质量，然后在电光天平上准确称其质量，记下称量值 m_1。用左手纸条夹持称量瓶中部，右手拿住用小纸片包住的称量瓶盖上的尖头，稍微倾斜称量瓶，用瓶盖轻轻敲称量瓶口的上边缘，使试样缓缓倒入接收器内（见图 2-17）。当估计倾出的样品量接近所需要的样品量时，再边敲瓶口、边将瓶身竖起，盖好瓶盖，再放回天平上准确称量。如果一次倒出样品的量不够，可再次倾倒、称量试样，直至所需称量范围，记录称量值 m_2。则（m_1-m_2）即为所称试样的质量。如果倒出的样品太多，不能将样品放回称量瓶，应倒入实验室指定的回收瓶中，并重新称量。

（3）增量法

当需要用直接法配制指定浓度的标准溶液时，常用增量法称取基准物。该法只适用于性质稳定、不易吸水、不易与空气中的组分发生作用的物质。操作方法如下：将小烧杯放在电子天平的秤盘上，显示稳定后，按一下 TAR 键显示为零，然后用角匙向小烧杯中逐渐加试样（如图 2-18），直到所加试样的量满足要求。如果不慎加多了试样，用角匙取出多余的试样，取出的试样不能放回原试剂瓶中，应倒入实验室指定的回收瓶中。

图 2-16　用纸条拿称量瓶的方法　　　图 2-17　样品转移操作　　　图 2-18　向秤盘中加样

2.6　分光光度计的使用

2.6.1　测定原理

分光光度计可用于物质的定量分析，根据其所提供的波长范围不同，可分为紫外分光光度计、可见分光光度计等。分光光度法测定的理论依据是朗伯-比耳定律。当入射光强度、摩尔吸光系数及光通过的溶液厚度保持不变时，溶液的吸光度与浓度之间呈线性关系。因此，可根据相对测量原理，用标准曲线法进行定量分析。

2.6.2　721 型可见分光光度计

（1）仪器结构

仪器由电源稳定器、单色光器和微安计三部分组成。

电源稳定器的作用是为光源提供稳定的电压（即电流），以确保在测量过程中入射光强度的恒定。单色光器的作用是利用棱镜对各种波长的光有不同的折射率，使白光色散成各种单色光。选择所需要的单色光，使其透过溶液，最后经光电管转换为电信号，并在微安计上以吸光度 A 或透光率 T 的形式读出。

仪器的光学系统如图 2-19 所示。由光源 1 发出的白光经聚光透镜 2、反射镜 3 反射至狭

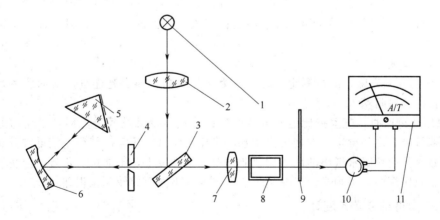

图 2-19　721 型分光光度计光学系统示意图

1—光源；2,7—聚光透镜；3—反射镜；4—狭缝；5—棱镜；6—准直镜；

8—比色皿；9—光门；10—光电管；11—微安计

缝 4，并经准直镜 6 入射到棱镜 5 上，镀铝的棱镜 5 把色散后的单色光反射，并按原来路线返回，重新通过狭缝 4 以及聚光透镜 7，进入比色皿 8，被有色溶液吸收后的透射光射入光电管 10（测量时光门 9 被打开），光电管 10 所接收的光信号在这里转换为电信号，经电子系统放大，在微安计 11 上读出溶液的吸光度 A 或透光率 T。

仪器的外形如图 2-20 所示。

（2）仪器使用步骤

① 仪器未接通电源前，先检查微安计 1（参见图 2-20，下同）上指针是否指在零处（即透光率 $T=0$ 或吸光度 A 为∞），若指针不在零处，则需用微安计 1 上的螺丝调节。

② 使仪器接上电源，开通电源开关 8（指示灯 9 亮），将仪器预热约 15min。

③ 用波长调节器 3 选择所需光波长，用灵敏度调节器 7 选择适当的灵敏度。仪器的灵敏度共分 5 挡，即 1～5 挡，灵敏度依次升高。选择灵敏度的原则是保证在空白溶液位置时，能使指针指在 "100" 的前提下，尽可能采用灵敏度较低挡，这样可使仪器有更高的稳定性。

④ 打开比色皿暗箱 11 箱盖（此时光门拉杆 10 弹出，图 2-19 中光门 9 挡住了透过待测比色溶液的光线），用零点调节器 4 调节使微安计 1 指针指在 "0" 处。

⑤ 将盛有空白溶液和待测溶液的比色皿依次垂直地放入比色皿框内，然后将比色皿框放在比色皿暗箱 11 中，轻轻放下箱盖（此时光门拉杆 10 自动被压下，图 2-19 中光门 9 被打开），并使比色皿框处于空白溶液位置，调节 100% 调节器 5，使微安计 1 指针指在 "100"（即 $T=100\%$，$A=0$ 处）。

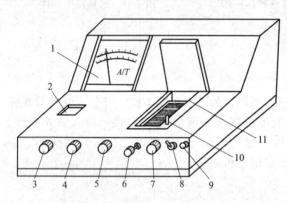

图 2-20　721 型分光光度计示意图
1—微安计；2—波长刻度盘；3—波长调节器；4—零点调节器；
5—100%调节器；6—比色皿定位拉杆；7—灵敏度调节器；
8—电源开关；9—指示灯；10—光门拉杆；11—比色皿暗箱

⑥ 重复操作④、⑤，连续几次调整 "0" 和 "100"，仪器即可进行测定工作。

⑦ 在放下比色皿暗箱 11 箱盖的情况下，将比色皿定位拉杆 6 拉出一格（每拉出或推入一格时，定位装置都会发出 "咔嚓" 声；只有听到 "咔嚓" 声，才表明比色皿处于单色光的照射中），依次测量待测溶液的吸光度。将空白溶液再次推入光路，核对微安计 1 指针是否仍在 "100" 处。

（3）注意事项

① 在使用分光光度计进行测定过程中，为避免光电管因受光连续照射而疲劳，只有在测量时才将比色皿暗箱 11 的箱盖放下。

② 取用比色皿时，应捏持比色皿的两磨砂面，手不得触及其透光面，以免沾上油污或磨损，影响其吸光度的测定。在用去离子水洗净比色皿后，还需用待测溶液淋洗数次，再注入待测溶液。然后用吸水纸将沾附于比色皿外壁的溶液吸干，不能留有水迹。应将比色皿垂直地放入比色皿框中，否则会由于光透过液层厚度的不同而导致测量误差。

2.6.3　722 型可见分光光度计

（1）仪器结构

722 型可见分光光度计由光源、单色器、试样室、光电管暗盒、电子系统及数字显示器等部件组成。使用波长范围为 330～800nm。仪器的外形如图 2-21。

（2）使用方法

① 通电预热。接通电源，预热20min，使仪器稳定。

② 波长设置。调节"波长调节"旋钮将波长设置在将要使用的分析波长位置上。

③ 调零（0％T）。打开样品室盖，将黑色挡光体插入比色皿架的第一个槽位中，将其推入光路，并盖好样品盖，按方式设定键"MODE"，选择透光率方式"T"，按"0％T"键，调透光率为零。

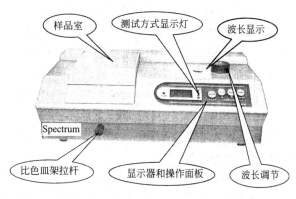

图 2-21　722型可见分光光度计

④ 调透光率（100％T）。取出挡光体，盖上样品室盖，按"100％T"键，调100％透光率。

通常情况下，仪器开机预热并调零后，只要不停电关机，一般无需再次调零。但当波长被重新设置后，请不要忘记重新调整"％T"和"100％T"。

⑤ 按方式键"MODE"，将测试方式设置为吸光度方式"A"。将参比溶液推入光路中（参比溶液放在第一个槽位中），按"100％T"键，调0ABS（零吸光度）。当100％T调整完成后，显示器显示"0.000"。

⑥ 样品测定。将被测溶液推入光路中，此时，仪器显示被测样品的吸光度参数。

2.6.4　752型紫外-可见分光光度计

（1）仪器结构

752型紫外-可见分光光度计由光源、单色器、试样室、光电管、微电流放大器、稳压电源等部件组成。使用波长范围为 200～1000nm。仪器的外形如图 2-22。

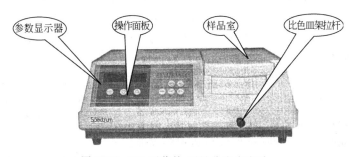

图 2-22　752型紫外-可见分光光度计

（2）使用方法

① 开机

a. 接通电源，使仪器预热 20min。

b. 接通电源后，仪器即进入自检状态，自检结束后波长自动停在 546nm 处，测量的方式自动设定在透光率方式（％T），并自动调节 100％T 和 0％T。

c. 开机前，先确认仪器样品室内是否有东西挡在光路上。光路上有东西将影响仪器自检甚至造成仪器故障。

② 被测样品吸光度的测定

a. 测试方式设置。按"方式键"（MODE），将测试方式设置为吸光度方式，显示器显示："×××nm×.×××Abs"。

b. 波长设置。按"波长调节"键（ρ 或 σ）设置想要的分析波长（如 340nm），直至显示器显示 340nm 为止，此时显示器显示"340nm×.×××Abs"。

c. 将参比溶液和被测溶液分别倒入比色皿中。打开样品室盖，将参比溶液放在第一个槽位中，被测溶液分别插入其他槽中，盖上样品室盖。

d. 将参比溶液推入光路中，按"100％T"键，调零 ABS（零吸光度）。仪器在自动调整 100％T 的过程中，显示器显示"340nm Blank…"，当 100.0％T 调整完成后，显示器显示"340nm 0.000Abs"。

e. 将被测溶液推入光路中，此时，显示器上显示被测样品的吸光度参数。

f. 仪器配备的比色皿，其透光率是经过测试和匹配的，未经匹配处理的比色皿，将影响样品的测试精度；比色皿的透光部分表面不能有指印、溶液痕迹，否则，将影响样品的测试精度。

g. 被测样品的测试波长在 340～1000nm 范围内时，使用玻璃比色皿，被测样品在 190～340nm 范围内时，使用石英比色皿。

2.6.5　UV-2100 型紫外分光光度计

（1）使用方法

① 接通电源，让仪器预热至少 20min，使仪器进入稳定工作状态。

② 仪器自检：仪器接通电源后，即进入自检状态，仪器会将自检状态分别显示在显示器上。自检完毕，显示器显示"100.0　546nm"即可进行测试。

③ 设置检测方式：用〈MODE〉键设置检测方式：透光率（T），吸光度（A），已知标准样品浓度值方式（c）或已知标准样品斜率（F）方式。

④ 波长设置：用波长设置键，设置测定波长。如没有进行上述操作，仪器将不会变换到想要的分析波长。根据分析规程，每当分析波长改变时，必须重新调整 0ABS/100％T。UV-2100 型光度计特别设计了防误操作功能：当波长改变时，第一排显示器会显示"BLA"字样，提示下一步必须调 0ABS/100％T，当设置完毕分析波长时，如没有调 0ABS/100％T，仪器将不会继续工作。

⑤ 光源选择：根据设置的分析波长，选择正确的光源。光源的切换波长在 335nm 处（即 335nm 钨灯，334nm 氘灯）。正常情况下，仪器开机后，钨灯和氘灯同时点亮。为延长光源灯的使用寿命，仪器特别设置了光源灯开关控制功能，当分析波长在 335～1000nm 时，可将氘灯关掉，而在 200～334nm 时，可将钨灯关掉。

⑥ 预置样品：将参比样品溶液和被测样品溶液分别倒入比色皿中，打开样品室盖，将盛有溶液的比色皿分别插入比色皿槽中，盖上样品室盖。一般情况下，参比样品放在第一个槽位中。

⑦ 调零：将参比样品推（拉）入光路中，按"0ABS/100％T"键，调 100％T，此时显示器显示的"BLA—"直至显示"100.0"或"0.000"为止。

⑧ 测定吸光度：当仪器显示器显示出"100.0"或"0.000"后，将被测样品推（拉）入光路，这时，从显示器上便可得到被测样品的吸光度值。

（2）注意事项

① 仪器应放置在没有腐蚀性的地方，其环境温度为 5～35℃，相对湿度不超过 85％。

② 每次使用完毕，应检查样品室是否积存有溢出溶液，以防对仪器部件或光路系统的腐蚀。

③ 仪器 LED 显示器和键盘日常使用和保存时，应注意防划伤、防水、防尘、防腐蚀。

④ 定期进行性能指标检测。

⑤ 仪器所附的比色皿，其透光率是经过配对测试的，未经测试的比色皿将影响样品的测试精度。比色皿透光部分表面不能有指印、溶液痕迹，被测溶液中不能有气泡、悬浮物，否则也将影响样品的测试精度。

2.7　酸度计的使用

2.7.1　工作原理

酸度计又称 pH 计，是测量 pH 最常用的仪器之一。pH 计有一对与仪器相配套的电极——指示电极（常用玻璃电极）和参比电极（如饱和甘汞电极）。将它们插入待测溶液中，可组成原电池。由于玻璃电极的电极电位可随待测溶液中 $[H^+]$（或 pH）的改变而变化，故测定该电池的电动势，即可求得该溶液的 pH。

为使用方便，现在经常使用 pH 复合电极测量溶液的 pH 值，pH 复合电极是将上述的玻璃电极和甘汞电极复合到一起，使用更加方便。

pH 计的测量电极一般为玻璃电极，其结构如图 2-23 所示。玻璃电极由玻璃管做成，其下端呈球形，是用一种特制玻璃制成的玻璃薄膜，内装 0.1mol·L^{-1} HCl（或一定 pH 的缓冲溶液），溶液中插入一根覆盖有 AgCl 的银丝，它的电极电势 $\varphi_{玻璃}$ 服从能斯特方程式，在 298.15K 时，可用下式表示：

$$\varphi_{玻璃} = \varphi_{玻璃}^{\ominus} + 0.05917 \lg \frac{c_{H^+}}{c^{\ominus}}$$

对给定的玻璃电极，$\varphi_{玻璃}^{\ominus}$ 为一常数，C_{H^+} 为待测溶液的水合氢离子浓度。

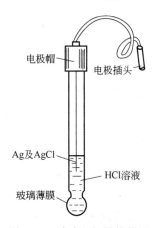

图 2-23　玻璃电极结构简图

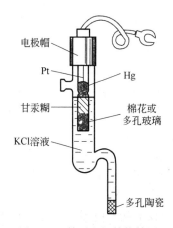

图 2-24　甘汞电极结构简图

pH 计的参比电极一般为甘汞电极，其结构如图 2-24 所示。甘汞电极内装有 KCl 溶液以及由汞、甘汞（Hg_2Cl_2）和 KCl 溶液制成的糊状物，其电极电势 $\varphi_{甘汞}$ 在给定温度下较为稳定，并为已知值。根据 KCl 溶液浓度的不同，它们有不同的电极电势值。

由上述两种电极与待测溶液组成的原电池可用下式表示：

$$(-)\text{Ag}|\text{AgCl}|\text{HCl}|玻璃 \parallel 待测溶液|\text{KCl}|Hg_2Cl_2|\text{Hg(Pt)}(+)$$

在 298.15K 下，其电动势 E 为两电极电势 $\varphi_{甘汞}$ 与 $\varphi_{玻璃}$ 之差。

$$E = \varphi_{甘汞} - \varphi_{玻璃} = \varphi_{甘汞} - (\varphi_{玻璃}^{\ominus} - 0.05917\text{pH})$$

$$\text{pH} = (E - \varphi_{甘汞} + \varphi_{玻璃}^{\ominus})/0.05917$$

对于给定的玻璃电极，$\varphi_{玻璃}^{\ominus}$ 值是一定的，因此，只要测得待测溶液的电动势，就可根据上式计算出该溶液的 pH 值。为了省去计算，酸度计把测得的电动势值直接用 pH 值表示出来，因而在酸度计上可以直接读出溶液的 pH 值。

实际使用时，先用已知 pH 值的标准缓冲溶液代替待测溶液，在 pH 计上进行调整，使 E 和 pH 值的关系满足上式（这一调整工作称为"校准"），然后再测量待测溶液的 pH 值。

温度对 pH 测定值的影响，可根据能斯特方程式予以校正；在 pH 计中已装配有温度补偿器以补偿（校正）之。

25 型 pH 计外形如图 2-25 所示。

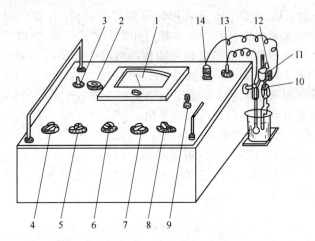

图 2-25   25 型 pH 计外形示意图

1—指示电表；2—指示灯；3—电源开关；4—定位调节器；5—温度补偿器；6—pH/mV 开关；
7—量程选择开关；8—零点调节器；9—读数开关；10—电极夹；11，12—螺丝（紧固电极夹）；
13—玻璃电极插孔；14—参比电极接线柱

2.7.2　25 型 pH 计使用方法

（1）电极的安装　把玻璃电极的电极帽和甘汞电极的电极帽分别夹在电极夹 10 上，并把它们所引出的导线分别与玻璃电极插孔 13 和参比电极接线柱 14 相连接。两个电极夹的高度可用螺丝 12 调节。

（2）仪器的校正

① 先检查指示电表 1 的指针是否指在零处（即 pH＝7）。若指针不指在零处，则需用电表 1 上的螺丝调节。

② 使仪器接上电源，开通电源开关 3（指示灯 2 亮），将仪器预热 20min。

③ 将 pH/mV 开关 6 拨到"pH"位置。

④ 往烧杯中注入适量标准缓冲溶液，调节螺丝 12，使电极浸入溶液中（玻璃电极的玻璃球和甘汞电极的多孔陶瓷必须全部浸入溶液中）。

⑤ 将温度补偿器 5 拨到所测标准缓冲溶液的温度位置。

⑥ 根据标准缓冲溶液的 pH 值，将量程选择开关 7 拨到"7～0"挡或"7～14"挡。

⑦ 调节零点调节器，使指示电表 1 的指针指在 pH 为 7 处。

⑧ 按下读数开关 9，调节定位调节器 4，使指针指在标准缓冲溶液的 pH 值处；放松读数开关 9，指针应回到 pH 为 7 处。

若指针所指的位置有所变动，则可重新调节零点调节器 8，直到按下读数开关 9 时，指针指在已知的 pH 值处，放松读数开关 9 时，指针又回到 pH 为 7 处。

经上述校正的仪器，其定位调节器 4 不应再行旋动。

⑨ 移去标准缓冲溶液，用去离子水小心淋洗电极。

（3）pH 值的测量

① 用滤纸片轻轻吸干沾附于电极上的残余水滴，或用待测溶液淋洗电极，然后将电极浸入待测溶液中。

② 待测溶液的温度应与标准缓冲溶液的相同，否则需调节温度补偿器 5 至待测溶液的温度。

③ 按下读数开关 9，指针所指的读数即为该溶液的 pH 值。

④ 测量完毕后，应放松读数开关 9，将量程选择开关 7 拨到"0"处，关闭电源开关 3，并取出电极，用去离子水淋洗之。

（4）玻璃电极的使用与维护

① 玻璃电极下端的球形玻璃极薄，切忌与硬物接触，使用时必须小心操作。

② 由于直接使用未吸湿的玻璃薄层不能表现出正常的功能，不能反映或给出准确的 pH 值。因此，初次使用时，应先将玻璃球在去离子水中浸泡 24h。

③ 电极插头上的有机玻璃管具有良好的绝缘性能，切忌与化学药品或油污接触。

④ 不可使玻璃球沾有油污。若发生这种情况，则可依次将玻璃球浸入酒精、乙醚（或四氯化碳）、酒精中，最后用去离子水淋洗，并浸泡于去离子水中。

⑤ 使用时，必须用滤纸片轻轻吸干沾附在玻璃电极上的残余水滴，切勿用滤纸片擦玻璃球，以免擦破玻璃球或滤纸纤维粘在玻璃薄层表面，使电极或其效能受损。

⑥ 测量强碱性溶液的 pH 值时，应尽快操作，测毕后立即用去离子水淋洗电极，以免碱液腐蚀玻璃。

2.7.3 pHS-3C 型精密酸度计的使用方法

（1）开机前的准备

将多功能电极架插入电极架插座中；将 pH 复合电极下端的电极保护套拔下，并且拉下电极上端的橡皮套使其露出上端小孔；将 pH 复合电极安装在电极架上；用蒸馏水清洗电极。

（2）校准

仪器使用前首先要进行校准。一般情况下仪器在连续使用时，每天要校准一次。

① 在测量电极插座处拔掉 Q9 短路插头。

② 在测量电极插座处插入复合电极。

③ 打开电源开关，按"pH/mV"按钮，使仪器进入 pH 测量状态。

④ 按"温度"按钮，使所指示的温度为溶液温度（此时温度指示灯亮），然后按"确认"键，仪器回到 pH 测量状态。

⑤ 将电极用蒸馏水清洗，并用滤纸吸干，然后插入 pH=6.86 的标准缓冲溶液中，调节"定位"键（此时，pH 指示灯慢闪烁，表明仪器在定位标定状态），使仪器读数与该缓冲溶液当时温度下的 pH 值相一致（例如 pH=6.86），然后按"确认"键。

⑥ 用蒸馏水清洗电极，并用滤纸吸干，再用与被测溶液相近的缓冲溶液（如 pH=4.00 或 pH=9.18）进行第二次校准。方法是：按"斜率"键，使读数为该溶液当时温度下的 pH 值（例如邻苯二甲酸氢钾 10℃时，pH=4.00），然后按"确认"键，校准完成。

如果在校准过程中操作失误或按键错误而使仪器测量不正常，可关闭电源，然后按住"确认"键再开启电源，使仪器恢复初始状态，然后重新校准。注意：经校准后，"定位"键及"斜率"键不能再按，如果触动此键，此时仪器 pH 指示灯闪烁，请不要按"确认"键，而是按"pH/mV"键，使仪器重新进入 pH 测量即可，而无需再进行校准。

校准用的缓冲溶液一般第一次用 pH＝6.86 的溶液，第二次用接近被测溶液 pH 值的缓冲溶液，如被测溶液为酸性时，应选 pH＝4.00 的缓冲溶液；如被测溶液为碱性时，则选 pH＝9.18 的缓冲溶液。一般情况下，在 24h 内仪器不需再校准。

（3）pH 值测量

经校准过的仪器，即可用来测量被测溶液，被测溶液与校准溶液温度是否相同，所引起的测量步骤也有所不同。具体操作步骤如下。

① 被测溶液与定位溶液温度相同时，测量步骤为：

a. 用蒸馏水清洗电极头部，并用滤纸吸干或用被测溶液清洗一次；

b. 把电极浸入被测溶液中，用玻璃棒搅拌使溶液均匀，在显示屏上读出溶液的 pH 值。

② 被测溶液和定位溶液温度不同时，测量步骤为：

a. 用蒸馏水清洗电极头部，并用滤纸吸干或用被测溶液清洗一次；

b. 用温度计测出被测溶液的温度值；

c. 按"温度"键，使仪器显示为被测溶液温度值，然后按"确认"键；

d. 把电极插入被测溶液内，用玻璃棒搅拌溶液，使溶液均匀后读出该溶液的 pH 值。

（4）仪器维护

① 仪器的输入端（测量电极插座）必须保持干燥清洁。仪器不用时，将 Q9 短路插头插入插座，防止灰尘及水汽进入。

② 测量时，电极的引入导线应保持静止，否则会引起测量不稳定。

③ 仪器所使用的电源应有良好的接地。

④ 仪器采用了 MOS 集成电路，因此在检修时应保证电烙铁有良好的接地。

⑤ 用缓冲溶液标定仪器时，要保证缓冲溶液的可靠性，不能配错缓冲溶液，否则将导致测量结果产生误差。

2.7.4 PB-10 型酸度计的使用方法

（1）准备

① 将电极接到"input"插头，温度传感器插入"ATC"插孔。

② 将变压器插入"power"插孔，接通电源预热 20 分钟。

（2）校准

① 按压"mode"键，选择测量模式（pH 或 mV）。

② 按压"SETUP"键，显示 Clear buffer，按压"ENTER"键确认，清除以前的校准数据。

③ 按压"SETUP"键，直至显示缓冲液组"1.68，4.01，6.86，9.18，12.46"，按压"ENTER"键确认。

④ 一点校准。将清洗好的电极浸入第一种缓冲液（6.86）中，待数值稳定并出现"S"时，按压"STANDARDIZE"键，仪器自动校准。若校准时间较长，可按压"ENTER"键手动校准。作为第一校准点数值被存储，显示"6.86"。

⑤ 两点校准。将清洗好的电极浸入第二种缓冲液（4.01）中，待数值稳定并出现"S"

时，按压 "STANDARDIZE" 键，仪器自动校准。若校准时间较长，可按压 "ENTER" 键手动校准。作为第二校准点数值被存储，显示 "4.01、6.86" 和信息 "%Slope××Good Electrode"，××显示测量的电极斜率值。若该测量值在（90～105）%范围内，可接受；若与理论值有更大的偏差，将显示错误信息（Err），电极应清洗，并按上述步骤重新校准。

⑥ 三点校准。重复操作⑤，完成第三点（9.18）的校准。

（3）测量

将清洗好的电极浸入待测溶液中，待出现 "S" 时，且数值稳定后，即可读取测量值。

（4）注意事项

① 仪器的电极插口必须保持清洁，不用时拧上防护帽以保护仪器。

② 复合电极使用后，应清洗干净并浸入 $3mol \cdot L^{-1}$ 的氯化钾溶液中。

③ 电极端部沾污或经长期使用使电极钝化，其现象为敏感梯度降低或读数不准，应以适当溶液清洗，使之复新。

2.8　电位差计的使用

2.8.1　工作原理

电位差计是根据补偿法（或称对消法）测量原理设计的一种平衡式电压测量仪器，其工作原理如图 2-26 所示。图中 E_n 为标准电池，它的电动势已准确测定。E_x 是被测电池。G 为灵敏度很高的检流计，用来作示零指示。R_n 为标准电池的补偿电阻，其电阻值大小是根据工作电流来选择的。R 是被测电池的补偿电阻，它由已知电阻值的各进位盘组成，通过它可以调节不同的电阻值使其电位降与 E_x 相对消。r 是调节工作电流的变阻器，E 为工作电源，K 为转换开关。

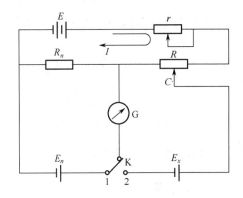

图 2-26　电位差计工作原理示意图

测量时先将转换开关 K 扳向 1 的位置，然后调节 r，使检流计指零，这时有以下关系：

$$E_n = IR_n$$

E_n 为标准电池的电动势，I 为流过 R_n 和 R 电流，称为电位差计的工作电流，由上式可得：

$$I = E_n / R_n$$

工作电流调节好后，将 K 扳向 2，同时旋转各进位盘的触头 C，再次使检流计指零。设 C 处的电阻值为 R_C，则有：

$$E_x = IR_C$$

$$E_x = E_n R_C / R_n$$

应用补偿法测电动势有以下优点：

① 被测电动势完全补偿（G 在零位）时，被测电动势不会因为接入电位差计而发生任何变化；

② 不需要测出工作电流的大小，只要测出 R_C 与 R_n 的比值即可。

2.8.2 ZD-WC 精密数字式电子电位差计的使用方法

（1）通电预热

插上电源插头，打开电源开关，两组 LED 显示即亮：

左上方为"电动势指示"$5\frac{1}{2}$位数码管显示；

右上方为"平衡指示"5 位数码管显示。

将红黑测量线分别插入"外标"红黑端口上，并将正负极连接，通电预热 20min。

（2）外标校准

将"功能选择"旋钮拨至"外标"挡，红黑测量线分别插入"外标"红黑端口，测量线另一端接标准电池（BC9a 型），将测量旋钮拨至标准电池的标准值（如 20℃时，标准电池电动势为 1.01862V），按下"校准开关"，使"平衡指示"显示为零。

（3）测量

① 将红黑测量线按正负极插在"测量"端口上，"功能选择"旋钮旋至"测量"挡。

② 原电池连接。将原电池的正负极分别与红黑测量线的正负极连接。

③ 测量。首先将测量旋钮拨至"0"位，然后根据原电池电动势的理论计算值，由大到小依次调节×1000mV、×100mV、×10mV、×1mV、×0.1mV 五个挡位（每个挡位调至负值，再调下一挡）。

最后调节×0.01mV 挡位，直至"平衡指示"显示为零（"一"号消失）为止；此时，"电动势指示"显示值即为该原电池电动势的测量值。

（4）注意事项

① 由于仪器的精密度高，每次调节后，"电动势指示"处的数码显示须经过一段时间才可稳定下来。

② 调节测量旋钮时，不可用力过猛，以免电位器滑丝。

③ 注意勿将试液溅到仪器台面上。

2.9 DDS-307 型电导率仪

2.9.1 工作原理

如图 2-27 所示，将恒定电压 U 加到电导池的两个电极上，这时流过溶液的电流 I_x 的大小取决于溶液的电阻 R_x 和外加电压 U

$$R_x = U/I_x$$

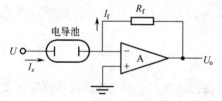

金属导体通过电子的转移而导电且服从欧姆定律，对溶液则是通过正、负离子的移动而导电的。同样可引用欧姆定律表示。

图 2-27 DDS-307 型电导率仪测量原理图

$$R_x = U/I_x = \rho L/A \tag{2-1}$$

式中，L 为两电极间液柱的长度，cm；A 为两电极间液柱的截面积，cm^2；ρ 为溶液的电阻率。对于使用确定电极的电导池，L/A 是个常数，称为电导池常数，用 K_{cell} 表示：

$$K_{cell} = L/A$$

式（2-1）变为

$$U/I_x = \rho K_{cell}$$

电导率 $\qquad\qquad \kappa = 1/\rho = K_{cell}I_x/U = K_{cell}I_f/U = K_{cell}U_o/UR_f \qquad\qquad (2\text{-}2)$

所以，在常数 K_{cell} 及输入电压 U 为定值时，被测介质的电导率与运算放大器的输出电压 U_o 成正比。因此，只需测量 U_o 的大小就可显示被测介质电导率的高低。

2.9.2 DDS-307 型电导率仪的使用方法

（1）开机

① 电源线插入仪器电源插座，仪器必须有良好接地！

② 按电源开关，接通电源，预热 30min 后，进行校准。

（2）校准

仪器使用前必须校准！将"选择"开关指向"检查"，"常数"补偿调节旋钮指向"1"刻度线，温度补偿调节旋钮指向"25"刻度线，调节"校准"调节旋钮，使仪器显示 $100.0\mu S\cdot cm^{-1}$，至此校准完成。

（3）测量

① 在电导率测量过程中，正确选择电导电极常数，对获得较高的测量精度是非常重要的。

② 电极常数的设置方法如下：

a. 将"选择"开关指向"检查"，"温度"补偿调节旋钮指向"25"刻度线，调节"校准"调节旋钮，使仪器显示 $100.0\mu S\cdot cm^{-1}$；

b. 调节"常数"补偿调节旋钮使仪器显示值与电极上所标数值一致。

（4）温度补偿的设置

调节仪器面板上"温度"补偿调节旋钮，使其指向待测溶液的实际温度值，此时测量得到的将是待测溶液经过温度补偿后折算为 25℃下的电导率值；

如果将"温度"补偿调节旋钮指向"25"刻度线，那么测量的将是待测溶液在该温度下未经补偿的原始电导率值。

（5）常数、温度补偿设置完毕，应将选择开关按表 2-3 置合适位置。当测量过程中，显示值熄灭时，说明测量值超出量程范围，此时应将切换开关至上一挡量程。

表 2-3 电导率仪开关选择

序号	选择开关位置	量程范围/$\mu S\cdot cm^{-1}$	被测电导率
1	Ⅰ	0～20.0	显示读数×C
2	Ⅱ	20.0～200.0	显示读数×C
3	Ⅲ	200.0～2000	显示读数×C
4	Ⅳ	2000～20000	显示读数×C

注：C 为电导电极常数值。

2.9.3 注意事项

（1）为确保测量精度，电极使用前应小于 $0.5\mu S\cdot cm^{-1}$ 的蒸馏水冲洗两次，然后用被测试样冲洗三次方可测量。

（2）电极插头座绝对防止受潮，电极应定期进行常数标定。

2.10 DDSJ-308A 型电导率仪

DDSJ-308A 型电导率仪是一种智能型实验室常规分析仪器，它适用于实验室精确测量水溶液的电导率。

2.10.1　工作原理

通过测量两个插入溶液的电极板之间的电阻 R_x 来实现电导率的测量。R_x 与两极之间的距离 l 成正比，与电极面积 A 成反比，根据欧姆定律 $R_x = \rho l/A$，电阻的倒数是电导 G，则

$$G = 1/R_x = A/\rho l \qquad (2\text{-}3)$$

式中，ρ 为电阻率，电阻率的倒数 $\kappa = 1/\rho$ 称为电导率。令 $K_{cell} = l/A$，称为电极常数，对于某一支电极而言，l、A 是固定值，电极常数 K_{cell} 也是固定值。

由式(2-3) 推出：

$$\kappa = K_{cell}/A \qquad (2\text{-}4)$$

式中，电导率 κ 的单位是 $S \cdot m^{-1}$，$1S = 10^3 mS = 10^6 \mu S$，电导率的常用单位是 $mS \cdot m^{-1}$ 及 $\mu S \cdot m^{-1}$。

DDSJ-308A 型电导率仪的具体测量原理是由振荡器产生的交流电压加在电极上（交流电的目的是消除电极极化，保持溶液的浓度不变），电导池内产生电流，此电流与被测溶液的电导率成正比，经电流-电压变换、放大、检波，变成直流电压，通过温度补偿，最后经 A/D 转换器转换成数字信号，由数码管显示，对智能型的电导率仪，整个过程均由微电脑控制和处理。

2.10.2　使用方法

（1）开机

插上电源插头，按下"ON/OFF"开机，预热 30min 以上。

（2）模式选择

按下模式键可以在电导率、TDS、盐度三种模式间进行转换。选择为电导率测量状态。

（3）电极常数的设置

电导电极出厂时，每支电极都标有一定的电极常数值。用户需将此值输入仪器。例如，电导电极的常数为 0.995，则具体操作步骤如下：

① 在电导率测量状态下，按"电极常数"键，仪器显示：

> ▲选择：1.0
>
> ▼调节：1.000
>
> 按 ▲▼ 键调节　◀▶ 电导

其中，"选择"指选择电极常数挡次（本仪器设计有五种电极常数挡次值，即 0.01、0.1、1.0、5.0 和 10.0），"调节"指调节当前挡次下的电极常数值。"▲"或"▼"键即可调节常数或选择挡次。

② 按"▲"或"▼"键修改到电导电极标出的电极常数值：0.995。

③ 按确认键，仪器自动将电极常数值 0.995 存入并返回测量状态，在测量状态中即显示此电极常数值。

（4）电导率的测量

① 将电导电极的保护套取下，将电导电极及温度传感器插入仪器背面相应的插口。

② 用蒸馏水清洗电导电极和温度传感器，并用滤纸吸干，用被测溶液冲洗 1 次后，再插入待测溶液中，等待仪器读数稳定，记录测量数值。

（5）关机

测量结束后，按"ON/OFF"键，仪器关机。再次开机，仪器将自动进入上次关机时的测量工作状态，此时仪器采用的参数为用户最新设置的参数。如果用户不需要改变参数，则无需进行任何操作，即可直接进行测量。

2.10.3　电导电极的选样

电导率测量过程中，正确选择适当常数的电导电极，对获得较高测量精度非常重要。一般情况下只有名义常数为 0.01m^{-1}、0.1m^{-1}、1.0m^{-1}、10m^{-1} 四种类型的电导电极可供选择，可以依据测量范围参照表 2-4 选择使用。

表 2-4　测量范围参照

测量范围/$\mu S\cdot cm^{-1}$	推荐使用电极常数/m^{-1}
0～2	0.01,0.1
2～200	0.1,1.0
200～2000	1.0
2000～20000	1.0,10
20000～200000	10

注：常数为 1.0m^{-1}、10m^{-1} 的电导电极有光亮电极和铂黑电极两种形式，光亮电极测量范围以 $0\sim300\mu S\cdot cm^{-1}$ 为宜，铂黑电极用于容易极化或浓度较高的电解质溶液的电导率测量。

2.11　DDS-11A 型电导率仪的原理与使用

DDS-11A 型电导率仪的测量范围广，可以测定一般液体和高纯水的电导率，操作简便，可以直接从表上读取数据，并有 $0\sim10\text{mV}$ 讯号输出，可接自动平衡记录仪进行连续记录。

1. 测量原理

电导率仪的工作原理如图 2-28 所示。把振荡器产生的一个交流电压源 E，送到电导池 R_x 与量程电阻（分压电阻）R_m 的串联回路里，电导池里的溶液电导愈大，R_x 愈小，R_m 获得的电压 E_m 也就越大。将 E_m 送至交流放大器放大，再经过讯号整流，以获得推动表头的直流讯号输出，从表头直接读电导率。

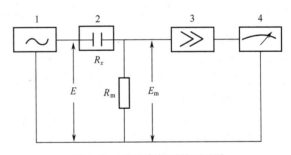

图 2-28　电导率仪测量原理图
1—振荡器；2—电导池；3—放大器；4—指示器

$$E_m=\frac{ER_m}{R_m+R_x}=\frac{ER_m}{R_m+\dfrac{K_{cell}}{\kappa}}$$

K_{cell} 为电导池常数，当 E、R_m 和 K_{cell} 均为常数时，电导率 κ 的变化必将引起 E_m 作相应变化，所以测量 E_m 的大小，也就测得溶液电导率的数值。

本机振荡产生低周（约140Hz）及高周（约1100Hz）两个频率，分别作为低电导率测量和高电导率测量的信号源频率。振荡器用变压器耦合输出，因而使信号 E 不随 R_x 变化而改变。因为测量讯号是交流电，因而电极极片间、电极引线间均出现了不可忽视的分布电容 C_0（大约60pF），电导池则有电抗存在，这样将电导池视作纯电阻来测量，则存在比较大的误差，特别在 $0\sim0.1\mu S\cdot cm^{-1}$ 低电导率范围内，此项影响较显著，需采用电容补偿消除

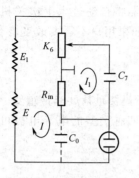

图 2-29　电容补偿
原理图

之，其原理见图 2-29。

信号源输出变压器的次极有两个输出信号 E_1 及 E，E_1 作为电容的补偿电源，E_1 与 E 的相位相反，所以由 E_1 引起的电流 I_1 流经 R_m 的方向与测量讯号 I 流经 R_m 的方向相反。测量信号 I 中包括通过纯电阻 R_x 的电流和流过分布电容 C_0 的电流。调节 K_6 可以使 I_1 与流过 C_0 的电流振幅相等，使它们在 R_m 上的影响大体抵消。

2. 测量范围

（1）测量范围：$0\sim10^5\mu S\cdot cm^{-1}$，分 12 个量程。

（2）配套电极：DJS-1 型光亮电极，DJS-1 型铂黑电极，DJS-10 型铂黑电极。光亮电极用于测量较小的电导率（$0\sim10\mu S\cdot cm^{-1}$），而铂黑电极用于测量较大的电导率（$10\sim10^5\mu S\cdot cm^{-1}$）。通常用铂黑电极，因为它的表面比较大，这样降低了电流密度，减少或消除了极化。但在测量低电导率溶液时，铂黑对电解质有强烈的吸附作用，出现不稳定的现象，这时宜用光亮铂电极。

（3）电极选择原则：列在表 2-5 中。

表 2-5　电极选择

量程	电导率/$\mu S\cdot cm^{-1}$	测量频率	配套电极	量程	电导率/$\mu S\cdot cm^{-1}$	测量频率	配套电极
1	$0\sim0.1$	低周	DJS-1 型光亮电极	7	$0\sim100$	低周	DJS-1 型铂黑电极
2	$0\sim0.3$	低周	DJS-1 型光亮电极	8	$0\sim3\times10^2$	低周	DJS-1 型铂黑电极
3	$0\sim1$	低周	DJS-1 型光亮电极	9	$0\sim10^3$	高周	DJS-1 型铂黑电极
4	$0\sim3$	低周	DJS-1 型光亮电极	10	$0\sim3\times10^3$	高周	DJS-1 型铂黑电极
5	$0\sim10$	低周	DJS-1 型光亮电极	11	$0\sim10^4$	高周	DJS-1 型铂黑电极
6	$0\sim30$	低周	DJS-1 型铂黑电极	12	$0\sim10^5$	高周	DJS-10 型铂黑电极

3. 使用方法

DDS-11A 型电导率仪的面板如图 2-30 所示。

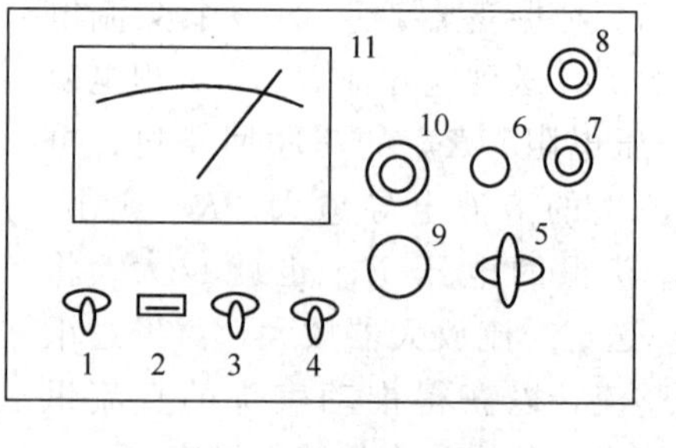

（1）打开电源开关前，应观察表针是否指零，若不指零时，可调节表头的螺丝，使表针指零。

（2）根据电极选用原则，选好电极并插入电极插口。各类电极要注意调节好配套电极常数。将校正、测量开关拨在"校正"位置。

（3）插好电源后，再打开电源开关，此时指示灯亮。预热数分钟，待指针完全稳定下来为止。调节校正调节器，使表针指向满刻度。

（4）根据待测液电导率的大致范围选用低周或高周，并将高周、低周开关拨向所选位置。

图 2-30　电导率仪面板图

1—电源开关；2—指示灯；3—高周、低周开关；4—校正测量开关；5—量程测量开关；6—电容补偿调节器；7—电极插口；8—10mV输出插口；9—校正调节器；10—电极常数调节器；11—表头

（5）将量程选择开关拨到测量所需范围。如预先不知道被测液电导率的大小，则由最大挡逐挡下降至合适范围，以防表针打弯。

（6）倾去电导池中电导水，将电导池和电极用少量待测液洗涤 $2\sim3$ 次，再将电极浸入待测液中并恒温。

（7）将校正、测量开关拨向"测量"，这时表头上的指示读数乘以量程开关的倍率，即为待测液的实际电导率。

（8）当量程开关指向黑点时，读表头上刻度（$0\sim0.1\mu S\cdot cm^{-1}$）的数；当量程开关指向红色时，读表头下刻度（$0\sim3\mu S\cdot cm^{-1}$）的数值。

（9）当用 $0\sim0.1\mu S\cdot cm^{-1}$ 或 $0\sim0.3\mu S\cdot cm^{-1}$ 这两挡测量高纯水时，在电极未浸入溶液前，调节电容补偿调节器，使表头指示为最小值（此最小值是电极铂片间的漏阻，由于此漏阻的存在，使调节电容补偿调节器时表头指针不能达到零点），然后开始测量。

（10）10mV 的输出可以接到自动平衡记录仪或进行计算机采集。

4. 注意事项

（1）电极的引线不能潮湿，否则测量不准确。

（2）高纯水应迅速测量，否则空气中 CO_2 溶入水中变为 CO_3^{2-}，使电导率迅速增加。

（3）测定一系列浓度待测液的电导率，应注意按浓度由小到大的顺序测定。

（4）盛待测液的容器必须清洁，没有离子沾污。

（5）电极要轻拿轻放，切勿触碰铂黑。

（6）清洗电极，并用吸水纸吸干多余最后淋洗的电导水，切勿损伤电极。

（7）对于电导率不同的体系，应采用不同的电极。

2.12　HDV-7 型恒电位仪操作规程（图 2-31）

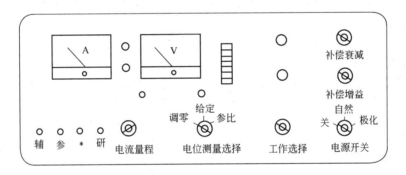

图 2-31　HDV-7 型恒电位仪面板结构

1. 准备工作

按仪器面板所示，把"研究"与"*"接线柱分别用两根导线与研究电极连接，把参比电极和辅助电极接到对应接线柱。应使研究电极与"研究"接线柱的接线截面积不小于 $1mm^2$。

若需外接精密电流表，应接在辅助电极与"辅助"接线柱之间。

置"电位量程"于"$-3\sim+3V$"挡，"补偿衰减"置于"0"，"补偿增益"置于"1"才可通电。

2. 无补偿恒电位极化测量

置"工作电极"于"恒电位"，"电源开关"于"自然"，指示灯亮表示接通了电源，预热 15min。

"电位测量选择"置于"调零"电位器，使电位表指针指"0"。

置"电位测量选择"于"参比"，读下自腐蚀电位值。注意选择适当的"电位量程"。

把"电位测量选择"置于"给定"，旋动"恒电位粗调"及"细调"，使给定电位等于自腐蚀电位。

把"电位测量选择"置于"给定",旋动"电源开关"置于"极化",仪器处于恒电位极化工作状态。

调节"恒电位粗调"与"细调",进行无补偿阴极极化和阳极极化试验。

实验完毕后,置"电位量程"于"-3~+3V","电位测量选择"置于"调零","电流量程"置于"1A",再关机。

3. 恒电流极化测量

置"工作选择"于"恒电流","电源开关"于"自然","电位测量选择"于"参比",则电位表指示出"研究电极"相对于"参比电极"的自然腐蚀电位。

按实际需要选择"电流量程"。置"电源开关"于"极化",仪器即处于恒电流极化工作状态,用"恒电流粗调"和"细调"调节极化电流,读取相应的极化电位。

实验完毕后,和恒电位法一样关机。

4. 注意事项

(1) 要改变"工作选择"时,应先把"电源开关"置于"自然",待"工作选择"选定后再拨到"极化"。

(2) 作恒电位测量前,"电流量程"应置于最大。极化电流值不得大于"电流量程"所示值。

(3) 实验过程中要严防测量系统短路,包括参比电极、盐桥、接线头等。

2.13　旋光仪

1. 旋光现象和旋光度

一般光源发出的光,其光波在垂直于传播方向的各个方向上振动,这种光称为自然光,或称非偏振光;而只在一个方向上有振动的光称为平面偏振光。当一束平面偏振光通过某些物质时,其振动方向会发生改变,此时光的振动面旋转一定的角度,这种现象称为物质的旋光现象,这种物质称为旋光物质。旋光物质使偏振光振动面旋转的角度称为旋光度。尼柯尔棱镜就是利用旋光物质的旋光性而设计的。

2. 旋光仪的构造原理

旋光仪的主要元件是两块尼柯尔棱镜。尼柯尔棱镜是由两块方解石直角棱镜沿斜面用加拿大树脂黏合而成,如图2-32所示。

当一束单色光照射到尼柯尔棱镜时,分解为两束相互垂直的平面偏振光,一束折射率为1.658的寻常光,一束折射率为1.486的非寻常光,这两束光线到达加拿大树脂黏合

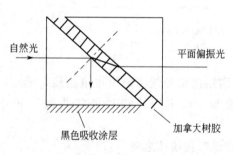

图 2-32　尼柯尔棱镜

面时,折射率大的寻常光(加拿大树脂的折射率为1.550)被全反射到底面上,被墨色涂层吸收,而折射率小的非寻常光则通过棱镜,这样就获得了一束单一的平面偏振光。用于产生平面偏振光的棱镜称为起偏镜,如让起偏镜产生的偏振光照射到另一个透射面与起偏镜透射面平行的尼柯尔棱镜,则这束平面偏振光也能通过第二个棱镜,如果第二个棱镜的透射面与起偏镜的透射面垂直,则由起偏镜出来的偏振光完全不能通过第二个棱镜。如果第二个棱镜的透射面与起偏镜的透射面之间的夹角在0°~90°之间,则光线部分通过第二个棱镜,此第二个棱镜称为检偏镜。通过调节检偏镜,能使透过的光线强度在最强和零之间变化。如果在起偏镜与检偏镜之间放有旋光性物质,则由于物质的旋光作用,使来自起偏镜的光的偏振面

改变了某一角度，只有检偏镜也旋转同样的角度，才能补偿旋光线改变的角度，使透过的光的强度与原来相同。旋光仪就是根据这种原理设计的。如图2-33所示。

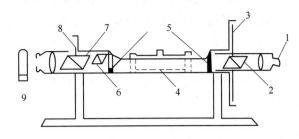

图 2-33　旋光仪构造示意图
1—目镜；2—检偏棱镜；3—原形标尺；4—样品管；5—窗口；
6—半暗角器件；7—起偏棱镜；8—半暗角调节；9—灯

通过检偏镜用肉眼判断偏振光通过旋光物质前后的强度是否相同是十分困难的，这样会产生较大的误差，为此设计了一种在视野中分出三分视界的装置，其原理是：在起偏镜后放置一块狭长的石英片时，由于石英片的旋光性，使偏振面旋转了一个角度Φ，通过镜前观察，光的振动方向如图2-34所示。

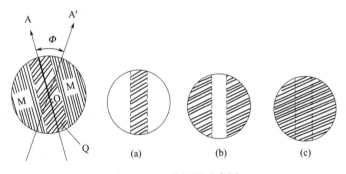

图 2-34　三分视野示意图

A 是通过起偏镜的偏振光的振动方向，A′是又通过石英片旋转一个角度后的振动方向，此两偏振方向的夹角 Φ 称为半暗角（$\Phi=2°\sim3°$），如果旋转检偏镜使透射光的偏振面与 A′平行时，在视野中将观察到：中间狭长部分较明亮，而两旁较暗，这是由于两旁的偏振光不经过石英片，如图 2-34（b）所示。如果检偏镜的偏振面与起偏镜的偏振面平行（即在 A 的方向时），在视野中将是：中间狭长部分较暗而两旁较亮，如图 2-34（a）。当检偏镜的偏振面处于 $\Phi/2$ 时，两旁直接来自起偏镜的光偏振面被检偏镜旋转了 $\Phi/2$，而中间被石英片转过角度 Φ 的偏振面被检偏镜旋转角度$\Phi/2$，这样中间和两边的光偏振面都被旋转了 $\Phi/2$，故视野呈微暗状态，且三分视野内的暗度是相同的，如图 2-34（c），将这一位置作为仪器的零点，在每次测定时，调节检偏镜使三分视界的暗度相同，然后读数。

3. 影响旋光度的因素

（1）溶剂的影响

旋光物质的旋光度主要取决于物质本身的结构。另外，还与光线透过物质的厚度、测量时所用光的波长和温度有关。如果被测物质是溶液，影响因素还包括物质的浓度，溶剂也有一定的影响。因此旋光物质的旋光度，在不同的条件下，测定结果通常不一样。因此一般用比旋光度作为量度物质旋光能力的标准，其定义为：

$$[\alpha]_D^t=\frac{10\alpha}{Lc}$$

式中，D 表示光源，通常为钠光 D 线；t 为实验温度；α 为旋光度；L 为液层厚度，

cm；c 为被测物质的浓度（以每毫升溶液中含有样品的质量表示），在测定比旋光度时，应说明使用什么溶剂，如不说明一般指水为溶剂。

（2）温度的影响

温度升高会使旋光管膨胀而长度加长，从而导致待测液体的密度降低。另外，温度变化还会使待测物质分子间发生缔合或离解，使旋光度发生改变。通常温度对旋光度的影响，可用下式表示：

$$[\alpha]_\lambda^t = [\alpha]_D^t + Z(t-20)$$

式中，t 为测定时的温度，Z 为温度系数。

不同物质的温度系数不同，一般在 $0.01 \sim 0.04℃^{-1}$ 之间。为此在实验测定时必须恒温，旋光管上装有恒温夹套，与超级恒温槽连接。

（3）浓度和旋光管长度对比旋光度的影响

在一定的实验条件下，常将旋光物质的旋光度与浓度视为成正比，因为将比旋光度作为常数，而旋光度和溶液浓度之间并不是严格地呈线性关系，因此严格讲比旋光度并非常数，在精密的测定中比旋光度和浓度间的关系可用下面的三个方程之一表示：

$$[\alpha]_\lambda^t = A + Bq$$

$$[\alpha]_\lambda^t = A + Bq + Cq^2$$

$$[\alpha]_\lambda^t = A + \frac{Bq}{C+q}$$

式中，q 为溶液的百分浓度；A、B、C 为常数，可以通过不同浓度的几次测量来确定。旋光度与旋光管的长度成正比。旋光管通常有 10cm、20cm、22cm 三种规格。经常使用的有 10cm 长度的。但对旋光能力较弱或者较稀的溶液，为提高准确度，降低读数的相对误差，需用 20cm 或 22cm 长度的旋光管。

4. 旋光仪的使用方法

首先打开钠光灯，稍等几分钟，待光源稳定后，从目镜中观察视野，如不清楚可调节目镜焦距。

选用合适的样品管并洗净，充满蒸馏水（应无气泡），放入旋光仪的样品管槽中，调节检偏镜的角度使三分视野消失，读出刻度盘上的刻度并将此角度作为旋光仪的零点。

零点确定后，将样品管中蒸馏水换为待测溶液，按同样方法测定，此时刻度盘上的读数与零点时读数之差即为该样品的旋光度。

5. 使用注意事项

旋光仪在使用时，需通电预热几分钟，但钠光灯使用时间不宜过长。

旋光仪是比较精密的光学仪器，使用时，仪器金属部分切忌被酸碱沾污，防止腐蚀。光学镜片部分不能与硬物接触，以免损坏镜片。不能随便拆卸仪器，以免影响精度。

6. 自动指示旋光仪结构及测试原理

目前国内生产的旋光仪，其三分视野检测、检偏镜角度的调整，采用光电检测器。通过电子放大及机械反馈系统自动进行，最后数字显示。该旋光仪具有体积小、灵敏度高、读数方便、减少人为的观察三分视野明暗度相同时产生的误差，对弱旋光性物质同样适应。

WZZ 型自动数字显示旋光仪，其结构原理如图 2-35 所示。

该仪器用 20W 钠光灯为光源，并通过可控硅自动触发恒流电源点燃，光线通过聚光镜、小孔光柱和物镜后形成一束平行光，然后经过起偏镜后产生平行偏振光，这束偏振光经过有法拉第效应的磁旋线圈时，其振动面产生 50Hz 的一定角度的往复振动，该偏振光线通过检

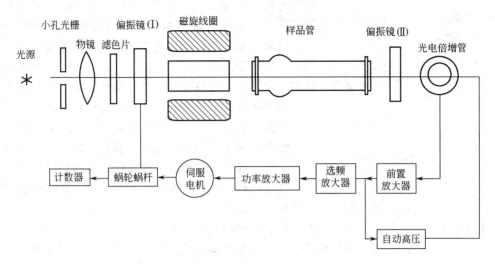

图 2-35　WZZ 型自动数字显示旋光仪结构原理

偏镜透射到光电倍增管上，产生交变光电信号。当检偏镜的透光面与偏振光的振动面正交时，即为仪器的光学零点，此时出现平衡指示。而当偏振光通过一定旋光度的测试样品时，偏振光的振动面转过一个角度 α，此时光电讯号就能驱动工作频率为 50 Hz 的伺服电机，并通过蜗轮蜗杆带动检偏镜转动 α 角而使仪器回到光学零点，此时读数盘上的示值即为所测物质的旋光度。

3　化学实验基本操作

3.1　萃取和洗涤

萃取和洗涤是利用物质在不同溶剂中的溶解度不同来进行提取或纯化有机化合物的常用操作之一。应用萃取可以从固体或液体混合物中提取所需要的物质，也可以用来分离混合物中少量杂质。通常前者称为萃取，后者称为洗涤。常用的萃取剂有四氯化碳、氯仿、二氯甲烷、乙醚、石油醚、苯、乙酸乙酯等。将全部萃取剂分成多次萃取比一次全部萃取效果要好。

按萃取两相的不同，萃取可分为液-液萃取、液-固萃取、气-液萃取。此处重点介绍液-液萃取。

3.1.1　液-液萃取

液-液萃取常用的仪器是分液漏斗。使用前必须先检查上口塞子和下口活塞是否严密，以防止发生漏液而造成损失。检查方法如下：在活塞处涂少量凡士林，旋转几圈将凡士林涂均匀，在分液漏斗中加一定量的水，将上口塞子盖好，上下摇动分液漏斗，检查是否漏水，确定不漏水后再使用。

萃取时，先将待萃取的原始溶液和萃取剂由分液漏斗的上口倒入，漏斗内液体不宜太多，以免液体混合不均而使萃取效果降低。将塞子塞好，振荡漏斗使两液层充分接触。振荡的操作方法如图 3-1，先将漏斗倾斜，使漏斗的上口略朝下，用右手的拇指和中指握住分液漏斗的上口颈部，食指根部压住塞子，以免塞子松开。左手的食指和中指压住下口管，并使

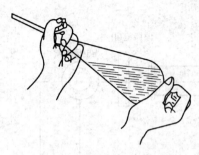

图 3-1 分液漏斗的使用

食指和拇指控制活塞，这样既可防止振荡时活塞转动或脱落又便于灵活地旋动活塞。在振动过程中应注意不断放气，以免内部压力过大，造成漏斗的塞子被顶开而喷出液体。一般振动两三次就放一次气，办法是：保持漏斗的下口略向上倾斜，使液体集中在漏斗的上部，用控制活塞的拇指和食指打开活塞放气，注意不要对着人。

振荡数次后，将漏斗放在铁架台的铁圈上，将塞子上的小槽对准漏斗上颈的通气孔，静置，使乳浊液分层。有时产生乳化现象或存在少量絮状物，引起分层不明显或不分层。此时，可长时间静置，或加入食盐等电解质，以使絮状物溶于水中、有机物溶于萃取剂中，或加入几滴酸、碱、醇等，以破坏乳化现象。

分液漏斗中的液体分出清晰的两层后，就可以进行分离。上层液体由上口倒出，下层液体由下口经活塞放出，以免下层颈部附着的残液污染上层液体。办法是：先把塞子打开或使盖子上的小槽对准漏斗上颈的通气孔，把分液漏斗的下端管紧靠在接受器的壁上，旋转活塞，液体流下，至液面间的层界限接近活塞时关闭活塞，静置片刻，待下层的液体增多一些，再把下层液体仔细放出，然后把上层液体从上口倒入另一容器里。

微量样品可用小试管或离心分液管萃取：管内放入原溶液和萃取剂，用毛细滴管向液体内不断鼓气泡，使液体充分接触。静置分层后，用毛细滴管将两相分开，重复上述操作直至达到要求。

液-液萃取时有一点应特别注意，液体分层后要正确判断萃取相（有机相）和萃余相（多为水相），一般根据两相的密度来确定，密度大的在下面，密度小的在上面。为避免发生错误而无法补救，应将两相分别保留到实验完毕。

3.1.2 液-固萃取

从固体混合物中萃取到所需物质，常用的方法有浸取法和连续提取法。

最常见的浸取法是把固体物均匀研细，加入适当溶剂，加热，提取出易溶于萃取剂的物质，然后再进行分离纯化。当使用有机溶剂作萃取剂时，应使用回流装置。

如果被萃取物质在萃取剂中的溶解度较小，一般采用连续提取法，常使用索氏（Soxhlet）提取器来萃取，如图3-2所示。将滤纸套做成与 Soxhlet 提取器大小相适应的套袋，既要紧贴器壁又要能方便放置，且其高度不得超过虹吸管。将固体物质研细，放入滤纸套筒内，扎紧上下开口处以防固体泄漏而堵塞虹吸管，将滤纸套放入提取器提取筒中。从提取管上口加入提取溶剂，装上冷凝管，开通冷凝水，加入沸石后开始加热，提取剂蒸气从烧瓶升到冷凝管中，冷凝回流到提取筒内固体混合物中，并在其中不断蓄积，使固体浸在提取剂液体中。当液面超过虹吸管顶部时，蓄积的液体连同从固体中提取出来的易溶物质流入蒸馏瓶中。继续使用上述方法，再进行第二次提取。这样重复三次左右，可将固体中易溶物质基本提取到液体中来。脂肪提取器为配套仪器，其任一部件损坏将会导致整套仪

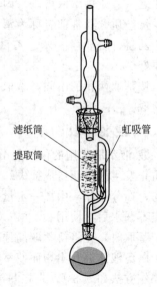

滤纸筒

虹吸管

提取筒

图 3-2 Soxhlet 提取装置图

器的报废，特别是虹吸管极易折断，所以在安装仪器和实验过程中须特别小心。脂肪提取器也可以将固体物质中所含有的可溶性物质富集，根据其原理固体物质每一次都能被纯的溶剂所萃取，因而效率较高，为增加液体浸溶的面积，萃取前应先将物质研细，用滤纸套包好置于提取器中，通过不断萃取虹吸，固体中的可溶物质富集到烧瓶中，将提取液浓缩后，得到想得到的固体物质。

注意：提取过程中应调节加热温度，因为当从固体物质中提取出来的溶质较多时，温度过高会使溶质在蒸馏瓶壁上炭化。当提取物质受热易分解或萃取剂沸点较高时，不宜使用此方法。

3.2 升华

固体物质具有较高的蒸气压时，可能不经过熔融就直接变成蒸气，蒸气遇冷再直接变成固体，这种过程叫做升华。

容易升华的物质含有不挥发杂质时，可用升华进行精制，在常压下不易升华的物质，可进行减压升华，因此升华是固体化合物提纯的一种重要方法。其操作比重结晶简便，纯化后产品的纯度较高，缺点是产品的损失较大，一般不用于大量产品的提纯。

升华前，必须把待升华的物质干燥。且升华时要注意加热温度需在熔点以下。

常用的常压升华装置如图 3-3 所示。

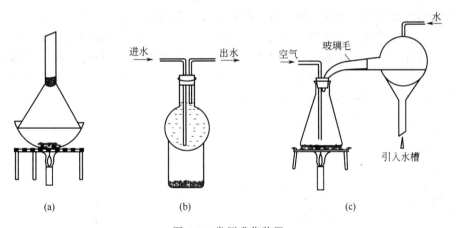

图 3-3　常压升华装置

图 3-3(a) 是实验室常用的常压升华装置。把烘干的待精制固体物质放入蒸发皿中，铺匀。取一大小合适的锥形漏斗，颈口处塞一团疏松的棉花。选一张略大于漏斗口的滤纸，在滤纸上扎一些小孔，孔应尽量大一些，以便蒸气上升时顺利通过滤纸，并在滤纸的上方和漏斗中结晶。将漏斗口用此滤纸包起来后，整个倒扣在蒸发皿上。

将蒸发皿放在热浴上，用电热套加热，逐渐升高温度，使待提纯物慢慢气化。蒸气通过滤纸孔，遇到冷的漏斗内壁，即凝结为晶体，附在滤纸的上方和漏斗中。如晶体不能及时析出，可在漏斗外面用湿布冷却。

当升华量较大时，可换用装置（b）分批进行升华，通水进行冷却以使晶体析出并附在烧瓶底部。当需要通入惰性气体进行升华时，可换用装置（c）。

减压升华装置如图 3-4 所示。依据升华物质的量选择合适的减压升华容器，将样品放入。其上放入"指形冷凝器"（又称冷凝指），接通冷凝水，抽气口与水泵连接好，打开水泵，关闭安全瓶上的放气阀，进行抽气，同时加热，使固体在一定压力下升华。冷凝后的固体将在冷凝指底部结晶。停止抽滤时一定要先打开安全瓶上的放空阀，再关泵，以防倒吸。

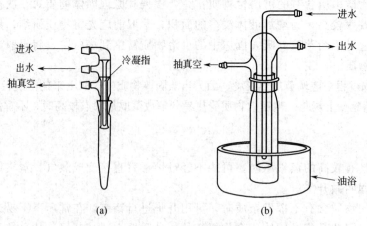

图 3-4 减压升华装置

3.3 沸点的测定及校正

将液体加热时，其蒸气压随温度的升高而不断增大。当液体的蒸气压增大至与外界施加给液体的总压力相等时，就有大量气泡不断从液体内部溢出，即液体沸腾，这时的温度称为液体的沸点。液体的沸点与外界压力有关，外压不同，同一液体的沸点会发生变化。通常所说的沸点是指外压为一个标准大气压时的标准沸点，常可用图 3-5 估计不同地区测定的沸点与标准沸点的差值；也可通过测定的沸点估计测定误差，一般情况下外压每偏离标准大气压1332.5Pa，所测沸点比标准沸点低 0.35℃。

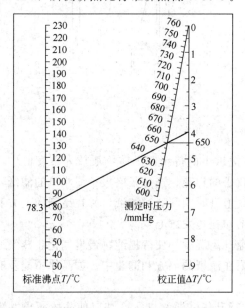

图 3-5 测定沸点与标准沸点的换算图

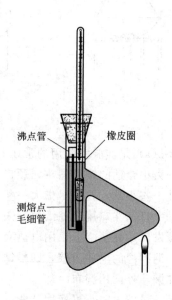

图 3-6 微量法测沸点装置

3.3.1 测定方法与微量法装置

测定沸点的方法一般有两种，即常量法和微量法。通常用蒸馏或分馏法来测定液体的沸点（常量法）；若仅有少量甚至微量试样，微量法可得较好的结果。

准备一沸点测定管，包括内管（长 7~8cm，内径 1mm）和外管（长 6~7cm，内径 3~4mm），均为一端封闭的耐热玻璃管。内管可用测熔点的毛细管，外管是特制或自行拉制的沸点管（图 3-6）。

3.3.2　装样

向外管中加入 2~3 滴被测样品，试液高度应为 6~8mm，把内管开口朝下插入外管液体中。将外管用橡皮圈固定在温度计上，参考熔点测定实验，把温度计及所附的管子一起放入提勒管中，用带有缺口的橡皮塞加以固定，橡皮圈应在热载体液面以上。

3.3.3　测定

以每分钟 4~5℃ 的速度慢慢加热升温，当温度比沸点稍高时，可见有一连串的气泡从内管不断逸出。此时停止加热，慢慢冷却热浴，随着温度的下降，气泡逸出的速度渐渐减慢。气泡不再冒出而液体刚刚要缩进内管时的温度即为该液体的沸点，此时毛细管内蒸气压与外压相等，记录下该温度。重复操作几次，误差应小于 1℃。

3.4　简单蒸馏

将液体加热至沸腾，使液体变为蒸气，然后蒸气冷却再冷凝为液体，这两个过程的联合操作称为蒸馏。它不仅是提纯物质和分离混合物的一种方法，还是常量法测定化合物沸点的方法之一。

纯液体物质在一定的压力下具有一定的沸点，如果在蒸馏过程中沸点不固定，就说明液体不纯。若杂质是不挥发的，则溶液的沸腾温度比纯物质的沸点略有提高。若杂质是挥发性的，则蒸馏时液体的沸点会逐渐上升。通过蒸馏可将易挥发的物质和不挥发的物质分离开来，也可将沸点不同的物质分离开来。但对于简单蒸馏，液体混合物各组分的沸点必须相差很大（至少 30℃ 以上）才能得到较好的分离效果。

注意，不能认为具有固定沸点的液体都是纯化合物，因为某些有机化合物常常能和其他组分形成二元或三元共沸化合物，也有一定的沸点即共沸点。这样的混合物用一般蒸馏方法无法分离，可用共沸蒸馏法。

蒸馏过程按馏分可分三个阶段，即前馏分（或馏头）、正馏分和馏尾。

加热使液体沸腾，温度计水银球处开始出现液滴，水银柱急剧上升至接近沸点，开始有馏出液（前馏分）流出，其沸点低于要收集组分的沸点，应弃掉。若被蒸馏的液体几乎没有馏头，则将蒸馏出来的前 1~2 滴液体作为冲洗仪器的馏头去掉；馏头蒸出后，温度稳定在沸程范围内，沸程范围越小，组分纯度越高。此时，流出来的液体称为正馏分，这部分液体是所要的产品。随着正馏分的蒸出，蒸馏瓶内混合液的体积不断减少。直至温度超过沸程，即可停止接收。此时，蒸馏瓶内剩余液体应作为馏尾弃掉。

如果是多组分蒸馏，蒸馏接收完第一组分后，温度继续上升，尚未到第二组分沸程前所流出的液体——第一组分的馏尾和第二组分的馏头，称为交叉馏分，应单独收集。当温度稳定在第二组分沸程范围内时，即可接收第二组分，以此类推。如果蒸馏瓶内液体很少时，温度会自然下降。此时应停止蒸馏。

切记，蒸馏瓶内的液体不能蒸干，以防蒸馏瓶过热或有过氧化物存在而发生爆炸。

蒸馏装置主要包括蒸馏烧瓶、冷凝管和接收器三部分，其一般装置见图 3-7。

先组装好仪器后再加原料，组装仪器要注意：首先固定好圆底烧瓶；铁夹最终夹在冷凝管的中央部分；水银球的上端应恰好位于蒸馏头支管的底边所在的水平线上；冷凝管的中心

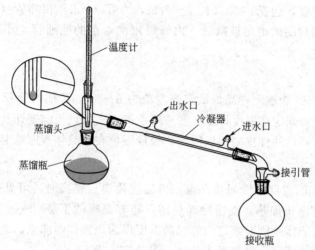

图 3-7　普通蒸馏装置

线和蒸馏头的中心线成一直线；冷凝水应从下口进入上口流出且出水口应朝上；如果蒸馏出的物质易挥发、易燃或有毒需装配气体吸收装置；如果蒸馏出的物质易受潮，可在接引管上连接一干燥管；若蒸馏物质的沸点高于 140℃，应换用空气冷凝管；通常所蒸馏液体的体积应占烧瓶容量的 1/3～2/3；常压蒸馏体系内部和外界应相通，不能构成封闭体系。

加液体原料时，取下温度计和温度计套管。在蒸馏头上口放一长颈漏斗，注意漏斗下口处的斜面应超过蒸馏头的支管，慢慢将液体倒入蒸馏瓶中。为防止液体暴沸，应加入 2～3 粒沸石。沸石为多孔性物质，当加热液体时，沸石孔内能产生细小气泡，形成沸腾中心，使液体平稳沸腾。如加热中断，再加热时应重新加入沸石（不可在液体近沸时补加沸石），因原沸石的小孔已被液体充满，不能起气化中心的作用。

先开通冷凝水，注意不要一下开得过大。开始加热时，电压可以调得略高些，一旦液体沸腾，水银球部位出现液滴，要注意观察液体气化情况并随时调整火力，使蒸馏速度以 1～2 滴/s 为宜。只有控制好蒸馏速度，才能保证在蒸馏过程中温度计水银球上始终有液滴存在，此时气液两相保持平衡，温度计所示温度才是液体真正的沸点。如果没有液滴说明可能有两种情况：一是温度低于沸点，此时，应将电压调高；二是温度过高，出现过热现象，此时，温度已超过沸点，应将电压调低。

达到所需沸程之前的那部分前馏分应弃去，待稳定在沸程温度时，换一个经过称量并干燥好的容器来接收正馏分。如果维持原来加热速度，不再有馏出液蒸出，温度计所示温度突然下降或继续上升时，且不需要接收第二组分，应停止蒸馏。先停止加热，取下电热套。稍冷却，待馏出物不再继续流出时，取下接收瓶，保存好产物，关掉冷凝水，拆除仪器（与安装仪器顺序相反）并清洗。

3.5　减压蒸馏

减压蒸馏适用于在常压下沸点较高及常压蒸馏时易发生分解、氧化、聚合等反应的热敏性有机化合物的分离提纯。

液体的沸点与外界施加于液体表面的压力有关，随着外界施加于液体表面的压力的降低，液体的沸点下降。压力对沸点的影响可以作如下估算：

① 从大气压降至 3332Pa（25mmHg）时，高沸点（250～300℃）化合物的沸点随之下

降 100～125℃左右；

　　② 气压在 3332Pa（25mmHg）以下时，压力每降低一半，沸点下降 10℃。

　　在实际操作中常通过图 3-8 所示的经验图近似推算出高沸点物质在不同压力下的沸点。例如，水在一个大气压下时沸点为 100℃，若求 2.666kPa（20mmHg）时的沸点可先在 B 线上找到 100℃这一点，再在 C 线上找到 20，将两点连成一线，并延伸到与 A 线相交，其交点便是 2.666kPa 时水的沸点（22℃）。利用此图也可以反过来估计常压下的沸点和减压时要求的压力。

　　减压蒸馏装置通常由蒸馏装置、减压装置、保护装置及测压装置四部分组成，典型装置见图 3-9。

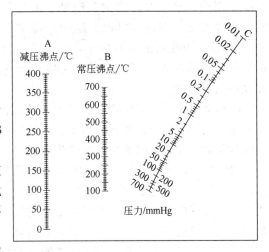

图 3-8　液体的沸点-压力的经验计算图

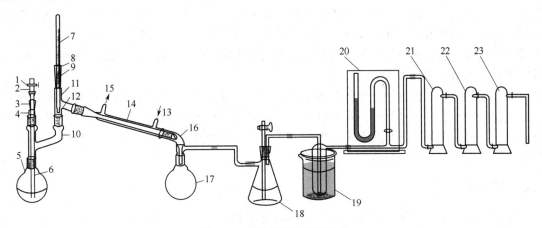

图 3-9　减压蒸馏的典型装置

1—螺旋夹；2—乳胶管；3,8—单孔塞；4,9—套管；5—圆底烧瓶；6—毛细管；7—温度计；
10—Y 形连接管；11—蒸馏头；12—水银球；13—进水口；14—直形冷凝管；15—出水口；16—真空接引管；
17—接收器；18—吸滤瓶；19—冷阱；20—压力计；21—氯化钙塔；22—氢氧化钠塔；23—石蜡片塔

　　其蒸馏部分由蒸馏瓶、克氏蒸馏头、温度计、毛细管、直形冷凝器、真空接引管（若要收集不同馏分而又不中断蒸馏，则可采用三叉燕尾管）以及接收器等组成。毛细管的长度为恰好使其下端距离瓶底 1～2mm，其作用是使沸腾均匀稳定，同时又起一定的搅拌作用。蒸馏瓶和接收瓶均不能使用不耐压的平底仪器（如锥形瓶、平底烧瓶等）和薄壁或有破损的仪器，以防由于装置内处于真空状态，外部压力过大而引起爆裂。所有连接磨口处要涂有少许凡士林或真空脂，温度计用一小段乳胶管固定在温度计套管上，以确保装置密封和润滑。连接管也要耐压防止抽瘪。

　　实验室通常用油泵、水泵或循环水泵进行减压，后者所能达到的最低压力为当时水温下的水蒸气压，如水温为 18℃，则水蒸气压为 2kPa（15.5mmHg），可以满足一般减压蒸馏。使用油泵进行减压时，为了防止易挥发的有机溶剂、酸性物质和水汽进入油泵，必须在馏液接收器与油泵之间顺次安装冷阱和几种吸收塔，以免易挥发的有机物蒸气污染油泵用油、水蒸气乳化油泵用油、酸腐蚀机件等，这些都会降低泵效、损害油泵。冷阱置于盛有冷却剂的广口保温瓶中，冷却剂的选择随需要而定，可用冰、水、冰-盐、干冰-乙醇等，吸收塔通常设两个，前一个装无水氯化钙（或硅胶）吸收水蒸气，后一个装粒状氢氧化钠吸收酸气。有时为了吸出有机溶剂，可再加一个石蜡片吸收塔，最后一个吸收塔与油泵相接。

减压蒸馏系统的测压部分，实验室通常采用水银压力计。装置内的压力是这样测定的：先记录下压力计两臂水银柱的高度差，然后用当时当地的外界大气压力减去该差值，即得装置内的压力，注意此时单位均为毫米汞柱（mmHg）。

仪器装好后，应首先检查装置的气密性以及减压程度。具体方法：打开泵，关闭安全瓶上的放空阀，拧紧毛细管上的螺旋夹，待压力稳定后，观察压力计的读数是否到了最小或达到所要求的真空度。否则，说明系统内漏气，应进行检查。检查时，先将真空接引管与安全瓶连接处的橡胶管折起来并用手捏紧，如果压力马上下降，说明装置内有漏气点；反之，说明自安全瓶以后的系统漏气，应依次检查安全瓶和泵。漏气点排除后，应再重新空试，直至压力稳定达标，方可进行如下减压蒸馏操作。

减压蒸馏时，待蒸馏液体应约占蒸馏瓶容积的 1/3～1/2。油浴加热时，烧瓶的 2/3 球形部分应浸入油浴中且瓶底和浴底不能接触。压力稳定时，蒸馏瓶内液体中应有连续平稳的小气泡通过。逐渐升温，液体沸腾后要注意调节油浴温度，使蒸馏速度控制在 1 滴/s，当馏头蒸完后换另一接收瓶开始接收正馏分，沸程应控制在 1～2℃ 范围内，记录下时间、压力、液体沸点、油浴温度和馏出液流出速度等数据。

蒸馏完毕时，应首先停止加热并撤走油浴，待稍冷却后，调大毛细管上的螺旋夹，慢慢打开安全瓶上的放空阀（此时一定要慢而小心，以免水银鼓破压力计），使压力表恢复到零的位置，然后再关泵。否则由于系统中压力低，会发生油或水倒吸回安全瓶或冷阱的现象。待仪器装置与大气压完全相通后，方可拆卸仪器。

3.6　简单分馏

对于简单蒸馏，液体混合物各组分的沸点必须相差很大（至少 30℃ 以上）才能得到较好的分离效果。若两种或两种以上互溶液体混合物的沸点相差不大，就应当采用分馏的方法分离，工业上常称之为精馏。

分馏的基本原理与蒸馏相类似，装置也类似，不同之处是在蒸馏瓶与蒸馏头之间多加了一根分馏柱（工业上采用精馏塔），从而使汽化和冷凝的过程由一次改进为多次，以获得高纯度的产品，简言之，分馏即为反复多次的简单蒸馏。现在精密的分馏设备已能将沸点相差 1～2℃ 的液体混合物分开。

分馏时，上升的蒸气与分馏柱下降的冷凝液体互相接触，两者之间会发生能量交换，上升的蒸气会部分冷凝，下降的冷凝液会部分汽化，结果使上升蒸气中易挥发组分增加而下降的冷凝液中高沸点组分增加，这种交换在分馏柱中反复进行多次，即达到了多次蒸馏的效果。开始从分馏柱顶部分出来的是近乎纯净的易挥发组分，随后依次分出沸点渐高的组分，而最后在蒸馏瓶里残留的是高沸点组分。

分馏柱种类很多，实验室常用韦氏（Vigreux）分馏柱（见图 3-10 简单分馏装置）。需要较好的分馏效果时，要用填料柱，即在一根玻璃管内填上惰性材料，如环形、螺旋形、马鞍形等各种形状的玻璃、陶瓷或金属小片。当欲分离物沸点相距很近时，必须用精密分馏装置进行分离。

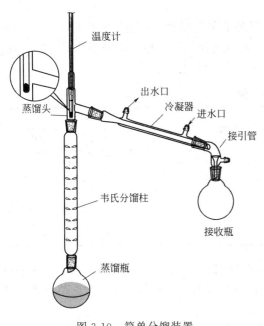

温度计

出水口

冷凝器 进水口

蒸馏头

接引管

韦氏分馏柱

接收瓶

蒸馏瓶

图 3-10 简单分馏装置

简单分馏装置如图 3-10 所示。把待馏液体倒入烧瓶，其体积以不超过烧瓶容量的 1/2 为宜，加入几粒沸石。选择合适的热浴，仔细检查合格后才可开始加热。先将电压调得稍大些，一旦液体沸腾蒸气进入分馏柱时就应注意将电压调小，使蒸气缓慢而均匀的沿分馏柱壁上升，当蒸气升到柱顶还未达到水银球部位时，通过控制电压使蒸气在柱顶全部回流并持续 5min。再将电压调至合适的位置，选择合适的回流比（回流比根据物系和操作情况而定，一般控制在 4∶1，即冷凝液每 4 滴流回蒸馏瓶，则有 1 滴由柱顶馏出），使有相当数量的液体回流到烧瓶中，而馏出液以每 2～3s/滴的速度平稳流出。如馏出速度太快，馏出物纯度可能下降。但也不宜太慢，否则上升的蒸气时断时续，馏出温度会有波动。待温度计水银柱骤然下降，说明低沸点组分已基本蒸出。再继续升温，按沸点分段收集各馏分，至全部组分流出，停止加热。实验完毕后，应称量各段馏分。

4 实验中的数据表达与处理

对所得数据进行恰当的处理，是实验的重要内容之一。主要包括误差分析、有效数字及其应用、可疑值取舍、数据精密度分析、线性回归方程求算等。

4.1 误差分析

误差是测得值与真实值之间的差，根据产生原因，误差分为系统误差、偶然误差及过失误差。

系统误差是由于实验中固定的、经常性的原因造成的，具有恒定性、单向性和重现性。主要由于实验中依据的测量原理本身不完善（方法误差）、所用试剂纯度不够（试剂误差）、实验仪器精度不够（仪器误差）等原因造成。

4.1.1 系统误差的发现及消除

（1）对照试验　用国家标准、部颁标准或行业标准等标准方法或已知含量的标准试样进行试验，通过该试验可发现是否存在方法误差。将测定的平均值与标样值或标准方法测得值，通过 t 检验法比较。t 值按式（4-1）计算。

$$t_{计算} = \frac{\bar{x} - \mu}{s}\sqrt{n} \tag{4-1}$$

式中　$\bar{x}$——测定结果的平均值；

μ——标样值或标准方法测得值；

s——测得数据的标准偏差；

n——测定次数。

按（4-1）计算后，若 $t_{计算} > t_{表}$，则 $\bar{x}$ 与标准值有显著差别，表明被检验的方法存在系统误差；若 $t_{计算} \leqslant t_{表}$，则 $\bar{x}$ 与标准值之间的差异可认为是偶然误差引起的正常差异。$t_{表}$ 值见表 4-1。

表 4-1　$t_{表}$ 值

测定次数 n	置信度			测定次数 n	置信度		
	90%	95%	99%		90%	95%	99%
2	6.314	12.76	63.657	8	1.895	2.365	3.500
3	2.920	4.303	9.925	9	1.860	2.306	3.355
4	2.353	3.182	5.841	10	1.833	2.262	3.250
5	2.132	2.776	4.604	11	1.812	2.228	3.169
6	2.015	2.571	4.032	21	1.725	2.086	2.846
7	1.943	2.447	3.707	∞	1.645	1.960	2.576

（2）空白试验　利用纯溶剂代替试样，按照试样的操作步骤与方法进行的试验，该法可检验是否存在试剂误差。空白试验中所测得的值称为空白值，由测得值减去空白值可消除试剂误差。

仪器造成的误差可通过对仪器进行校正而消除，仪器校正的方法可根据仪器说明书进行。对于玻璃仪器，一般不需校准，如果确实需要校准的话，可采用水称重法进行。即准确量取一定体积的去离子水，置于洁净而烘干至恒重的烧杯中，称出水的准确质量，查出在相应温度及压力下水的密度值，计算出玻璃容器的准确体积。

（3）回收试验　是否存在系统误差，常常通过回收试验加以检查。回收试验是在测定试样某组分含量 x_1 的基础上，加入已知量的该组分 x_2，再次测定其组分含量 x_3，则回收率为：

$$回收率 = \frac{x_3 - x_1}{x_2} \times 100\% \tag{4-2}$$

常量分析回收率要求高，一般为 99% 以上，微量组分回收率要求在 90%～110%。

4.1.2　偶然误差

偶然误差是由于一些偶然的、不确定的因素造成的误差。如果对同一试样进行多次测量，会发现数据分布符合正态分布曲线，因此偶然误差的消除很简单，一般通过对试样多次测量后取平均值。测量次数一般高于 3 次。

4.1.3　过失误差

过失误差是由于操作者不按规程操作而造成的误差，因此该误差的消除只有通过加强管理，严格操作规范实现。

4.2　有效数字及其应用

有效数字是实验中实际测得的数字，包括全部的准确数字和一位可疑数字，因此有效数字反映了所用仪器的准确程度。实验中，正确使用有效数字意义重大。

4.2.1　正确选用仪器

因为有效数字体现了仪器的精密程度，因此要根据实验表述中有效数字的位数，选择精度适当的仪器，以满足实验误差的要求。如实验中要求称取 3.2g 试样，根据有效数字的意义，"3.2"中，3是准确数字，2是可疑数字，因此选择天平时，应选择最小刻度为1g的小天平；如果要称取3.2100g试样，则必须选择精度为0.1mg的电光分析天平或电子天平。液体的量取也必须根据有效数字表述准确选用玻璃器皿，如量取10.00mL 0.1000mol·L^{-1}的HCl标准溶液，显然应选择准确刻度为0.1mL的器皿，即移液管或滴定管；如果量取体积为10mL的1:1 HCl，则可选择量杯、量筒等粗略量取液体的容器。实验中，除了根据有效数字的位数选择仪器外，有时还要根据实验操作的具体意义选择仪器，如实验表述中要"量取10mL 0.1000mol·L^{-1}的HCl标准溶液"，如果仅从"10mL"本身看，不需要准确量取，但因为量取的是标准溶液，如果体积不准确，即使浓度再准确，物质的量也不准确，因此10mL应该准确量取。

4.2.2 正确记录数据

实验测得的数据，要以正确的形式记录下来，以真实体现所用仪器的精密程度，尤其当所得数据末尾为0时，0不能轻易舍掉。如称取的试样质量为3.2000g，表明所用仪器是精度为0.1mg的分析天平，如果记录为3.2g，尽管对计算结果没有影响，但由数据本身体现出来的仪器精度为0.1g，意义差别很大；像滴定管、移液管等准确量取液体的器皿，数据应读到或记录到0.01mL。

4.2.3 正确表示分析结果

分析结果有效数字的位数，应根据实验所用仪器的精密程度确定。一般的，常量分析保留四位有效数字，微量分析保留二至三位有效数字。

4.2.4 有效数字运算规则

在运算过程中，有效数字的计算规则是：几个数据相加减时，它们的和或差只能保留一位不准确的数字，即有效数字的保留应以小数点后位数最少的数字为依据。例如：

$$0.0121+25.64+1.05783=26.71$$

结果26.71只有最后一位是不确定值；在乘除运算中，有效数字取决于相对误差最大的那个数，即有效数字位数最少的那个数。例如：$\dfrac{0.0325\times5.103\times60.064}{139.82}=0.0713$。用电子计算器做运算时，可以不必对每一步的计算结果进行位数确定，但最后计算结果应保留正确的有效数字位数。对最后结果多余数字的取舍原则是："四舍六入五留双"，即当尾数≤4时，舍去；当尾数≥6时，进位；当尾数等于5时，如进位后得偶数，则进位，否则舍去。

4.3 数据的精密度及其表示方法

精密度是测得的实验数据之间相互接近程度。一组数据的精密度可用平均偏差、极差、标准偏差等表示，实验中常用极差和标准偏差。

极差是指一组数据最大值与最小值之差，即极差 $R=x_{max}-x_{min}$。该法简单、直观，是实验中常用的精密度表示方法，但比较粗略。

标准偏差更符合数理统计规律。对于有限次测量标准偏差 s 及相对标准偏差 RSD，可用式(4-3)、式(4-4)计算：

$$s=\sqrt{\dfrac{\sum\limits_{i=1}^{n}(x_i-\bar{x})^2}{n-1}} \tag{4-3}$$

$$RSD = \frac{s}{\bar{x}} \tag{4-4}$$

显然，标准偏差或相对标准偏差越小，数据的精密度越高。

4.4 可疑值取舍

数据中个别数值离群太远时，首先要仔细检查测定过程中是否有显著的系统误差，然后根据数理统计原理对可疑数据进行检验，而不能随意舍弃离群值，提高精密度。常用的统计检验方法有 Grubbs 检验法和 Q 检验法，其中 Q 检验法简单、实用，在此作以重点介绍。

Q 检验法的步骤为：① 将测定数值由小到大排列，$x_1 < x_2 < \cdots x_n$；

② 计算极差 R，$R = x_n - x_1$；

③ 计算 Q 值。

如果 x_1 为可疑值，则

$$Q_{计算} = \frac{x_2 - x_1}{x_n - x_1} \tag{4-5}$$

如果 x_n 为可疑值，则

$$Q_{计算} = \frac{x_n - x_{n-1}}{x_n - x_1} \tag{4-6}$$

如果 $Q_{计算} > Q_{表}$，则弃去可疑值，反之则保留。$Q_{表}$ 表示不同置信度下的 Q 值，$Q_{表}$ 见表 4-2。

表 4-2 $Q_{表}$ 值

测定次数 n	$Q_{0.90}$	$Q_{0.95}$	$Q_{0.99}$	测定次数 n	$Q_{0.90}$	$Q_{0.95}$	$Q_{0.99}$
3	0.94	0.98	0.99	7	0.51	0.59	0.68
4	0.76	0.85	0.93	8	0.47	0.54	0.63
5	0.64	0.73	0.82	9	0.44	0.51	0.60
6	0.56	0.64	0.74	10	0.41	0.48	0.57

4.5 标准曲线的回归分析

在化学实验中，经常使用标准曲线来获得某组分的含量或浓度，为使标准曲线描绘得最正确，误差最小，可根据数理统计原理，找出浓度（含量）与某特性值两个变量之间的回归直线及直线的回归方程。

设浓度（含量）x 为自变量，某性能参数 y 为函数，利用最小二乘法关系，算出相应的方程 $y = a + bx$ 中的系数 a 和 b，然后再绘出相应的直线，这样的方程称为 y 对 x 的回归方程，相应的直线称为回归直线，式中 a 为直线的截距，与系统误差大小有关，b 为直线的斜率，与方法灵敏度有关。

设实验点为 x_i、y_i（$i = 1 \sim n$），则平均值

$$\bar{x} = \frac{\sum_{i=1}^{n} x_i}{n} \tag{4-7}$$

$$\bar{y} = \frac{\sum_{i=1}^{n} y_i}{n} \tag{4-8}$$

由最小二乘法关系得：

$$b = \frac{\sum\limits_{i=1}^{n}(x_i - \bar{x})(y_i - \bar{y})}{\sum\limits_{i=1}^{n}(x_i - \bar{x})^2} \tag{4-9}$$

$$a = \bar{y} - b\bar{x} \tag{4-10}$$

如果 a、b 确定，回归方程也就确定了。但这个方程未必有意义，因为即使数据误差很大，仍然可以求出一相应方程，为此，可采用 r 检验法，判断两个变量 x、y 之间的相应关系是否达到一定的密切程度。

当 $r = \pm 1$ 时，两变量完全线性相关，实验点全部在回归直线上；$r = 0$ 时，两变量毫无相关关系；$0 < |r| < 1$ 时，两变量有一定的相关性，只有当 $|r|$ 大于某临界值时，二者相关才显著，所求回归方程才有意义。

$$r = \frac{\sum\limits_{i=1}^{n}(x_i - \bar{x})(y_i - \bar{y})}{\sqrt{\sum\limits_{i=1}^{n}(x_i - \bar{x})^2 \sum\limits_{i=1}^{n}(y_i - \bar{y})^2}} \tag{4-11}$$

r 的临界值与置信度及自由度关系见表 4-3。

表 4-3　r 的临界值与置信度及自由度的关系

置信度 ＼ r ＼ $f = n-2$	1	2	3	4	5	6	7	8	9	10
90%	0.988	0.900	0.805	0.729	0.669	0.622	0.582	0.549	0.521	0.497
95%	0.997	0.950	0.878	0.811	0.755	0.707	0.666	0.632	0.602	0.576
99%	0.999	0.990	0.959	0.917	0.875	0.834	0.798	0.765	0.735	0.708

第二部分 实 验 内 容

实验一 氯化钠的提纯

一、目的要求

1. 掌握提纯 NaCl 的原理和方法。
2. 学习溶解、沉淀、常压过滤、减压过滤、蒸发浓缩、结晶和烘干等基本操作。
3. 了解 Ca^{2+}、Mg^{2+}、SO_4^{2-} 等离子的定性鉴定。

二、实验原理

化学试剂或医药用的 NaCl 都是以粗食盐为原料提纯的，粗食盐中含有 Ca^{2+}、Mg^{2+}、K^+ 和 SO_4^{2-} 等可溶性杂质和泥沙等不溶性杂质。选择适当的试剂可使 Ca^{2+}、Mg^{2+}、SO_4^{2-} 等离子生成难溶盐沉淀而除去，一般先在食盐溶液中加 $BaCl_2$ 溶液，除去 SO_4^{2-}。

$$Ba^{2+} + SO_4^{2-} \rightleftharpoons BaSO_4 \downarrow$$

然后再在溶液中加入 Na_2CO_3 溶液，除去 Ca^{2+}、Mg^{2+} 和过量的 Ba^{2+}。

$$Ca^{2+} + CO_3^{2-} \rightleftharpoons CaCO_3 \downarrow$$

$$Ba^{2+} + CO_3^{2-} \rightleftharpoons BaCO_3 \downarrow$$

$$4Mg^{2+} + 2H_2O + 5CO_3^{2-} \rightleftharpoons Mg(OH)_2 \cdot 3MgCO_3 + 2HCO_3^-$$

过量的 Na_2CO_3 溶液用 HCl 中和。粗食盐中的 K^+ 与这些沉淀剂不起作用，仍留在溶液中。由于 KCl 溶解度比 NaCl 大，而且粗食盐中含量较少，所以在蒸发和浓缩食盐溶液时，NaCl 先结晶出来，而 KCl 仍留在溶液中。

三、主要试剂与仪器

仪器：电磁加热搅拌器，循环水泵，吸滤瓶，布氏漏斗，普通漏斗，烧杯，蒸发皿，台秤。

试剂：滤纸，pH 试纸，NaCl（粗），Na_2CO_3（饱和溶液），HCl（$6mol \cdot L^{-1}$），$BaCl_2$（$1mol \cdot L^{-1}$），2:1乙醇水溶液。

四、实验步骤

（1）粗盐溶解 称取 7.0g 粗食盐于 100mL 烧杯中，加 30mL 水，用电磁加热搅拌器（或酒精灯）加热搅拌使其溶解。

（2）除去 SO_4^{2-} 加热溶液至沸，边搅拌边滴加 $1mol \cdot L^{-1} BaCl_2$ 溶液约 2mL，继续加热 5min，使沉淀颗粒长大而易于沉降。

（3）检查 SO_4^{2-} 是否除尽 将电磁加热搅拌器（或酒精灯）移开，待沉淀沉降后，取少量上层清液加几滴 $6mol \cdot L^{-1}$ HCl，再加几滴 $1mol \cdot L^{-1} BaCl_2$ 溶液，如果出现浑浊（将

$BaCl_2$ 溶液沿杯壁加入，眼睛从侧面观看），表示 SO_4^{2-} 尚未除尽，需再加 $1mol\cdot L^{-1}$ $BaCl_2$ 溶液，直至在其清液中加 $BaCl_2$ 溶液不再变浑浊为止，表示 SO_4^{2-} 已除尽。常压过滤，弃去沉淀。

（4）除去 Ca^{2+}、Mg^{2+} 和过量的 Ba^{2+}　将所得滤液加热至沸，边搅拌边滴加约 $3mL$ 饱和 Na_2CO_3 溶液，直至不再产生沉淀为止，然后再多加 $0.5mL$ Na_2CO_3 溶液，静置（或离心沉降）。

（5）检查 Ba^{2+} 是否除尽　用滴管吸取上层清液数滴放在试管中，加几滴饱和 Na_2CO_3 溶液，如果出现浑浊，表示 Ba^{2+} 未除尽，需在原溶液中继续滴加饱和 Na_2CO_3 溶液，直至除尽为止。常压过滤，弃去沉淀。

（6）用 HCl 调整酸度除去 CO_3^{2-}　往滤液中滴加 $16\sim17$ 滴 $6mol\cdot L^{-1}$ HCl，加热搅拌，中和到溶液呈微酸性（pH 值为 $3\sim4$ 左右）。

（7）浓缩与结晶　在事先已称其质量为 m_1 的蒸发皿中将溶液浓缩至有大量 NaCl 结晶出现（约为原体积的 $1/3$），冷却结晶，抽吸过滤，同时用约 $2mL$ $2:1$ 酒精水溶液洗涤晶体，抽滤至布氏漏斗下端无水滴为止。将氯化钠晶体转移到蒸发皿中，在石棉网上用小火烘干（为防止蒸发皿摇晃，可在石棉网上放置一个泥三角）。冷却后称其质量 m_2，计算产率。

$$产率 = \frac{m_2 - m_1}{7.0} \times 100\%$$

五、数据记录及处理

m_1 _____ g，m_2 _____ g，产率为_____。

六、思考题

1. 在除去 Ca^{2+}、Mg^{2+}、SO_4^{2-} 时为何先加 $BaCl_2$ 溶液，然后再加 Na_2CO_3 溶液？
2. 能否用 $CaCl_2$ 代替毒性大的 $BaCl_2$ 来除去食盐中的 SO_4^{2-}？
3. 在除去 Ca^{2+}、Mg^{2+}、SO_4^{2-} 等杂质离子时，能否用其他可溶性碳酸盐代替 Na_2CO_3？
4. 在提纯粗食盐过程中，K^+ 将在哪一步操作中除去？
5. 加 HCl 除去 CO_3^{2-} 时，为什么要把溶液的 pH 值调至 $3\sim4$？调至恰为中性如何（提示：从溶液中 H_2CO_3、HCO_3^- 和 CO_3^{2-} 浓度的比值与 pH 值的关系去考虑）？

实验二　硫酸亚铁铵的制备

一、实验目的

1. 了解复盐硫酸亚铁铵的制备方法。
2. 掌握水浴加热、溶解、过滤、蒸发、结晶等基本操作。

二、实验原理

硫酸亚铁铵 $[(NH_4)_2SO_4\cdot FeSO_4\cdot 6H_2O]$ 又称摩尔盐，为浅绿色单斜晶体，在空气中比一般亚铁盐稳定，不易被氧化，溶于水，不溶于乙醇。

硫酸亚铁铵在水中的溶解度比组成它的每一个单盐 $FeSO_4$ 和 $(NH_4)_2SO_4$ 的溶解度都小。因此，将含有硫酸亚铁铵的溶液经蒸发浓缩，冷却结晶，首先得到硫酸亚铁铵复盐晶体。

本实验是先将金属铁屑溶于稀硫酸制得硫酸亚铁：

$$Fe + H_2SO_4 \longrightarrow FeSO_4 + H_2\uparrow \tag{1}$$

在硫酸亚铁溶液中加入硫酸铵，经蒸发浓缩，冷却结晶，可得到硫酸亚铁铵晶体。

$$FeSO_4 + (NH_4)_2SO_4 + 6H_2O \longrightarrow (NH_4)_2SO_4 \cdot FeSO_4 \cdot 6H_2O \tag{2}$$

三、主要试剂与仪器

仪器：锥形瓶（250mL），台秤，烧杯，蒸发皿，表面皿，水浴锅，电炉，布氏漏斗，抽滤瓶，量筒（10mL、50mL），玻璃棒。

试剂：铁屑，$(NH_4)_2SO_4$（固），Na_2CO_3（1mol·L^{-1}），H_2SO_4（3mol·L^{-1}），无水乙醇，pH试纸，滤纸。

四、实验步骤

1. 铁屑的净化

称取 2.0g 铁屑，放入锥形瓶中，加入 15mL 10% 的 Na_2CO_3 溶液，小火加热（也可用水浴加热）煮沸约 10min，以除去铁屑表面的油污，倾倒去 Na_2CO_3 溶液，用蒸馏水冲洗至中性。

若原料是干净的铁粉，此步骤可省略。

2. 硫酸亚铁的制备

往盛有 2.0g 干净铁屑的锥形瓶中，加入 15mL 3mol·L^{-1} H_2SO_4 溶液，水浴加热反应至不再有大量气泡冒出（约 25min），反应过程中适量补充蒸馏水，以补充被蒸发的水分，防止 $FeSO_4$ 结晶析出，趁热抽滤（用两层滤纸），滤液转入蒸发皿中。

3. 硫酸亚铁铵的制备

根据 $FeSO_4$ 的理论产量，按反应（2）计算并称取所需固体 $(NH_4)_2SO_4$ 的量，加入盛有上述 $FeSO_4$ 滤液的蒸发皿中，水浴加热，用玻璃棒搅拌至 $(NH_4)_2SO_4$ 完全溶解。继续蒸发浓缩至液面出现一层晶膜为止。取下蒸发皿，冷却至室温，使 $(NH_4)_2SO_4 \cdot FeSO_4 \cdot 6H_2O$ 结晶析出，抽滤，抽滤后用少量无水乙醇洗涤晶体，以除去晶体表面附着的水分。抽滤后将晶体转入表面皿中，晾干后称量，计算产率。

$$产率 = \frac{实际产量(g)}{理论产量(g)} \times 100\%$$

五、数据记录及处理

硫酸亚铁铵的质量_____g，产率为_____。

六、思考题

1. 为什么制备硫酸亚铁铵晶体时，溶液必须呈酸性？

2. 在蒸发硫酸亚铁铵溶液的过程中，为什么有时溶液会由浅绿色逐渐变为黄色？此时如何处理？

3. 写出本实验中硫酸亚铁的理论产量计算式。

4. 写出本实验中所需硫酸铵的质量和硫酸亚铁铵的理论产量的计算式。

实验三　气体常数的测定

一、目的要求

1. 了解一种测定气体常数的方法及其操作。
2. 掌握理想气体状态方程式和分压定律的应用。

二、实验原理

根据理想气体状态方程式 $pV=nRT$，可求得气体常数 R 的表达式，即

$$R=\frac{pV}{nT}$$

其数值可以通过实验来确定。本实验通过金属镁和稀硫酸反应置换出氢气来测定 R 的数值。

$$Mg+H_2SO_4 =\!=\!=\!= MgSO_4+H_2\uparrow$$

准确称取一定质量的镁 m_{Mg}，使之与过量的稀硫酸作用，在一定温度和压力下可测出被置换出氢气的体积 V_{H_2}。氢气的物质的量 n_{H_2} 可由参加反应的镁条质量 m_{Mg} 求得。由于在水面上收集氢气，所以其分压 p_{H_2} 应由实验时当地的大气压 p 减去该温度下水的饱和蒸气压（查附录9），即：

$$p_{H_2}=p-p_{H_2O}$$

将以上各项数据代入气体常数 R 的计算公式中，则：

$$R=\frac{p_{H_2}V_{H_2}}{n_{H_2}T}$$

式中　V_{H_2}——由量气管中读出的氢气的体积，m^3；

　　　　p_{H_2}——氢气的分压，Pa；

　　　　n_{H_2}——氢气的物质的量，mol；

　　　　R——摩尔气体常数，$Pa\cdot m^3\cdot mol^{-1}\cdot K^{-1}$ 或 $J\cdot mol^{-1}\cdot K^{-1}$。

三、主要试剂与仪器

仪器：分析天平（0.1mg 精度），测定气体常数的装置（量气管、普通漏斗、硬质试管、滴定管夹、铁架台、铁圈、橡皮塞、橡皮导气管）。

试剂：镁条，H_2SO_4（$2mol\cdot L^{-1}$）。

四、实验步骤

（1）称量　　用天平准确称取三份已擦去表面氧化膜的镁条，每条质量为 0.0300～0.0400g（称准至 0.0001g）。

（2）安装测定装置　　按图 3-1 所示装配好测定装置。打开反应试管的橡皮塞，由液面调节漏斗往量气管内装水至略低于刻度"0"的位置。上下移动漏斗，以赶尽附着在橡皮管和量气管内壁的气泡，然后将试管口橡皮塞塞紧。

（3）装置气密性检查　　把漏斗下移一段距离，并固定在一定位置上。如果量气管中的液

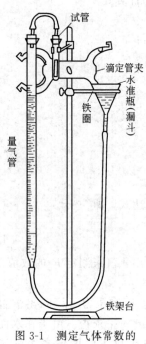

图 3-1　测定气体常数的
装置示意图

（标注：试管、滴定管夹、水准瓶（漏斗）、铁圈、量气管、铁架台）

面只在开始时稍有下降，以后即维持不变（观察 3～5min），即表明装置不漏气。如果液面继续下降，则表明装置漏气，应检查各接口处是否严密，经检查与调整后，再重复试验，直至确保不漏气为止。

（4）测定

① 将漏斗上移回原位，使量气管内液面保持在略低于刻度"0"的位置，取下试管，把镁条用水稍微湿润后贴于试管壁一边合适的位置上，即确保镁条既不与酸接触又不触及试管塞。然后用小量筒小心沿试管壁的另一边注入 4mL 2mol·L^{-1}硫酸，注意切勿沾污镁条。装好试管，塞紧橡皮塞，检查量气管内液面是否保持于刻度"0"以下，再一次检查装置的气密性。

② 把漏斗移至量气管的右侧，使两者的液面保持同一水平面，记下量气管中的液面位置。

③ 将试管略微倾斜，让镁条与硫酸接触，这时由于反应产生的氢气进入量气管中，管中的水被压入漏斗内。为避免量气管内压力过大，在管内液面下降时，可适当将漏斗向下移动，使管内液面和漏斗液面大体上保持在同一水平面。

④ 镁条反应完后，待试管冷却至室温（可用自来水冷却），使漏斗与量气管的液面处于同一水平面，记下液面位置。稍等 1～2min，再记录液面位置，如两次读数相等，即表明管内气体温度已与室温相同。记下室温和大气压。

取下试管，洗净后换另两份已称量的镁条重复实验。将数据和计算结果整理到下表中。

五、数据记录及处理

实验编号	第一次实验	第二次实验	第三次实验
室温 T/K			
室温下水的饱和蒸气压 p_{H_2O}/Pa			
大气压/Pa			
氢气分压 p_{H_2}/Pa			
镁条的质量/g			
氢气物质的量/mol			
氢气的体积/m^3			
气体常数/J·mol^{-1}·K^{-1}			
气体常数平均值/J·mol^{-1}·K^{-1}			
百分误差			

六、思考题

1. 检查实验装置是否漏气的原理是什么？
2. 实验测得的气体常数应有几位有效数字？
3. 本实验产生误差的主要原因有哪些？

实验四　醋酸解离度及解离常数的测定

一、目的要求

1. 测定醋酸的解离度和解离常数。
2. 了解 pH 计的原理，学习使用 pH 计。
3. 学习移液管、容量瓶的使用。
4. 学习溶液的配制。

二、实验原理

醋酸（CH_3COOH 或 HAc）是弱电解质，在水溶液中存在以下解离平衡：

$$HAc \rightleftharpoons H^+ Ac^-$$

其标准平衡常数的表达式为：

$$K_a^\ominus = \frac{(c_{H^+}/c^\ominus)(c_{Ac^-}/c^\ominus)}{c_{HAc}/c^\ominus}$$

式中，c_{H^+}、c_{Ac^-}、c_{HAc}分别为 H^+、Ac^-、HAc 的平衡浓度；$c^\ominus$为标准浓度。在单纯的 HAc 溶液中，若以 c 代表 HAc 的起始浓度，则：$c_{HAc} = c - c_{H^+}$，而 $c_{H^+} = c_{Ac^-}$，代入上式得：$K_a^\ominus = \frac{(c_{H^+}/c^\ominus)^2}{(c - c_{H^+})/c^\ominus}$。另外，HAc 的解离度 α 可表示为：

$$\alpha = \frac{c_{H^+}}{c}$$

当 $\alpha < 5\%$ 时，$c - c_{H^+} \approx c$，则：

$$K_a^\ominus \approx \frac{(c_{H^+}/c^\ominus)^2}{c/c^\ominus}$$

所以，只要测定了已知浓度的 HAc 溶液的 pH 值，就可以计算出它的解离度 α 和解离常数 $K_a^\ominus$。

三、主要试剂与仪器

仪器：pH 计，移液管（5mL、10mL、25mL），容量瓶（50mL）5 个，烧杯（50mL）5 个。

试剂：HAc（$0.1mol \cdot L^{-1}$，准确浓度已标定），NaAc（$0.10mol \cdot L^{-1}$），酚酞指示剂（1%），NaOH（$0.1mol \cdot L^{-1}$）。

四、实验步骤

1. 配制不同浓度的醋酸溶液

用移液管分别吸取 5.00mL、10.00mL、25.00mL $0.1mol \cdot L^{-1}$ 的醋酸溶液于三支 50mL 容量瓶中，用蒸馏水稀释至刻度，摇匀。连同未稀释的醋酸溶液可得到四种浓度不同的溶液，由稀到浓依次编号为 1、2、3、4。另取一干净的 50mL 容量瓶，用移液管加入 25.00mL $0.1mol \cdot L^{-1}$ 的 HAc，再加 $0.10mol \cdot L^{-1}$ NaAc 溶液 5.00mL，用蒸馏水稀释至刻度，摇匀，编号为 5。

2. HAc 溶液 pH 值的测定

用五只干燥的 50mL 烧杯，分别盛入上述五种溶液各 30.00mL，按由稀到浓的次序在酸度计上测定它们的 pH 值。将数据记录于下表中，算出 $K_a^\ominus$ 和 α 值。

五、数据记录及处理

室温____℃

编号	醋酸溶液浓度 c_{HAc}/mol·L^{-1}	pH	c_{H^+}/mol·L^{-1}	c_{Ac^-}/mol·L^{-1}	$K_a^\ominus$	α
1						
2						
3						
4						
5						

六、思考题

1. 如果改变所测 HAc 溶液的温度，则解离度和标准解离常数有无变化？

2. 下列情况能否用近似公式 $K_a^\ominus \approx \dfrac{(c_{H^+}/c^\ominus)^2}{c/c^\ominus}$ 求标准解离常数。

（1）所测 HAc 溶液浓度极稀。

（2）在 HAc 溶液中加入一定数量的固体 NaAc。

（3）在 HAc 溶液中加入一定数量的固体 NaCl。

实验五　氧化还原反应与电极电势

一、实验目的

1. 了解电极电势与氧化还原反应方向的关系，以及介质和反应物浓度对氧化还原反应的影响。

2. 了解原电池的组成及其电动势的粗略测定方法。

3. 了解氧化型物质或还原型物质的浓度变化对氧化还原电对的电极电势的影响。

二、实验原理

元素的氧化值发生改变的化学反应称为氧化还原反应。氧化剂的氧化能力及还原剂的还原能力的强弱，可用它们所组成的电对的电极电势的相对大小来衡量。一个电对的电极电势越大，则电对中的氧化型物质的氧化能力越强，还原型物质的还原能力越弱；反之亦然。电极电势较大的电对中的氧化型物质，可以氧化电极电势较小的电对中的还原型物质。因此，根据两个电对的电极电势的相对大小，就可以判断氧化还原反应进行的方向。

浓度对电极电势的影响，可用 Nernst 方程式表示如下：

对于任一电极反应：a[氧化态]$+ne^-\rightleftharpoons b$[还原态]

$$\varphi = \varphi^\ominus + \frac{RT}{nF}\ln\frac{(c_{\text{氧化态}}/c^\ominus)^a}{(c_{\text{还原态}}/c^\ominus)^b}$$

氧化型物质的浓度或还原型物质的浓度的变化，都会改变电对的电极电势。特别是有沉淀剂或配位剂存在，能明显降低氧化型物质或还原型物质的浓度时，甚至可以改变氧化还原反应的方向。在有些电极反应（特别有含氧酸根离子参加的电极反应）中，H^+ 的氧化值虽然没有变化，却参与了电极反应。这样，介质的酸度也会对电极电势产生影响。例如，对于电极反应：

$$Cr_2O_7^{2-} + 14H^+ + 6e^- \Longleftrightarrow 2Cr^{3+} + 7H_2O$$

Nernst 方程式为

$$\varphi_{Cr_2O_7^{2-}/Cr^{3+}} = \varphi^{\ominus}_{Cr_2O_7^{2-}/Cr^{3+}} + \frac{RT}{6F} \ln \frac{(c_{Cr_2O_7^{2-}}/c^{\ominus}) \cdot (c_{H^+}/c^{\ominus})^{14}}{(c_{Cr^{3+}}/c^{\ominus})^2}$$

H^+ 浓度增大时，$\varphi_{Cr_2O_7^{2-}/Cr^{3+}}$ 增大，$K_2Cr_2O_7$ 的氧化能力增强。由于 H^+ 浓度项的幂指数很大，H^+ 浓度甚至可能成为决定电极电势的主要因素。

单一电极的电极电势是无法测量的，从实验中只能测量两个电极所组成原电池的电动势。原电池的电动势等于正、负两极的电极电势的差值：$E = \varphi_+ - \varphi_-$。

若规定 $\varphi^{\ominus}_{H^+/H_2} = 0.000V$，测量由标准氢电极和另一标准电极组成的原电池的标准电动势，就能直接或间接测量出一系列电对的标准电极电势。用伏特计可粗略地测得原电池的电动势（此时，测量过程中有电流通过）。本实验只是为了定性比较电极电势的相对大小，只需知道其相对数值，所以用伏特计进行测量。

三、主要试剂与仪器

仪器：试管，烧杯（30mL），表面皿，伏特计，微安表，盐桥，导线，电极（锌片、铜片、铁片、碳棒），砂纸。

试剂：H_2SO_4（1mol·L^{-1}、3mol·L^{-1}），NaOH（6mol·L^{-1}），Pb(NO$_3$)$_2$（0.5mol·L^{-1}），CuSO$_4$（0.1mol·L^{-1}），ZnSO$_4$（0.1mol·L^{-1}），KI（0.1mol·L^{-1}），FeCl$_3$（0.1mol·L^{-1}），FeSO$_4$（1mol·L^{-1}，0.1mol·L^{-1}），CCl$_4$，K$_2$Cr$_2$O$_7$（0.1mol·L^{-1}），KMnO$_4$（0.001mol·L^{-1}），KBr（0.1mol·L^{-1}），Na$_2$SO$_3$（0.1mol·L^{-1}），HAc（6mol·L^{-1}），NH$_4$F（s），浓氨水，溴水，碘水，锌粒，铅粒，红色石蕊试纸。

四、实验步骤

1. 电极电势与氧化还原反应

（1）分别取 2mL 0.5mol·L^{-1} Pb(NO$_3$)$_2$ 溶液和 2mL 0.1mol·L^{-1} CuSO$_4$ 溶液于两支试管中，各加 1 粒表面擦净的锌粒，观察锌粒表面和溶液的颜色有无变化。分别取 2mL 0.1mol·L^{-1} ZnSO$_4$ 溶液和 2mL 0.1mol·L^{-1} CuSO$_4$ 溶液于两支试管，各加几粒表面擦净的铅粒，观察有无变化。

根据实验结果，确定 Zn，Pb，Cu 在电势序中的位置。

（2）取 1mL 0.1mol·L^{-1} KI 溶液和 4 滴 0.1mol·L^{-1} FeCl$_3$ 溶液于试管中，摇匀后加入 1mL CCl$_4$，充分振荡，观察 CCl$_4$ 层颜色有无变化（I_2 溶于 CCl$_4$ 中显紫红色）。再用 0.1mol·L^{-1} KBr 溶液代替 0.1mol·L^{-1} KI 溶液进行上述试验，观察 CCl$_4$ 层颜色有无变化（Br_2 溶于 CCl$_4$ 中显棕黄色）。

（3）仿照上面试验，分别用碘水和溴水与 0.1mol·L^{-1} FeSO$_4$ 溶液反应，观察 CCl$_4$ 层颜色有无变化，判断反应能否进行。写出有关的反应方程式，并说明电极电势与氧化还原反应方向的关系。

根据实验结果，比较 φ_{Br_2/Br^-}、φ_{I_2/I^-}、$\varphi_{Fe^{3+}/Fe^{2+}}$ 的相对大小，并指出上述三个电对中，哪些物质是最强的氧化剂，那些物质是最强的还原剂。

2. 浓度对电极电势的影响

分别加 15mL 0.1mol·L^{-1} ZnSO$_4$ 溶液和 15mL 0.1 mol·L^{-1} CuSO$_4$ 溶液于两只 30mL 小烧杯中，在 ZnSO$_4$ 溶液中插入锌片，在 CuSO$_4$ 溶液中插入铜片，组成两个电极，中间用盐桥连接，用导线将铜电极和锌电极分别与伏特计的正极和负极相接，测量两个电极之间的电势差。

在 CuSO$_4$ 溶液中加入浓氨水，至生成的沉淀完全溶解形成深蓝色溶液：

$$Cu^{2+} + 4NH_3 = [Cu(NH_3)_4]^{2+}$$

再测量两个电极之间的电势差，观察电势差有何变化。

在 ZnSO$_4$ 溶液中加浓氨水，至生成的沉淀完全溶解为止：

$$Zn^{2+} + 4NH_3 = [Zn(NH_3)_4]^{2+}$$

再测量两个电极之间的电势差，观察电势差又有何变化。解释上述实验现象。

3. 酸度对电极电势的影响

分别取 15mL 0.1mol·L^{-1} FeSO$_4$ 溶液和 15mL 0.1mol·L^{-1} K$_2$Cr$_2$O$_7$ 溶液于两只 30mL 小烧杯中，在 FeSO$_4$ 溶液中插入铁片，在 K$_2$Cr$_2$O$_7$ 溶液中插入碳棒，用导线把铁片和碳棒分别与伏特计的负极和正极相接，中间用盐桥连接，测量两个电极之间的电势差。

在 K$_2$Cr$_2$O$_7$ 溶液中逐滴加入 3mol·L^{-1} H$_2$SO$_4$ 溶液，观察电势差有什么变化？在 K$_2$Cr$_2$O$_7$ 溶液中逐滴加入 6mol·L^{-1} NaOH 溶液，观察电势差又有什么变化。

4. 酸度对氧化还原产物的影响

取三支试管，分别加 1mL 0.001mol·L^{-1} KMnO$_4$ 溶液，在第一支试管中加 1mL 1mol·L^{-1} H$_2$SO$_4$ 溶液，在第二支试管中加 1mL 水，在第三支试管中加 1mL 6mol·L^{-1} NaOH 溶液，再分别逐滴加入 0.1mol·L^{-1} Na$_2$SO$_3$ 溶液，摇匀，观察反应产物有何不同？写出反应方程式。

5. 浓度对氧化还原反应方向的影响

（1）取 1mL 水和 1mL CCl$_4$ 于试管中，加 1mL 0.1mol·L^{-1} FeCl$_3$ 溶液，再加 1mL 0.1 mol·L^{-1} KI 溶液，振荡后观察 CCl$_4$ 层的颜色。

（2）取 1mL 0.1mol·L^{-1} FeSO$_4$ 溶液和 1mL CCl$_4$ 于试管中，加 1mL 0.1mol·L^{-1} FeCl$_3$ 溶液，再加 1mL 0.1mol·L^{-1} KI 溶液，振荡后观察 CCl$_4$ 层的颜色与上面实验中有无不同。

（3）取 1mL 0.1mol·L^{-1} FeCl$_3$ 溶液加入盛有少量 NH$_4$F 固体的试管中，然后依次往试管中加入 1mL 0.1mol·L^{-1} KI 溶液和 1mL CCl$_4$，振荡试管，观察 CCl$_4$ 层的颜色。

用化学平衡移动理论解释上述实验现象。

6. 酸度对氧化还原反应速率的影响

取两支试管，分别加入 1mL 0.1mol·L^{-1} KBr 溶液，在其中一支试管中加 1mL 3mol·L^{-1} H$_2$SO$_4$ 溶液，在另一支试管中加 1mL 6mol·L^{-1} HAc 溶液，然后在两支试管中分别加 2 滴 0.001mol·L^{-1} KMnO$_4$ 溶液。观察并比较两支试管中紫红色褪色的快慢等现象，并分别写出反应方程式。

五、思考题

1. 本实验中伏特计上读数是原电池的电动势吗？其数值是否可以作为比较电极电势大小的依据？

2. 通过本实验归纳出影响电极电势的因素，它们是怎样影响电极电势的？

3. 即使在 Fe^{3+} 浓度很大的酸性溶液中，仍不能抑制 MnO_4^- 与 Fe^{2+} 之间的反应，这与氧化还原反应是可逆反应的说法有无矛盾？

实验六　元素及化合物的性质

一、目的要求

1. 了解非金属单质的氧化还原性。

2. 了解碳酸盐沉淀的形成与转化。

3. 根据氢氧化物的酸碱性及硫化物的溶解性等，了解某些金属离子的分离方法。

二、实验原理

1. 非金属单质的氧化还原性

Cl_2、Br_2、I_2 等自由单质（以 X_2 表示）与水能发生水解反应，并存在下列平衡：

$$X_2 + H_2O \Longrightarrow H^+ + X^- + HXO$$

在此反应中，反应物 X_2 既是氧化剂，又是还原剂，这类反应称为歧化反应。上述平衡（水解）常数的表达式为：

$$K_h = \frac{c_{H^+} \, c_{X^-} \, c_{HXO}}{c_{X_2}}$$

Cl_2、Br_2、I_2 的上述 K_h 值分别为：4.2×10^{-4}、7.21×10^{-9} 和 2.0×10^{-11}。

这类反应的进行程度与溶液的 pH 值有关，在溶液中加酸能抑制卤素单质的水解，加碱则能促进其水解。

2. 碳酸盐的性质

除碱金属外，一般金属的碳酸盐的溶解度较小，而相应的酸式盐则较易溶于水。在一些难溶碳酸盐（如 $CaCO_3$）和水组成的系统中，由于存在下列平衡：

$$MCO_3 + CO_2 + H_2O \Longrightarrow 2HCO_3^- + M^{2+}$$

通入 CO_2 气体，可使其变为酸式盐而溶解。

3. 水溶液中某些金属离子的初步分离

利用一些主族金属的化合物如氯化物、氢氧化物、硫化物等的性质及有关反应，可对这些金属离子进行初步分离。

（1）氯化物的水解　除钾、钠、钡等最活泼金属的氯化物外，一般金属氯化物都能发生水解，使溶液呈酸性。值得注意的是，p 区的 Sn^{2+}、Sb^{3+}、Bi^{3+} 氯化物水解后生成溶解度很小的碱式盐或氯氧化物。例如：

$$SnCl_2 + H_2O \Longrightarrow Sn(OH)Cl \downarrow + HCl$$

$$SbCl_3 + H_2O \Longrightarrow SbOCl \downarrow + 2HCl$$

在制备这类物质的溶液时，必须加入适量的浓盐酸，以抑制水解，从而防止上述沉淀的析出。

（2）**氢氧化物的性质**　金属氢氧化物的性质主要表现为溶解性和酸碱性。其中 Al^{3+}、Sn^{2+}、Pb^{2+} 等的氢氧化物难溶于水，但能溶于强酸或强碱溶液中，常称为两性氢氧化物。例如：

$$Pb^{2+}+2OH^-（少量）=\!\!=\!\!= Pb(OH)_2\downarrow$$
$$Pb(OH)_2+2OH^-（过量）=\!\!=\!\!= PbO_2^{2-}+2H_2O$$
$$Pb(OH)_2+2H^+（如 HNO_3）=\!\!=\!\!= Pb^{2+}+2H_2O$$

（3）**硫化物的性质**　在常见金属中，如 s 区金属的硫化物可溶于水，BeS 在水中分解；p 区金属的硫化物不溶于水，也不溶于稀酸 $[c_{H^+}=0.3mol\cdot L^{-1}]$，且往往有特征的颜色，如 PbS（黑色）、SnS（棕色）、Sb_2S_3（橙色）。

应当指出，在水溶液中，Al^{3+} 与 S^{2-} 不能生成 Al_2S_3，但能生成 $Al(OH)_3$ 白色沉淀和 H_2S，这可认为是由于 Al^{3+} 与 S^{2-} 的水解作用互相促进而完全水解的结果。反应式可表示如下：

$$2Al^{3+}+3S^{2-}+6H_2O\longrightarrow 2Al(OH)_3\downarrow+3H_2S\uparrow$$

三、主要试剂与仪器

仪器：酒精灯，硬质试管，电动离心机，离心试管，塑料饮料吸管，火柴，药匙，试管夹，烧杯（50mL、100mL、250mL）。

试剂：HCl（6mol·L⁻¹、浓），NaOH（6mol·L⁻¹），$AgNO_3$（0.1mol·L⁻¹），$Al(NO_3)_3$（0.1mol·L⁻¹），$Ba(NO_3)_2$（0.1mol·L⁻¹），$SnCl_2$（0.1mol·L⁻¹、固），K_2CrO_4（0.1mol·L⁻¹），$(NH_4)_2S$（0.1mol·L⁻¹），$Pb(NO_3)_2$（0.1mol·L⁻¹），澄清石灰水，饱和氯水，饱和溴水，饱和碘水，Na_2CO_3（0.1mol·L⁻¹），Na_2SO_4（0.1mol·L⁻¹），pH 试纸。

四、实验步骤

1. 卤素单质的氧化还原性

（1）往少量饱和氯水、溴水和碘水溶液中，各加入 2 滴 6mol·L⁻¹ NaOH 溶液，观察现象。然后再加入 6mol·L⁻¹ NaOH 溶液至过量，观察现象，并进行简单解释。

（2）往少量饱和氯水、溴水和碘水溶液中，各加入数滴 0.1mol·L⁻¹ $AgNO_3$ 溶液，观察现象，并进行简单解释。

2. 碳酸盐的形成与转化

（1）**酸式盐与正盐的转化**　在澄清的石灰水中缓慢地通入 CO_2 气体，观察现象。再继续通入 CO_2 气体，观察有何变化，写出反应方程式。将所得溶液分为两份，再进行下面的实验。

（2）**碳酸盐沉淀的形成**　往上述一份溶液中加入少量澄清石灰水。将另一份溶液加热。分别观察现象，写出反应方程式。

3. Pb^{2+} 的性质

（1）用 pH 试纸检验 $Pb(NO_3)_2$ 溶液的酸碱性。

（2）往离心试管中加入约 1mL 0.1mol·L⁻¹ $Pb(NO_3)_2$ 溶液，滴加 10～12 滴 6mol·L⁻¹ HCl 溶液，使溶液的 c_{H^+} 为 2.0～2.5mol·L⁻¹，观察有何种沉淀生成。离心分离，弃去上层清液，再加入约 2mL 去离子水，加热至沸（若离心试管管底较薄，则不宜直接加热，可在水浴中加热)，观察沉淀是否溶解(此沉淀物为何物?)。在此清液中，趁热加入几滴 $0.1mol \cdot L^{-1}$ K_2CrO_4 溶液，观察有何种沉淀生成(此沉淀物为何物?)。再加入过量 $6mol \cdot L^{-1}$ NaOH 溶液，直至沉淀完全溶解(此时 Pb^{2+} 以何种形式存在?)。

4．Sn^{2+} 的性质

(1) 往试管中加入少许(约米粒大小) $SnCl_2$ 固体，然后加入 $1\sim2mL$ 去离子水，观察溶解情况，并检验溶液的酸碱性。再加入少量浓盐酸至沉淀完全溶解，制得 $SnCl_2$ 溶液，观察白色沉淀(此沉淀为何物质?)的溶解情况。

(2) 往上一步制取的澄清 $SnCl_2$ 溶液中，滴加 $6mol \cdot L^{-1}$ NaOH 溶液至过量，直至沉淀完全溶解(此时生成何物质?)。

5．Al^{3+} 的性质

(1) 用 pH 试纸检验 $Al(NO_3)_3$ 溶液的酸碱性。

(2) 设法制得 $Al(OH)_3$ 沉淀，并证明其为两性氢氧化物。

(3) 往 $Al(NO_3)_3$ 溶液中加入适量 $0.1mol \cdot L^{-1}$ $(NH_4)_2S$ 溶液，可得白色沉淀。试通过实验证明该沉淀物是氢氧化铝。

6．Ba^{2+} 的性质

(1) 用 pH 试纸检验 $Ba(NO_3)_2$ 溶液的酸碱性。

(2) Ba^{2+} 能生成哪些沉淀? 试证明之。(提示：查阅难溶物的溶度积)

7．Pb^{2+}、Al^{3+}、Ba^{2+} 的分离

自制含 Pb^{2+}、Al^{3+}、Ba^{2+} 的混合溶液，设计实验方案(包括实验步骤及所需的药品等)，并进行实验。

五、实验现象记录及结论

序号	实验步骤	实验现象	结论、解释及反应方程式
1(1)	氯水+NaOH +过量 NaOH		
	溴水+NaOH +过量 NaOH		
	碘水+NaOH +过量 NaOH		
1(2)	氯水+$AgNO_3$		
	溴水+$AgNO_3$		
	碘水+$AgNO_3$		
2(1)			
……			

六、思考题

1．怎样用实验检验单质氯、溴、碘的氧化还原性?

2．金属的碳酸盐与其相应的酸式盐的溶解性有何区别? 怎样相互转化?

3．怎样用实验确定某些难溶金属氢氧化物为两性氢氧化物?

4. 怎样配制 $SnCl_2$ 溶液？为什么？

实验七 碘酸铜溶度积常数的测定

一、目的要求

1. 学习分光光度计的使用。
2. 学习工作曲线的制作。
3. 了解分光光度法测定碘酸铜溶度积的原理和方法。

二、实验原理

1. 溶度积常数

碘酸铜是难溶强电解质。在其水溶液中，已溶解的 Cu^{2+} 和 IO_3^- 与未溶解的 $Cu(IO_3)_2$ 固体之间，在一定温度下可达到溶解-沉淀平衡：

$$Cu(IO_3)_2 \rightleftharpoons Cu^{2+} + 2IO_3^-$$

平衡时的溶液是饱和溶液，在一定温度下，碘酸铜的饱和溶液中，Cu^{2+} 浓度与 IO_3^- 浓度平方的乘积是一个常数，称为溶度积常数。

$$K_{sp}^{\ominus} = c_{Cu^{2+}}^{eq} (c_{IO_3^-}^{eq})^2$$

由于在碘酸铜的饱和溶液中，$c_{IO_3^-}^{eq} = 2c_{Cu^{2+}}^{eq}$ 则：

$$K_{sp}^{\ominus} = c_{Cu^{2+}}^{eq} (c_{IO_3^-}^{eq})^2 = 4(c_{Cu^{2+}}^{eq})^3$$

式中，$c_{Cu^{2+}}^{eq}$、$c_{IO_3^-}^{eq}$ 分别为平衡时 Cu^{2+} 与 IO_3^- 的浓度。在温度恒定时，K_{sp} 数值不随 Cu^{2+} 或 IO_3^- 浓度的改变而改变。从上式中可以看出，在一定温度下，只要测出 $Cu(IO_3)_2$ 饱和溶液中 Cu^{2+} 的浓度，便可计算出 $Cu(IO_3)_2$ 的溶度积常数 K_{sp} 值。

2. 分光光度法测定原理

实验证明：当一束平行单色光通过单一均匀、非散射的吸光物质溶液时，溶液对光的吸收程度与溶液的浓度 c 和光穿过的液层厚度 b 的乘积成正比。这一定律称为朗伯-比耳 (Lambert-Beer) 定律：

$$A = \varepsilon bc$$

式中 A——吸光度；

ε——摩尔吸光系数，$L \cdot mol^{-1} \cdot cm^{-1}$；

b——液层厚度，cm；

c——溶液的浓度，$mol \cdot L^{-1}$。

当波长一定时，ε 是吸光物质的一个特征常数。比色皿的大小一定时，液层厚度 b 也是一定的，所以 A 值只与浓度 c 有关。

三、主要试剂与仪器

仪器：容量瓶（或比色管）（50mL）7 个，移液管（2mL、20mL、25mL），烧杯，漏斗，漏斗架，分光光度计。

试剂：$Cu(IO_3)_2$（固），$NH_3 \cdot H_2O$（$1mol \cdot L^{-1}$），硫酸铜标准溶液（$0.1mol \cdot L^{-1}$），定量滤纸。

四、实验步骤

1. $Cu(IO_3)_2$ 饱和溶液的配制

取 1.0g $Cu(IO_3)_2$ 固体放入烧杯中，加入 100mL 蒸馏水，搅拌溶解，配成 100mL 饱和溶液，静置片刻，用干的双层滤纸将饱和溶液常压下过滤，滤液收集于一个干燥的小烧杯中。

2. 工作曲线的绘制

用移液管分别吸取 0.00mL、0.40mL、0.80mL、1.20mL、1.60mL、2.00mL 0.1mol·L^{-1} $CuSO_4$ 溶液，分别加入 6 只 50mL 容量瓶（或比色管）中，再各加入 25mL 1mol·L^{-1} 氨水溶液，用蒸馏水稀释至刻度，摇匀。

以试剂空白作参比，用 1cm 比色皿在波长 610nm 的条件下，用分光光度计分别测定以上各溶液的吸光度。以吸光度 A 为纵坐标，相应的 Cu^{2+} 浓度为横坐标，绘制工作曲线。

3. $Cu(IO_3)_2$ 饱和溶液中 Cu^{2+} 浓度的测定

吸取 20.00mL 过滤好的 $Cu(IO_3)_2$ 饱和溶液，加入 50mL 容量瓶（或比色管）中，再加入 25.00mL 1mol·L^{-1} 氨水溶液，用水稀释至刻度，摇匀。以试剂空白作参比，用 1cm 比色皿在波长 610nm 的条件下，测定溶液的吸光度。平行测定两个试样。

根据测得的 $Cu(IO_3)_2$ 饱和溶液的吸光度，在工作曲线上找出相应的 Cu^{2+} 浓度；根据 Cu^{2+} 浓度计算 K_{sp} 的值。

五、数据记录及处理

（1）工作曲线的绘制

实验编号	0	1	2	3	4	5
$CuSO_4$ 标准溶液的加入量/mL	0.00	0.40	0.80	1.20	1.60	2.00
相应的 Cu^{2+} 浓度/mol·L^{-1}	0.00	0.0008	0.0016	0.0024	0.0032	0.004
吸光度 A						

（2）$Cu(IO_3)_2$ 饱和溶液中 Cu^{2+} 浓度的测定及 K_{sp} 的计算

实验编号	试样 1	试样 2
吸光度 A		
Cu^{2+} 浓度/mol·L^{-1}		
K_{sp}		

六、思考题

1. 本实验怎样测定碘酸铜的溶度积？

2. 怎样制备 $Cu(IO_3)_2$ 饱和溶液？如果 $Cu(IO_3)_2$ 溶液未达到饱和，对测定结果有何影响？

3. 假如在过滤 $Cu(IO_3)_2$ 饱和溶液时有 $Cu(IO_3)_2$ 固体颗粒穿透滤纸，将对实验结果产生什么影响？

实验八　电解质在水溶液中的离子平衡

一、目的要求

1. 掌握缓冲溶液的配制并试验其性质。
2. 了解同离子效应和盐类水解以及抑制水解的方法。
3. 试验沉淀的生成、溶解及转化的条件。

二、实验原理

1. 同离子效应

在弱电解质（如 HAc）的水溶液中存在下列平衡：

$$HAc \rightleftharpoons H^+ + Ac^-$$

在该平衡体系中，加入与弱电解质含有相同离子的易溶强电解质（如 NaAc）时，解离平衡将向左移动，使弱电解质的解离度降低。

2. 缓冲溶液

由弱酸及其共轭碱或由弱碱及其共轭酸组成的混合溶液，能在一定程度上对外来的少量强酸或强碱起缓冲作用，即向其中加入少量强酸、强碱或稀释时，此混合液的 pH 值基本不变，这种对酸和碱具有缓冲作用或缓冲能力的溶液叫做缓冲溶液。由弱酸（或碱）及其共轭碱（或酸）组成的缓冲溶液的 pH 值为：

$$pH = pK_a - \lg \frac{c_{共轭酸}^{eq}}{c_{共轭碱}^{eq}}$$

缓冲溶液的 pH 值首先决定于 pK_a，其次随 $\dfrac{c_{共轭酸}^{eq}}{c_{共轭碱}^{eq}}$ 的比值而变。当弱酸（或碱）及其共轭碱（或酸）的浓度较大，且 $\dfrac{c_{共轭酸}^{eq}}{c_{共轭碱}^{eq}}$ 的比值接近于 1 时，缓冲能力较大。

3. 难溶电解质的多相离子平衡及其移动

在难溶电解质的饱和溶液中，未溶解的难溶电解质与其溶解后形成的离子之间存在着多相离子平衡：

$$A_n B_m \rightleftharpoons n A^{m+} + m B^{n-}$$

其溶度积常数为：$K_{sp(A_n B_m)} = (c_{A^{m+}}^{eq}/c^\ominus)^n (c_{B^{n-}}^{eq}/c^\ominus)^m$

任意状态时离子浓度的乘积为：$Q = (c_{A^{m+}}/c^\ominus)^n (c_{B^{n-}}/c^\ominus)^m$。根据离子浓度乘积和溶度积的相对大小，可以判断沉淀的生成和溶解，称为溶度积规则。

$Q > K_{sp}$　溶液过饱和，有沉淀析出

$Q = K_{sp}$　饱和溶液

$Q < K_{sp}$　不饱和溶液，无沉淀析出，或可使沉淀溶解

使一种难溶电解质转变为另一更难溶的电解质的反应称为沉淀的转化。对于同一类型的难溶电解质，沉淀的转化是向生成 K_{sp} 值较小的难溶电解质的方向进行；对于不同类型的难溶电解质，尤其当两者的 K_{sp} 值相近时（如 AgCl 和 Ag_2CrO_4），K_{sp} 值较大者溶解度可能较

小，则沉淀的转化就可能向生成 K_{sp} 值较大、溶解度较小的难溶电解质的方向进行。

三、主要试剂与仪器

仪器：离心机

试剂：HAc（0.1mol·L^{-1}，1mol·L^{-1}），HCl（1mol·L^{-1}，6mol·L^{-1}），HNO$_3$（6mol·L^{-1}），NH$_3$·H$_2$O（2mol·L^{-1}），NaOH（1mol·L^{-1}），MgCl$_2$（0.1mol·L^{-1}），NH$_4$Cl（饱和），NaAc（1mol·L^{-1}，s），Na$_2$CO$_3$（1mol·L^{-1}），Al$_2$(SO$_4$)$_3$（1mol·L^{-1}），NaCl（0.1mol·L^{-1}，1mol·L^{-1}），Na$_3$PO$_4$（0.1mol·L^{-1}），Na$_2$HPO$_4$（0.1mol·L^{-1}），甲基橙（w 为 0.001），KI（0.001mol·L^{-1}，0.1mol·L^{-1}），NaH$_2$PO$_4$（0.1mol·L^{-1}），(NH$_4$)$_2$C$_2$O$_4$（饱和），K$_2$CrO$_4$（0.05mol·L^{-1}），CaCl$_2$（0.1mol·L^{-1}），SbCl$_3$（0.1mol·$^{-1}$），AgNO$_3$（0.1mol·L^{-1}），CuSO$_4$（0.1mol·L^{-1}），NaAc（s），Pb(NO$_3$)$_2$（0.001mol·L^{-1}，0.1mol·L^{-1}），pH 试纸。

四、实验步骤

1. 同离子效应

（1）取 1 支试管加入 0.1mol·L^{-1} HAc 溶液 2mL，加入 1 滴甲基橙指示剂，观察溶液的颜色。然后分成两管，其中 1 支试管留作比较，另 1 支试管中加入一些（黄豆粒大小）固体 NaAc，振荡使之溶解，观察颜色有何变化。

（2）取 1 支试管加入 0.1mol·L^{-1} 氨水溶液 2mL，加入 1 滴酚酞指示剂，观察溶液的颜色。然后分成两管，其中 1 支试管留作比较，另 1 支试管中加入一些（黄豆粒大小）固体 NH$_4$Cl，振荡后观察颜色有何变化。

2. 缓冲溶液的配制和性质

（1）用量筒尽可能准确地量取 1mol·L^{-1} HAc 和 1mol·L^{-1} NaAc 溶液各 10mL，倒入小烧杯中搅匀后，用精密 pH 试纸测定所配制的缓冲溶液的 pH 值，并与计算值比较。

（2）将上述缓冲溶液分为三等份，分别盛入 3 支试管中，在第一支试管中加入 1 滴 1mol·L^{-1} HCl，在第二支试管中加入 1 滴 1mol·L^{-1} NaOH，在第三支试管中加少量去离子水稀释。用精密 pH 试纸分别测定它们的 pH 值，观察其 pH 值有何变化？

（3）在两支试管中各加入 5mL 去离子水，用精密 pH 试纸分别测定它们的 pH 值，然后分别加入 1 滴 1mol·L^{-1} HCl 和 1 滴 1mol·L^{-1} NaOH，再用精密 pH 试纸分别测定它们的 pH 值。

比较缓冲溶液和去离子水两组实验结果，说明缓冲溶液的缓冲性能。

3. 盐的水解

（1）用 pH 试纸测定浓度为 1mol·L^{-1} Na$_2$CO$_3$、NaCl 及 Al$_2$(SO$_4$)$_3$ 溶液的 pH 值。解释为什么它们的 pH 值不同？并写出有关反应方程式。

（2）用 pH 试纸测定浓度为 0.1mol·L^{-1} Na$_3$PO$_4$、Na$_2$HPO$_4$、NaH$_2$PO$_4$ 溶液的 pH 值。酸式盐是否都呈酸性，为什么？

（3）稀释对水解反应的影响：在 1 支干燥的试管中加入 0.1mol·L^{-1} SbCl$_3$ 溶液 2 滴，慢慢加蒸馏水稀释至 3mL 左右，观察有何现象发生？然后加入少量 6mol·L^{-1} HCl，又有什么现象？解释上述现象，并写出有关反应方程式。

4. 溶度积原理的应用

（1）沉淀的生成　在一支试管中加入 1mL 0.1mol·L^{-1} Pb(NO$_3$)$_2$ 溶液，然后加入 1mL

$0.1mol \cdot L^{-1}$ KI 溶液，观察有无沉淀生成？在另一支试管中加入 1mL $0.001mol \cdot L^{-1}$ $Pb(NO_3)_2$ 溶液，然后加入 1mL $0.001mol \cdot L^{-1}$ KI 溶液，观察有无沉淀生成？试以溶度积原理解释以上现象。

（2）沉淀的溶解　利用实验室提供的试剂，自行设计制取 CaC_2O_4、AgCl 沉淀，离心沉降后观察沉淀的颜色，并吸去上层大部分清液，保留沉淀做下面的实验。试验沉淀的溶解时，沉淀量应尽可能少，这样有利于观察实验结果。

① 用生成弱电解质的方法溶解 CaC_2O_4 沉淀　往盛有 CaC_2O_4 沉淀的试管中，逐滴加入 $1mol \cdot L^{-1}$ HCl 溶液，振荡试管，观察沉淀的溶解，写出化学反应方程式。

② 用生成配离子的方法溶解 AgCl 沉淀　往盛有 AgCl 沉淀的试管中，逐滴加入 $2mol \cdot L^{-1}$ $NH_3 \cdot H_2O$ 溶液，振荡试管，观察沉淀的溶解，写出化学反应方程式。

（3）分步沉淀　在一支试管中加入 0.5mL $0.1mol \cdot L^{-1}$ NaCl 溶液和 0.5mL $0.05mol \cdot L^{-1}$ K_2CrO_4 溶液，然后逐滴加入 $0.1mol \cdot L^{-1}$ $AgNO_3$ 溶液，边加边振荡，观察形成的沉淀的颜色变化，试以溶度积原理解释之。

（4）沉淀的转化　取 $0.1mol \cdot L^{-1}$ $AgNO_3$ 溶液 5 滴，加入 $0.1mol \cdot L^{-1}$ NaCl 溶液 6 滴，观察有何种颜色的沉淀产生？离心分离，弃去上层清液，往沉淀中逐滴加入 $0.1mol \cdot L^{-1}$ KI 溶液，观察有何现象发生，为什么？

五、实验现象记录及结论

序号	实验步骤	实验现象	结论、解释及反应方程式
1			
2			
……			

六、思考题

1. $NaHCO_3$ 溶液是否具有缓冲能力？为什么？
2. 试解释为什么 $NaHCO_3$ 水溶液呈碱性，而 $NaHSO_4$ 水溶液呈酸性？
3. 如何配制 Sn^{2+}、Bi^{3+}、Sb^{3+}、Fe^{3+} 等盐的水溶液？
4. 利用平衡移动原理，判断下列难溶电解质是否可用 HNO_3 来溶解？
   $MgCO_3$、Ag_3PO_4、AgCl、CaC_2O_4、$BaSO_4$

实验九　化学反应速率与活化能

一、实验目的

1. 了解浓度、温度和催化剂对反应速率的影响。
2. 测定过二硫酸铵与碘化钾反应的反应速率，并计算反应级数、反应速率常数和反应的活化能。

二、实验原理

在水溶液中过二硫酸铵和碘化钾发生如下反应：

$$(NH_4)_2S_2O_8 + 2KI \Longrightarrow (NH_4)_2SO_4 + K_2SO_4 + I_2$$

$$S_2O_8^{2-} + 2I^- \Longrightarrow 2SO_4^{2-} + I_2 \tag{8-1}$$

其反应的微分速率方程可表示为：

$$v = kc_{S_2O_8^{2-}}^{m} c_{I^-}^{n}$$

式中，v 是在此条件下反应的瞬时速率。若 $c_{S_2O_8^{2-}}$、c_{I^-} 是起始浓度，则 v 表示初速度（v_0）。k 是反应速率常数，m 与 n 之和是反应级数。

实验测定的速率是在一定时间间隔（Δt）内反应的平均速率 $\bar{v}$。如果在时间 Δt 内浓度的改变为 $-\Delta c_{S_2O_8^{2-}}$，则平均速率

$$\bar{v} = \frac{-\Delta c_{S_2O_8^{2-}}}{\Delta t}$$

近似的用平均速率代替初速率：

$$v_0 = kc_{S_2O_8^{2-}}^{m} c_{I^-}^{n} = \frac{-\Delta c_{S_2O_8^{2-}}}{\Delta t}$$

为了能够测出反应在 Δt 时间内 $S_2O_8^{2-}$ 浓度的改变值，需要在混合 $(NH_4)_2S_2O_8$ 和 KI 溶液的同时，加入一定体积已知浓度的 $Na_2S_2O_3$ 溶液和淀粉溶液，这样在反应（1）进行的同时还进行下面的反应：

$$2S_2O_3^{2-} + I_2 \Longrightarrow S_4O_6^{2-} + 2I^- \tag{8-2}$$

这个反应进行得非常快，几乎瞬时完成，而反应（8-1）比反应（8-2）慢得多。因此，由反应（8-1）生成的 I_2 立即与 $S_2O_3^{2-}$ 反应，生成无色的 $S_4O_6^{2-}$ 和 I^-。所以在反应的开始阶段看不到碘与淀粉反应而显示的特有蓝色。但是一旦 $Na_2S_2O_3$ 耗尽，反应（8-1）继续生成的 I_2 就与淀粉反应而呈现出特有的蓝色。

由于从反应开始到蓝色出现标志着 $S_2O_3^{2-}$ 全部耗尽，所以从开始到出现蓝色这段时间 Δt 里，$S_2O_3^{2-}$ 浓度的改变 $\Delta c_{S_2O_3^{2-}}$ 实际上就是 $Na_2S_2O_3$ 的起始浓度。

从反应式（8-1）和（8-2）可以看出，$S_2O_8^{2-}$ 减少的量为 $S_2O_3^{2-}$ 减少量的一半，所以 $S_2O_8^{2-}$ 在 Δt 时间内减少的量可以从下式求得

$$\Delta c_{S_2O_8^{2-}} = \frac{\Delta c_{S_2O_3^{2-}}}{2}$$

实验中，通过改变反应物 $S_2O_8^{2-}$ 和 I^- 的初始浓度，测定消耗等量的 $S_2O_8^{2-}$ 的物质的量浓度 $\Delta C_{S_2O_3^{2-}}$ 所需要的不同的时间间隔（Δt），计算得到反应物不同初始浓度的初速率，进而确定该反应的微分速率方程和反应速率常数。

三、主要试剂与仪器

仪器：烧杯，大试管，量筒，秒表，温度计。

试剂：$(NH_4)_2S_2O_8$（$0.20 \text{mol} \cdot \text{L}^{-1}$），KI（$0.20 \text{mol} \cdot \text{L}^{-1}$），淀粉溶液（$0.2\%$），$Na_2S_2O_3$（$0.01 \text{mol} \cdot \text{L}^{-1}$），$KNO_3$（$0.20 \text{mol} \cdot \text{L}^{-1}$），$(NH_4)_2SO_4$（$0.20 \text{mol} \cdot \text{L}^{-1}$），$Cu(NO_3)_2$（$0.02 \text{mol} \cdot \text{L}^{-1}$），冰。

四、实验步骤

1. 浓度对化学反应速率的影响

在室温条件下进行表 9-1 中编号 Ⅰ 的实验。用量筒分别量取 20.0mL 0.20mol·L⁻¹ $(NH_4)_2S_2O_8$ 溶液、8.0mL 0.010mol·L⁻¹ $Na_2S_2O_3$ 溶液和 2.0mL 0.4％淀粉溶液，全部加入烧杯中，混合均匀。然后用另一量筒取 20.0mL 0.20mol·L⁻¹ KI 溶液，迅速倒入上述混合液中，同时启动秒表，并不断搅动，仔细观察。当溶液刚出现蓝色时，立即按停秒表，记录反应时间和室温。

用同样方法按照表 9-1 的用量进行编号 Ⅱ、Ⅲ、Ⅳ、Ⅴ 的实验。

表 9-1　浓度对反应速率的影响　　　　　　　　　　　　　室温＿＿＿＿

	实验编号	Ⅰ	Ⅱ	Ⅲ	Ⅳ	Ⅴ
试剂用量/mL	0.20mol·L⁻¹ $(NH_4)_2S_2O_8$	20.0	10.0	5.0	20.0	20.0
	0.20mol·L⁻¹ KI	20.0	20.0	20.0	10.0	5.0
	0.010mol·L⁻¹ $Na_2S_2O_3$	8.0	8.0	8.0	8.0	8.0
	0.4％淀粉溶液	2.0	2.0	2.0	2.0	2.0
	0.20mol·L⁻¹ KNO_3	0	0	0	10.0	15.0
	0.20mol·L⁻¹ $(NH_4)_2SO_4$	0	10.0	15.0	0	0
混合液中反应物的起始浓度/mol·L⁻¹	$(NH_4)_2S_2O_8$					
	KI					
	$Na_2S_2O_3$					
反应时间 Δt/s						
$S_2O_8^{2-}$ 的浓度变化 $\Delta c_{S_2O_8^{2-}}$ /mol·L⁻¹						
平均速率 $\bar{v}$						

2. 温度对化学反应速率的影响

按表 9-1 实验Ⅳ中的药品用量，将装有过二硫酸铵、硫代硫酸钠、硝酸钾和淀粉混合溶液的烧杯和装有碘化钾溶液的小烧杯，放入冰水浴中冷却，待它们温度冷却到低于室温 10℃时，将碘化钾溶液迅速加到过二硫酸铵等混合溶液中，同时计时并不断搅动，当溶液刚出现蓝色时，记录反应时间。此实验编号记为Ⅵ。

同样方法在热水浴中进行高于室温 10℃的实验。此实验编号记为Ⅶ。

将两次此实验数据Ⅵ、Ⅶ和实验Ⅳ的数据记入表 9-2 中进行比较。

表 9-2　温度对化学反应速率的影响

实 验 编 号	Ⅳ	Ⅵ	Ⅶ
反应温度 t/℃			
反应时间 Δt/s			
反应速率 v			

3. 催化剂对化学反应速率的影响

按表 9-1 实验Ⅳ的用量，把过二硫酸铵、硫代硫酸钠、硝酸钾和淀粉溶液加到 150mL

烧杯中，再加入 4 滴 $0.02 mol \cdot L^{-1}$ $Cu(NO_3)_2$ 溶液，搅匀，然后迅速加入碘化钾溶液，搅动、计时。将此实验（此实验编号记为Ⅷ）的反应速率与表 9-1 中实验Ⅳ的反应速率定性地进行比较可得到什么结论。

五、数据处理

1. 反应级数和反应速率常数的计算

将反应速率表示式 $v = k c_{S_2O_8^{2-}}^m c_{I^-}^n$ 两边取对数：

$$\lg v = m \lg c_{S_2O_8^{2-}} + n \lg c_{I^-} + \lg k$$

当 c_{I^-} 不变时（即实验Ⅰ、Ⅱ、Ⅲ），以 $\lg v$ 对 $\lg c_{S_2O_8^{2-}}$ 作图，可得一直线，斜率即为 m。同理，当 $c_{S_2O_8^{2-}}$ 不变时（即实验Ⅰ、Ⅳ、Ⅴ），以 $\lg v$ 对 $\lg c_{I^-}$ 作图，可求得 n，此反应的级数则为 $m+n$。

将求得的 m 和 n 代入 $v = k c_{S_2O_8^{2-}}^m c_{I^-}^n$ 即可求得反应速率常数 k。将数据填入表 9-3。

表 9-3 反应级数和反应速率的计算

实验编号	Ⅰ	Ⅱ	Ⅲ	Ⅳ	Ⅴ
$\lg v$					
$\lg c_{S_2O_8^{2-}}$					
$\lg c_{I^-}$					
m					
n					
反应速率常数 k					

2. 反应活化能的计算

反应速率常数 k 与反应温度 T 一般有以下关系：

$$\lg k = A - \frac{E_a}{2.303RT}$$

式中，E_a 为反应的活化能；R 为摩尔气体常数；T 为热力学温度。测出不同温度时的 k 值，以 $\lg k$ 对 $1/T$ 作图，可得一直线，由直线斜率$\left(等于 -\dfrac{E_a}{2.303R}\right)$可求得反应的活化能 E_a。将数据填入表 9-4。

表 9-4 反应活化能的计算

实验编号	Ⅵ	Ⅶ	Ⅷ	实验编号	Ⅵ	Ⅶ	Ⅷ
反应速率常数 k				$1/T$			
$\lg k$				反应活化能 E_a			

本实验活化能测定值的误差不超过 10%（文献值：$51.8 kJ \cdot mol^{-1}$）。

六、思考题

1. 若不用 $S_2O_8^{2-}$，而用 I^- 或 I_2 的浓度变化来表示反应速率，则反应速率常数 k 是否一样？

2. 化学反应的反应级数是怎样确定的？用本实验的结果加以说明。

3. 用 Arrhenius 公式计算反应的活化能，并与作图法得到的值进行比较。

4. 本实验研究了浓度、温度、催化剂对反应速率的影响，对有气体参加的反应，压力有怎样的影响？如果对 $2NO + O_2 \Longrightarrow 2NO_2$ 的反应，将压力增加到原来的二倍，那么反应速率将增加几倍？

5. 已知 $A(g) \longrightarrow B(l)$ 是二级反应，其数据如下表所示。

p_A/kPa	40	26.6	19.1	13.3
t/s	0	250	500	1000

试计算反应速率常数 k。

实验十　熔点的测定

一、实验目的

1. 了解熔点测定的基本原理。
2. 掌握熔点的测定方法。

二、实验原理

熔点是指在一个大气压下固体化合物的固相与液相相平衡时的温度，这时固相和液相的蒸气压相等。当以恒定速率供给热量时，在一段时间内温度上升，固体不熔。至有少量液体出现，固-液两相之间达到平衡，继续供给热量使固相不断转变为液相，两相间维持平衡，温度不变，直至固体全熔，温度才会上升（图 10-1）。物质温度与蒸气压的关系如图 10-2 所示，曲线 AB 代表固相的蒸气压随温度的变化，BC 是液体蒸气压随温度变化的曲线，两曲线相交于 B 点。此时固液两相并存，温度 T_0 即为该物质的熔点。当温度高于 T_0 时，固相全部转变为液相；低于 T_0 值时，液相全部转变为固相。只有当温度为 T_0 时，固相和液相的蒸气压才是一致的，此时固-液两相可同时并存。一旦温度超过 T_0，只要有足够的时间，固体就可以全部转化为液体，即纯物质有固定而敏锐的熔点。因此，在熔点测定过程中，当温度接近熔点时，加热速度一定要慢。一般每分钟升温不能超过 $1\sim2$℃，以使熔化过程近似于相平衡条件而精确测得熔点。

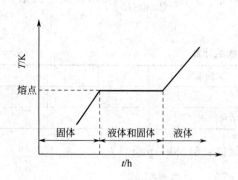
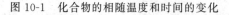
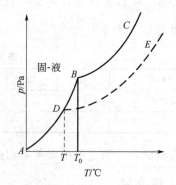

图 10-1　化合物的相随温度和时间的变化　　　　图 10-2　物质的温度与蒸气压关系图

由于一般情况下不可能获得大量的样品，而微量法需样品量少，操作方便，故被广泛采用。但微量法不可能达到真正的两相平衡，所以不管是毛细管法，还是各种显微电热法的结果都是一个近似值。在微量法中应该观测到初熔和全熔两个温度，这一温度范围称为熔点距（又叫熔程或熔点范围）。纯物质熔点敏锐，微量法测得的熔程一般不超过 $0.5\sim1$℃。

根据 Raoult 定律，当含有非挥发性杂质时，液相的蒸气压将降低。此时的液相蒸气压随温度变化的曲线 DE 在纯化合物之下，固-液相在 D 点达到平衡，熔点降低，杂质越多，化合物熔点越低。利用化合物混有杂质时，不但熔点降低、且熔程变长的性质可进行化合物的鉴定，这种方法称作混合熔点法，具有很大的应用价值；根据熔程的长短又可定性地估计出该化合物的纯度。当测得一未知物的熔点同已知某物的熔点相同或相近时，可将已知物与未知物混合，测量混合物的熔点，至少要按 1∶9、1∶1、9∶1 这三种比例混合。若它们是相同的化合物，则熔点值不降低；若是不同的化合物，则熔点值降低，且熔程变长。

三、主要试剂与仪器

仪器：毛细熔点管，玻璃管，表面皿，b 形管，乳胶圈，温度计，缺口单孔软木塞，酒精喷灯。

试剂：载热体（可根据所测物质的熔点选择，一般用甘油、液体石蜡、硫酸、硅油等），二苯胺（A.R.），尿素（A.R.），苯甲酸（A.R.），水杨酸（A.R.），对苯二酚（A.R.）。

四、实验步骤

测定下列化合物的熔点：二苯胺（A.R.），54～55℃（文献值）；尿素（A.R.），132.7℃（文献值）；苯甲酸（A.R.），122.4℃（文献值）；水杨酸（A.R.），159℃（文献值）；对苯二酚（A.R.），173～174℃（文献值）。

1. 毛细管法

毛细管法是最常用的熔点测定法，装置如图 10-3 所示。

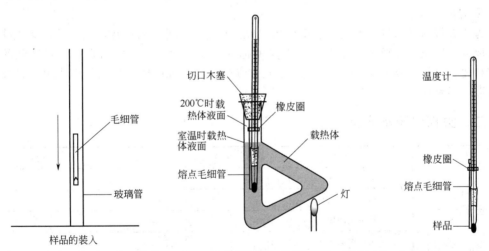

图 10-3　毛细管测定熔点的装置

（1）熔点管　拉制内径 1mm、长 60～70mm、一端封闭的毛细管作为熔点管。

（2）填装样品　取 0.1～0.2g 样品，置于干净的表面皿内，研细后堆成小堆，将熔点管的开口端插入样品堆中，装取少量粉末。然后把熔点管竖立起来，在桌面上撒几下或轻敲管子，使样品掉入管底。重复几次，直至装入约 2mm 高样品。之后，使熔点管从一根长 50～60cm 高的玻璃管中掉到桌面上，重复几次，以使样品装填紧密。注意样品要研细，装样要结实，如有空隙则传热不均，影响结果。

（3）测定熔点的装置　把提勒（Thiele）管（又称 b 形管）中装入载热体（可根据所测物质的熔点选择，一般用甘油、液体石蜡、浓硫酸、硅油等），装至液面高出 b 形管上侧管即可。用乳胶圈把毛细管捆在温度计上，毛细管中的样品应位于水银球的中部，用有缺口的木塞或橡皮作支撑套入温度计放到 b 形管中，并使水银球恰处在 b 形管的两叉口中部。

（4）熔点测定　在图 10-3 所示位置加热，载热体被加热后在管内呈对流循环，使温度的变化比较均匀。在测定未知熔点的样品时，应先快速加热，粗测大概的熔点。再做第二次细测，方法如下：待热浴温度下降约 30℃ 时，重换新的样品管，慢慢加热（1min 上升 5℃），当热浴温度达熔点下约 15℃ 时，应再减缓加热速度（1min 上升 1℃）。当接近熔点时，加热要更慢。应观察和记录样品开始塌落和有湿润液相产生时（初熔）和固体完全消失成为透明液体时（全熔）的温度读数，所得数据即为该物质的熔程。还要观察和记录在加热过程中是否有萎缩、变色、发泡、升华及炭化等现象，以供分析参考。

熔点测定，至少要有两次重复的数据，每次要用新毛细管重新装样品。测定已知熔点的样品时，可免去粗测。

2. 显微熔点仪测定熔点

这类仪器型号较多，但共同的特点是使用样品量少（2～3 颗小结晶），能测量室温至 300℃ 的样品熔点，可观察晶体在加热过程中的变化情况，如结晶的失水、多晶的变化及分解。其具体操作如下。

在干净且干燥的载玻片上放微量晶粒并盖一片载玻片，放在加热台上。调节反光镜、物镜和目镜，使显微镜焦点对准样品，开启加热器，先快速后慢速加热，温度快升至熔点时，控制温度上升的速度为每分钟 1～2℃。当样品开始有液滴出现时，表示熔化已经开始，记录初熔温度。样品逐渐熔化直至完全变成液体，记录全熔温度。

在使用这类仪器前必须认真听取教师讲解或仔细阅读使用指南，严格按照操作规程进行操作。

3. 温度计校正

为了进行准确测量，需校正温度计的误差。校正温度计，常采用纯有机物的熔点作为校正的标准。校正时选择数种已知准确熔点的标准样品，测定它们的熔点，以观察到的熔点 t_2 作横坐标，t_2 与准熔点 t_1 之差值（Δt）作纵坐标，画成曲线。从曲线图中可求得校正的正确温度误差值。

五、数据记录及处理

样品	测定序数	初熔温度/℃	全熔温度/℃	熔程/℃
	第一次测定			
	第二次测定			
	第一次测定			
	第二次测定			

六、注意事项

1. 样品粉末要研细，填装要结实，填装高度 2～3mm，且熔点管外的样品要擦净。

2. 装置"三中部两平行"：样品位于温度计水银球中部并与温度计平行；水银球及样品位于提勒管上下支管中部；水银球及样品位于提勒管左右管壁的中部并与管壁平行。

3. 未知样每分钟升温不超过 10℃ 粗测一次熔点（已知样可不用粗测）。

4. 加热升温时，开始时快速升温至熔点附近，距离熔点 10～15℃ 时，调整火焰使每分钟上升 1～2℃，此步骤很关键。

七、思考题

1. 纯物质熔距短，熔距短的是否一定是纯物质？为什么？
2. 测熔点时如遇下列情况，将产生什么后果？①加热太快；②样品研得不细或装得不紧；③样品管粘贴在提勒管壁上。

实验十一 重 结 晶

一、实验目的

1. 掌握重结晶法提纯固态有机化合物的原理和方法。
2. 掌握抽滤、热过滤操作的方法。

二、实验原理

许多固态化合物的精制常靠重结晶提纯，重结晶操作是应该掌握的很有用的方法。固体有机化合物在溶剂中的溶解度与温度有密切关系，一般温度升高溶解度增大。若把固体溶解在热的溶剂中达到饱和，冷却时即由于溶解度降低、溶液变成过饱和而析出结晶。利用溶剂对被提纯物质及杂质的溶解度不同，以达到提纯的目的。

重结晶提纯的一般过程为：①选择合适的溶剂；②将粗产品溶于适宜的热溶剂中制成饱和溶液；③趁热过滤，滤出不溶物。如含有有色杂质，则应先脱色再过滤；④滤液冷却，使结晶析出；⑤过滤分离出结晶；⑥洗涤、干燥。

1. 溶剂的选择

选择理想的溶剂是一个关键，理想的溶剂必须具备下列条件：

- 不与被提纯物质起化学反应；
- 较高温度时能溶解多量的被提纯物质，而在室温或更低的温度时只能溶解很少量；
- 对杂质的溶解度非常大（使杂质留在母液中不随提纯晶体一起析出）或非常小（使杂质在热过滤时被滤去）；
- 溶剂的沸点较低，易于结晶分离；
- 能给出较好的结晶体；
- 价廉宜得。

常用的溶剂有：水、乙醇、丙酮、氯仿、四氯化碳、苯、乙醚、石油醚和乙酸乙酯等。在几种溶剂都适合时，则应综合操作的难易、溶剂的毒性和价格等来选择。

实际工作中常通过实验选择溶剂。其方法是：取 0.1g 的产物放入一支试管中，滴入 1mL 溶剂，振荡下观察产物是否溶解，若不加热很快溶解，说明产物在此溶剂中的溶解度太大，不适合做此产物重结晶的溶剂；若加热至沸腾还不溶，可补加溶剂，当溶剂用量超过 4mL 产物仍不溶解时，说明此溶剂也不适宜。如所选择的溶剂能在 1～4mL 溶剂沸腾的情况下使产物全部溶解，并在冷却后能析出较多的晶体，说明此溶剂适合作为此产物重结晶的溶剂。实验中应同时选用几种溶剂进行比较。如果很难选择到一种适合的溶剂、可考虑选用混合溶剂。所谓混合溶剂，就是把对此物质溶解度很大和溶解度很小的而又能互溶的两种溶剂（例如水和乙醇）混合起来。用混合溶剂重结晶时，可先将待纯化物质在沸腾或近沸腾的结晶良溶剂（物质在此溶剂中极易溶解）中溶解。若有不溶物，趁热滤去；若有色，则脱色后热过滤。再于此热溶液中小心地加入热的不良溶剂（物质在此溶剂中溶解度很小），直至所呈现的浑浊不再消失为止。再加入少量良溶剂或稍热使之恰好透明，然后将混合物冷至室温，使结晶自溶液中析出。有时也可将两种溶剂先行混合，如 1∶1 的乙醇和水，则其操作和使用单一溶剂时相同。

2. 配制提纯物的饱和溶液

一般用锥形瓶或圆底烧瓶来溶解固体。若溶剂易燃或有毒时，应装备回流冷凝器。加入沸石和粗产品后，先加少量溶剂，然后加热使溶液沸腾或接近沸腾，边滴加溶剂边观察固体溶解情况，使固体恰好全部溶解，停止滴加溶剂，记录溶剂用量。再加入 20% 左右的过量溶剂，主要是为了避免溶剂挥发和热过滤时因温度降低，使晶体过早地在滤纸上析出而造成产品损失。溶剂用量不宜太多，否则会造成结晶析出太少或根本不析出，此时，应将多余的溶剂蒸发掉，再结晶冷却。有时，总有少量固体不能溶解，应将热溶液倒出或过滤，在剩余物中再加入溶剂，如加热后慢慢溶解，说明此产物需要加热较长时间才能全部溶解。如仍不溶解，则视为杂质除去。

在溶解过程中，应避免被提纯的物质呈油珠状，否则易混入杂质和少量溶剂，对纯化很不利。可结合以下几方面加以避免：①选用的溶剂沸点要低于被提纯物的熔点，或在比熔点低的温度下溶解；②适当加大溶剂的用量。

3. 脱色

粗产品中常有一些有色杂质不能被溶剂除去，因此，需要用脱色剂来脱色。最常用的脱色剂是活性炭，它是一种多孔物质，可以吸附色素和树脂状杂质，但同时它也可以吸附产品，因此加入量不宜太多，一般为粗产品质量的 5%。具体方法：待上述热的饱和溶液稍冷却后，加入适量的活性炭摇动，使其均匀分布在溶液中，加热煮沸 5～10min 即可。不能在沸腾的溶液中加入活性炭，否则会引起暴沸，使溶液冲出容器造成产品损失。

4. 热溶液的过滤

制备好的热溶液，须趁热过滤，以除去不溶性杂质。为避免在过滤过程中有晶体析出，操作时应做到：仪器热、溶液热、动作快。如晶体过早地在漏斗中析出，应用少量热溶剂洗涤，使晶体溶解进入到溶液中。如果晶体在漏斗中析出太多，应重新加热溶解再进行热过滤。热过滤有两种方法，即常压过滤和减压过滤（抽滤）。常压热过滤装置如图 11-1(a)、(b) 所示。

热过滤前要事先折好滤纸备用，滤纸的折叠方法如图 11-2 所示。将选定的圆滤纸一折为二，再对折成四份，展开后，1 与 4 对折成 5，3 与 4 对折成 6，如图 11-2(a)；1 与 6 对折成 7，3 与 5 对折成 8，如图 11-2(b)；3 与 6、1 与 5 分别对折成 9、10，如图 11-2(c)；再将滤纸反方向折叠，将八个等份每相邻的两条边对折出十六等份，即可得到图 11-2(d) 的折扇排列；然后将 1 和 3 向相反的方向折叠一小折面，展开后即得折叠滤纸，如图 11-2(e)。折叠过程中应注意滤纸圆心 2 处勿重压，以免破裂。

减压热过滤的优点是过滤快，缺点是当用沸点低的溶剂时，因减压会使热溶剂蒸发或沸腾，导致溶液浓度变大，晶体过早析出。减压热过滤装置如图 11-1(c) 所示。抽滤时，滤纸的大小应与布氏漏斗底部恰好一样，先用热溶剂将滤纸湿润，抽真空使滤纸与漏斗底部贴紧。然后迅速将热溶液倒入布氏漏斗中，真空度不宜太高，以防溶剂损失过多。

5. 晶体的析出

将趁热过滤的母液静置，冷却后，晶体可析出。要得到形状好、纯度高的晶体，应注意以下几点。

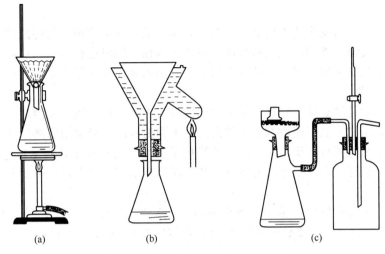

图 11-1　常压热过滤及减压过滤装置

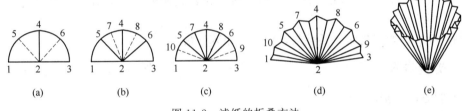

图 11-2　滤纸的折叠方法

① 应在室温下慢慢冷却，不要急冷滤液。至有固体出现时，再用冷水或冰进行冷却，以保证晶体颗粒均匀、形状好、纯度高。否则，冷却太快会使晶体颗粒太小，晶体表面易从液体中吸附较多杂质，造成洗涤困难。当冷却太慢时，晶体颗粒有时太大（超过 2mm），会将溶液夹带在里边，又会造成干燥困难。因此，控制好冷却速度是晶体析出的关键。

② 不宜剧烈摇动或搅拌，这样也会造成晶体颗粒太小。当看到晶体颗粒超过 2mm 时，可稍摇动或搅拌几下，使晶体颗粒大小均匀。

③ 如果滤液冷却后仍不结晶，可用玻璃棒摩擦瓶壁引发晶体形成，或取少量溶液，使溶剂挥发得到晶体，再将该晶体作为"晶种"加入到原溶液中，晶体将会逐渐析出。晶种的加入量不宜过多，且加入后不要搅动，以免晶体析出太快，影响其纯度。

④ 若从溶液中析出的是油状物，长时间冷却即使可以使油状物固化，但其含杂质较多。应重新加热溶解，然后慢慢冷却，当油状物析出时，剧烈搅拌可使油状物在均匀分散的条件下固化，如还是不能固化，则需要更换溶剂或改变溶剂的用量，再进行结晶。

⑤ 如果结晶不成功，通常必须用其他方法（色谱、离子树脂交换法）提纯。

6. 晶体的收集、洗涤

将留在溶剂中的可溶性杂质与晶体彻底分离通常用抽滤。其优点是：过滤和洗涤的速度快；固体与液体分离较完全；固体容易干燥。

将抽滤装置与抽气装置连接，轻轻抽气使湿润的滤纸紧贴在漏斗底部，把要过滤的混合物倒入并均匀分散在布氏漏斗中，瓶中的残留晶体应用母液转移，不能用新的溶剂转移，以防溶剂将晶体溶解造成产品损失。用母液转移的次数和每次母液的用量不宜太多，一般 2～

3 次即可。抽气到几乎没有母液滤出时，为将固体中的母液尽量抽干，可用玻璃钉或瓶塞挤压晶体。

当母液抽干后，将安全瓶上的放空阀打开，用玻璃棒或不锈钢小勺将晶体松动，滴入几滴冷的溶剂进行洗涤，然后将放空阀关闭，再将溶剂抽干同时进行挤压。这样反复 2～3 次，将晶体吸附的杂质洗干净。晶体抽滤洗涤后，将其倒入表面皿或培养皿中进行干燥。

7. 晶体的干燥

为保证产品的纯度和易于存放，需要将晶体进行干燥，以彻底除去溶剂。当使用的溶剂沸点比较低时，可在室温下使溶剂自然挥发达到干燥的目的。当使用的溶剂（如水）沸点比较高而产品又不易分解和升华时，可用红外灯烘干。当产品易吸水或吸水后易发生分解时，应用真空干燥器进行干燥。干燥后测熔点，如发现纯度不符合要求，可重复上述操作直至熔点不再改变为止。

本实验中，萘为白色片状晶体，熔点为 80.2℃，易升华，易溶于乙醇。苯甲酸为白色片状晶体，熔点 122.4℃，在水中溶解度：0.17g（25℃）、6.8g（95℃）。

三、主要试剂与仪器

仪器：天平，量杯，100mL 圆底烧瓶，熔点仪，表面皿，冷凝管，电加热套，过滤装置，水泵，回流装置。

试剂：70％乙醇，粗萘，活性炭，沸石，粗苯甲酸。

四、实验步骤

（一）粗萘的重结晶

（1）称量　称取 3g 粗萘，量取 30mL 70％乙醇（此溶剂体积为已调好的合适用量）作溶剂，放在 100mL 圆底烧瓶中。

（2）加热回流溶解　圆底烧瓶内加入 2～3 粒沸石，装上回流冷凝管，开通冷凝水，然后才能加热，回流条件下使固体物完全溶解（若出现油珠状，可能过程中损失了乙醇，需从冷凝管上口补加适量乙醇溶剂）。

（3）脱色　待圆底烧瓶中溶解液稍冷却后，加入适量的活性炭摇动，使其均匀分布在溶液中，加热煮沸 5～10min。活性炭用量视溶液颜色深浅而定，无色则不需脱色，色深则活性炭的用量就多些。

（4）趁热过滤。

（5）将趁热过滤的母液静置，自然冷却后，使晶体慢慢析出。

（6）晶体的收集、洗涤　将抽滤装置与水泵抽气口连接，打开水泵减压，使晶体与母液初步分离。瓶中的残留晶体用母液冲洗后，倒入布氏漏斗，再抽滤，用瓶塞挤压晶体，至母液基本不再从漏斗下管滴下。然后用 1mL 乙醇润湿晶体以洗去表面杂质，抽干，可洗涤 1～3 次。瓶中液体回收到指定回收瓶中。

（7）在室温下将晶体进行干燥，测其熔点，称重，记录下质量并计算回收率。实验完毕，将晶体回收到指定回收瓶中。

（二）粗苯甲酸（混有泥沙和氯化钠）的重结晶

称取 3g 粗苯甲酸，量取 50mL 蒸馏水做溶剂，其余同粗萘实验步骤。

五、数据记录及处理

1. 萘的质量_____g，产率为_____。

2. 苯甲酸的质量_____ g，产率为_____。

六、注意事项

1. 冷凝回流装置要竖直并固定好，烧瓶夹夹在烧瓶磨口部位，冷凝管夹夹在球形冷凝管中部稍靠上部位（即其黄金分割处）；控制好加热速度，使气液圈的高度不超过冷凝管两个球泡为宜。

2. 沸石应在加料时一起加，若忘了放，补加时应将溶液冷却后再加，否则将造成暴沸现象。加脱色剂活性炭时亦应如此。

3. 抽滤时应先用溶剂润湿滤纸，以免结晶析出而阻塞滤纸孔，轻轻抽气使得湿润滤纸紧贴漏斗底部；烧瓶和抽滤瓶中残留的晶体应用母液转移，不能用新的溶剂转移，转移次数为 2～3 次即可；关泵前先拆下抽滤瓶上橡皮管，防止倒吸。

4. 萘的熔点（80.2℃）较乙醇的沸点低，若乙醇不足，加热至沸腾后，萘呈熔融状态而非溶解，这时应继续加入溶剂至溶解。

5. 冷却析晶要保持静置、缓慢冷却；难析出结晶时可加晶种或摩擦引导。

6. 趁热操作时，所用仪器、滤纸使用前应设法保持一定温度。

七、思考题

1. 重结晶加热溶解样品时，为什么先加入比计算量略少的溶剂，再逐渐加至恰好溶解，最后再加入少量溶剂？
2. 为什么活性炭要在固体物质全部溶解后加入？
3. 如何选择溶剂？在什么情况下使用混合溶剂？
4. 用水或有机溶剂进行重结晶时，溶解装置有何不同？

实验十二 醇、酚、醛、酮的化学性质

一、实验目的

1. 巩固醇、酚的主要化学性质及其鉴别方法。
2. 比较醇和酚在化学性质上的异同，认识羟基和烃基之间的相互影响。
3. 掌握并比较醛和酮的化学性质。
4. 掌握鉴别醛和酮的化学方法。

二、实验原理

醇和酚的结构中都含有羟基官能团，醇中的羟基和烷基相连，酚中羟基和芳环相连，所连烃基不同，对羟基的影响不同，因而醇和酚在性质上有很大差异。醇易发生羟基被其他基团取代的 S_N 反应，羟基和 β-H 发生分子内脱水生成烯的消除反应，分子间脱水反应，有 α-H 的伯、仲醇脱氢的氧化反应等。如醇与卢卡斯试剂（氯化锌＋浓盐酸）发生取代反应生成不溶于水的氯代烃，活性不同的伯、仲、叔醇与卢卡斯试剂的反应速率不同，叔醇立即出现浑浊，仲醇稍慢，伯醇长时间不浑浊，借此可鉴别此三类醇。与醇相比，酚羟基更易解离而呈弱酸性，更易被氧化，芳环上也容易发生亲电取代反应等。

$$2ROH + 2Na \Longrightarrow 2NaOR + H_2\uparrow$$

$$C_6H_5OH + NaOH \Longrightarrow C_6H_5ONa + H_2O$$

$$ROH + HCl \longrightarrow RCl + H_2O$$

$$RCH_2OH \xrightarrow[\text{加热}]{Cr_2O_7^{2-}/H^+} RCHO$$

$$6ArOH + Fe^{3+} \Longrightarrow [Fe(OAr)_6]^{3-} + 6H^+$$

醛和酮类化合物都具有羰基官能团，因而它们都能发生亲核加成反应以及活泼氢的卤代反应，表现出相似的化学性质。但酮的羰基碳与两个碳原子相连，而醛的羰基碳至少连有一个氢原子，结构上的差异使得醛和酮的化学性质有所不同。与2,4-二硝基苯肼加成生成红色或黄色沉淀，羰基化合物都有此反应，常用作检验羰基。而与亚硫酸氢钠的加成不是所有醛和酮都有的反应，只有醛、脂肪族甲基酮和低级环酮（环内碳原子在8个以下）能与饱和亚硫酸氢钠溶液作用，生成不溶于饱和亚硫酸氢钠溶液的加成物，加成物能溶于水。当与稀酸或稀碱共热时又可得到原来的醛、酮，因此可用于区别和提纯醛、酮。

活泼氢的反应只适用于有活泼氢的醛和酮，其中碘仿反应是区别甲基酮等的简单易行的方法。乙醛、甲基酮和某些醇（如乙醇在碘仿反应条件下会被氧化成乙醛）都能与次碘酸反应，生成亮黄色有特殊气味的碘仿沉淀。

酮一般不易被氧化，只有在强氧化剂的作用下才被分解。而醛却较易被氧化，甚至能被弱氧化剂如托伦试剂、斐林试剂等氧化成酸，因此托伦试剂、斐林试剂常用于区别醛、酮。不同的醛活性也有所不同，一般醛都能与托伦试剂反应，只有脂肪族醛可与斐林试剂反应，析出红色氧化亚铜沉淀，而芳香族醛不发生反应，可借此区别之。

$$3NaIO + CH_3COCH_3 \xrightarrow{\text{加热}} CH_3COONa + CHI_3\downarrow + 2NaOH$$

$$2Ag(NH_3)_2OH + RCHO \xrightarrow{\text{加热}} RCOONH_4 + 2Ag\downarrow + H_2O + 3NH_3$$

$$2Cu^{2+} + 5OH^- + RCHO \xrightarrow{\text{加热}} RCOO^- + Cu_2O\downarrow + 3H_2O$$

三、主要试剂与仪器

醇、酚部分：正丁醇，仲丁醇，叔丁醇，重铬酸钾溶液（5%），浓硫酸，氢氧化钠溶液（5%），硫酸溶液（15%），卢卡斯试剂，浓盐酸，苯酚，对甲苯酚或α-萘酚，三氯化铁溶液（1%），饱和溴水，苯，广泛 pH 试纸，高锰酸钾溶液（0.1%）。

醛、酮部分：甲醛水溶液（37%），乙醛，丙酮，苯甲醛，环己酮，新制饱和亚硫酸氢钠溶液，碳酸钠溶液（10%），稀盐酸（5%），硫酸溶液（5%），氢氧化钠溶液（10%），托伦试剂，斐林试剂。

四、实验步骤

1. 醇的性质

（1）与卢卡斯试剂的反应　取 3 支干燥的试管，各加入 0.5mL 正丁醇、仲丁醇和叔丁醇，再立即加入 1mL 卢卡斯试剂，用软木塞塞住管口，振荡后静置（温度最好保持在 26～27℃），观察变化，注意 5min 及 1h 后混合物有何变化？记下混合物出现浑浊和出现分层的时间，写出化学反应方程式。

（2）醇的氧化　取 3 支试管，各加入 1mL 5% 重铬酸钾溶液和 5～6 滴 15% 硫酸，摇匀，再分别加入 5 滴正丁醇、仲丁醇和叔丁醇。振荡后在 40℃ 水浴中微热，观察各溶液颜色的变化，写出化学反应方程式。

2. 酚的性质

（1）苯酚的酸性

① 取 0.5g 苯酚放入试管中，加水 5mL，振荡后用玻璃棒蘸取 1 滴试液，用广泛 pH 试纸检验其酸性，记录其 pH 值。

② 往试管中逐滴加入 10% 氢氧化钠溶液，并振荡至溶液呈清亮为止。所得清亮溶液用 15% 硫酸酸化，又有何现象发生，写出化学反应方程式。

（2）与三氯化铁的颜色反应　取 2 支试管，分别加入 0.1g 苯酚、对甲苯酚或 α-萘酚，再加水 1mL，振荡，再加入 1 滴新配制的 1% 三氯化铁溶液，观察现象。

（3）与饱和溴水的反应　在试管中加入 2 滴饱和的苯酚水溶液，用水稀释至 2mL，加入 2 滴饱和溴水，摇动试管，观察现象。

（4）苯酚的氧化　取 1 支试管，加入饱和的苯酚水溶液 1mL，加入 5～6 滴 15% 硫酸，摇匀后再加入 0.1% 高锰酸钾溶液 0.5mL，振荡，观察现象。

3. 醛酮的性质

（1）与亚硫酸氢钠的加成　取 2 支干燥小试管，各加入 1mL 新制饱和亚硫酸氢钠溶液，再分别加入 3～4 滴苯甲醛、环己酮，用力摇匀，置冰水浴中冷却，观察有无晶体析出，若无晶体析出可将试管放置 5～10min，观察比较晶体析出的相对速度，并写出有关的化学反应方程式。

（2）将（1）中生成的产品保留晶体弃去水，并将 2 种晶体再各分成相同两份，分装四支试管中。再做如下实验：

① 在 2 种晶体的一组 2 支试管中各加 2mL 10% 碳酸钠溶液，用力振摇试管，放在不超过 50℃ 的水浴中加热，继续不断摇动试管，注意观察有何现象？

② 在 2 种晶体的另一组 2 支试管中各加入 2mL 5% 稀盐酸，如上操作，观察又有何现象？

（3）托伦试验　取 3 支干净的试管，各加入 2mL 自配的托伦试剂，然后分别加入 3～4 滴 37% 甲醛水溶液、乙醛、丙酮。将试管放在 50℃ 左右的水浴中加热数分钟，观察现象，写出有关的化学反应方程式（该实验完毕，一定要立即将所用试管用毛刷洗涤干净）。

（4）斐林试验　取 3 支试管，分别加入斐林试剂 A 和斐林试剂 B 各 2mL，用力摇匀。

然后分别加入 2～4 滴 37％甲醛水溶液、乙醛、苯甲醛，在沸水浴中加热 3～5min，观察现象并解释。

（5）碘仿试验 取 3 支试管，各加入 2～3 滴碘溶液，然后分别加入 2～3 滴乙醛、丙酮、乙醇，溶液呈棕红色。再滴入 10％氢氧化钠溶液，边滴边振荡试管，直至棕红色刚好消失为止。注意观察试管里的溶液，当棕红色消失后有无沉淀立即析出？是否能闻到碘仿的气味？若不出现沉淀，可在温水浴中加热 5min，冷却后观察现象，比较结果。

4. 整理实验台

水浴锅关闭电源，试管残液倒入废液回收处，洗刷试管并将洁净试管倒置在试管架上，试剂及试剂瓶归位，废纸倒入垃圾桶，向指导老师汇报后签字离开。

五、实验现象记录及结论（可参考如下表格）

序号	试剂	现象	反应方程式	结论
醇酚性质实验				
1(1)	卢卡斯试剂＋正丁醇			
	卢卡斯试剂＋仲丁醇			
	卢卡斯试剂＋叔丁醇			
1(2)	重铬酸钾＋浓硫酸＋正丁醇			
	重铬酸钾＋浓硫酸＋仲丁醇			
	重铬酸钾＋浓硫酸＋叔丁醇			
2(1)	苯酚＋NaOH			
	再加 H_2SO_4			
2(2)	苯酚＋$FeCl_3$			
2(3)	苯酚＋饱和溴水			
2(4)	苯酚＋浓硫酸＋$KMnO_4$			
醛酮性质实验				
3(1)	苯甲醛＋$NaHSO_3$			快者为
	环己酮＋$NaHSO_3$			
3(2①)	苯甲醛＋$NaHSO_3$ 所得沉淀＋Na_2CO_3			
	环己酮＋$NaHSO_3$ 所得沉淀＋Na_2CO_3			
3(2②)	苯甲醛＋$NaHSO_3$ 所得沉淀＋HCl			
	环己酮＋$NaHSO_3$ 所得沉淀＋HCl			
3(3)	托伦试剂＋甲醛			
	托伦试剂＋乙醛			
	托伦试剂＋丙酮			
3(4)	斐林试剂＋甲醛			
	斐林试剂＋乙醛			
	斐林试剂＋苯甲醛			
3(5)	碘＋乙醇＋NaOH			
	碘＋乙醛＋NaOH			
	碘＋丙酮＋NaOH			

六、注意事项

1. 预习时要做到实验现象心中有数，使实验成为直观验证。

2. 观察水浴锅水位高度，针对性补水。水浴加热放置试管时，勿动其他同学放置的试管，并记住自己试管的准确位置，以免混淆。

3. 滴瓶和乳胶滴管要一一对应，以免污染试剂。试剂不足时申请补充相应试剂。

4. 托伦试验的关键是试管要非常洁净，水浴加热时静置勿扰，反应完毕后及时刷洗干净试管，以免久置生成易爆炸的叠氮化物，且银镜如不及时用毛刷刷掉就只能用硝酸才能处理干净。

5. 斐林试验在碱性条件下反应，水浴加热要充分，观察底部沉淀的颜色。

七、附注

（1）饱和亚硫酸氢钠溶液的配制：首先配制 40％亚硫酸氢钠水溶液。取 100mL 40％亚硫酸氢钠水溶液，加 20mL 不含醛的无水乙醇，将少量结晶过滤，得澄清溶液。此溶液易被氧化或分解，配制好后密封放置，但不宜太久，最好是现用现配。

（2）托伦试剂的配制：在洁净的试管中加入 4mL 5％硝酸银溶液、2 滴 5％氢氧化钠溶液，再慢慢滴加 2％的氨水，边加边振荡，直至生成的沉淀刚好溶解为止，即得托伦试剂。

（3）斐林试剂的配制

斐林试剂（A）：于 500mL 水中溶解 34.6g 结晶硫酸铜，必要时过滤。

斐林试剂（B）：将 173g 酒石酸钾钠、70g 氢氧化钠溶于 500mL 水中。

两种试液要分别保存，使用时等量混合。

八、思考题

1. 伯、仲、叔醇被氧化的难易程度如何？为什么？

2. 通过实验，你认为使卢卡斯试验现象明显的关键是什么？

3. 总结醛、酮的鉴别方法并加以比较。

4. 在做与亚硫酸氢钠的加成实验时，为什么亚硫酸氢钠溶液要饱和且新配制的？

实验十三　羧酸及其衍生物的化学性质

一、实验目的

1. 了解羧酸及其衍生物的化学性质。

2. 了解羧酸及其衍生物的鉴别方法。

二、实验原理

羧酸是含有羧基的化合物。酸性和脱羧反应是其主要性质，羧酸的酸性比醇强。甲酸是最简单的一元羧酸，因其与羧基相连的是氢，具有一些特殊的化学性质，如能被高锰酸钾所氧化，酸性比其他一元羧酸强等。

羧酸衍生物一般指的是酯、酸酐、酰卤和酰胺等。在一定条件下它们都能发生水解、醇解和氨解反应，而生成酸、酯和酰胺，只是副产物不同，反应活性也有差别。它们之间可以相互转化，而且都可以由相应的羧酸制备。

乙酰乙酸乙酯除具有酯的一般化学性质外，由于乙酰基的引入，使乙酰乙酸乙酯不仅具有羰基的一些性质，而且还可发生酮式与烯醇式的互变异构，所以又有烯醇的性质（如可与三氯化铁溶液显色）。

三、主要试剂与仪器

仪器：硬质大试管，酒精灯，玻璃棒，导气管，橡皮塞，烧杯，试管若干。

试剂：甲酸，乙酸，草酸，刚果红试纸，苯甲酸，氢氧化钠溶液（10%，30%），盐酸（10%），浓硫酸，稀硫酸（10%），石灰水，高锰酸钾溶液（0.5%），乙醇，饱和碳酸钠溶液，乙酸乙酯，乙酸酐，乙酰氯，硝酸银溶液（5%），饱和氯化钠溶液，饱和溴水，2,4-二硝基苯肼，乙酰乙酸乙酯，三氯化铁溶液（1%）。

四、实验步骤

1. 羧酸的酸性

（1）取三支试管，均加入 2mL 水，甲酸、乙酸各 10 滴及草酸 0.5g 分别溶于其中。然后用干净的玻璃棒分别蘸取相应的酸液，在同一条刚果红试纸上划线，比较线条颜色及深浅程度。说明原因。

（2）取绿豆粒大小苯甲酸固体放于试管中，加入 5 滴水，振摇，苯甲酸易溶于水吗？再滴加 5 滴 10%氢氧化钠溶液，振摇并观察苯甲酸是否溶解。接着再加 5 滴 10%盐酸，振荡，又有何现象？说明原因。

2. 羧酸的氧化反应

取 3 支小试管，分别加入 0.5mL 甲酸、乙酸以及由 0.2g 草酸和 1mL 水所配成的溶液，然后分别加入 1mL 稀硫酸（10%）及 1mL 高锰酸钾溶液（0.5%），加热至沸。观察现象，说明原因。

3. 乙酸乙酯的生成

取 2 支干燥的试管，都加入 1mL 无水乙醇和 1mL 冰醋酸。混合均匀后，在其中一支试管中滴加 2 滴浓硫酸，振荡试管后同时将两支试管放入 60～70℃的水浴中加热 10min。取出试管，用冷水冷却，都加入 1mL 饱和碳酸钠溶液。观察溶液是否分层，酯的气味如何？比较两支试管中的实验结果。

4. 羧酸的分解

在装有导气管的干燥硬质大试管中，加入固体草酸少许，将试管稍微下倾，夹好，导气管插入盛有石灰水的小试管中。加热，观察石灰水的变化。

5. 羧酸衍生物的水解作用

（1）乙酸乙酯的水解　取 3 支试管，各加入 5mL 水和 10 滴乙酸乙酯。再在第 2 支试管里加入 2 滴浓硫酸，第 3 支试管里加入 2 滴 30%氢氧化钠。振荡试管，同时放在 70℃左右的水浴中加热。数分钟后，注意观察 3 支试管里酯层及其气味消失的快慢有何不同，说明了什么？

（2）乙酸酐的水解　取 1 支试管，加入 1mL 蒸馏水，滴入 2～3 滴乙酸酐，振荡，微热。观察现象。

（3）乙酰氯的水解　取 1 支试管，加入 2mL 蒸馏水，滴入 3 滴乙酰氯，观察现象。反应是否放热？反应结束后，向试管中滴加 1 滴 5%硝酸银溶液。有何现象？说明原因。

6. 羧酸衍生物的醇解作用

（1）乙酰氯的醇解　　取 1 支干燥试管，加入 0.5mL 无水乙醇，不断摇动下慢慢滴加 0.5mL 乙酰氯，置冷水浴中冷却，3min 后，加入 1mL 饱和氯化钠溶液，观察有无酯层出现？

（2）乙酸酐的醇解　　取 1 支干燥试管，加入无水乙醇和乙酸酐各 0.5mL，混合均匀。置水浴中加热 5min 后，加入 1mL 饱和氯化钠溶液，再滴加 1～2 滴 10% 氢氧化钠溶液，观察溶液是否分层并闻其气味。

7. 乙酰乙酸乙酯的反应

（1）与饱和溴水的作用　　取 1 支试管，加入 3～5 滴饱和溴水试剂和 5 滴乙酰乙酸乙酯，振荡试管，观察现象。

（2）与三氯化铁溶液及饱和溴水的作用　　取 1 支试管，加入 1mL 水和 2～3 滴乙酰乙酸乙酯，振荡试管，另加入 1～2 滴 1% 三氯化铁溶液，反应液呈何种颜色？再加入数滴饱和溴水，溶液又呈何色？放置数分钟后又会怎样？前后的颜色变化说明什么？

（3）与 2,4-二硝基苯肼的作用　　取 1 支试管，加入 0.5mL 2,4-二硝基苯肼试剂，加入 2～3 滴乙酰乙酸乙酯，振荡试管，观察现象。

五、结果记录及分析

序号	试剂	现象	反应方程式	结论
1(1)	甲酸			
	乙酸			
	草酸			
1(2)	苯甲酸＋水			
	苯甲酸＋NaOH			
	苯甲酸＋HCl			
2	甲酸＋H_2SO_4＋高锰酸钾			
	乙酸＋H_2SO_4＋高锰酸钾			
	草酸＋H_2SO_4＋高锰酸钾			
3	乙醇＋冰醋酸＋浓硫酸 再加入饱和碳酸钠			
	乙醇＋冰醋酸 再加入饱和碳酸钠			
4	草酸 石灰水			
5(1)	乙酸乙酯＋水			
	乙酸乙酯＋浓硫酸			
	乙酸乙酯＋30%NaOH			
5(2)	乙酸酐＋水			
5(3)	乙酰氯＋水			
	＋硝酸银			
6(1)	乙醇＋乙酰氯＋NaCl			

续表

序号	试剂	现象	反应方程式	结论
6(2)	乙醇＋乙酸酐 ＋NaCl＋NaOH			
7(1)	乙酰乙酸乙酯＋溴水			
	乙酰乙酸乙酯＋FeCl₃			
7(2)	再加溴水			
	再放置数分钟后			
7(3)	乙酰乙酸乙酯＋2,4-二硝基苯肼			

六、思考题

在乙酸乙酯的生成实验中，反应结束时为什么加入饱和碳酸钠溶液？

实验十四　糖类化合物的化学性质

一、实验目的

了解糖类化合物的性质和某些鉴定方法。

二、实验原理

糖类化合物是指多羟基醛（酮）及其缩聚物和某些衍生物的总称。通常分为单糖（如葡萄糖和果糖）、低聚糖（如麦芽糖和蔗糖）和多糖（如淀粉和纤维素）。在浓酸作用下糖与酚类化合物能发生颜色反应，常用 α-萘酚鉴别糖类化合物，用间苯二酚区别酮糖和醛糖化合物。

单糖都具有还原性，能还原斐林试剂和托伦试剂，并能与过量苯肼生成脎，糖脎有良好的晶形和一定的熔点，根据糖脎的晶形和不同的熔点可鉴别不同的糖。葡萄糖和果糖与过量的苯肼能生成相同的脎，但反应速率不同，利用成脎的时间不同可加以区别。

低聚糖有的具有还原性（如麦芽糖），能与斐林试剂和托伦试剂等反应，并能成脎。非还原性糖（如蔗糖）无此反应。

淀粉和纤维素都是葡萄糖的高聚体，都没有还原性，但其最终水解产物是葡萄糖，故水解液有还原性。淀粉遇碘变蓝色，可做淀粉的鉴定反应。

三、主要试剂与仪器

葡萄糖，果糖，麦芽糖，蔗糖，可溶性淀粉，α-萘酚试剂，浓硫酸，苯肼试剂，斐林试剂，托伦试剂，碘，氢氧化钠。

四、实验步骤

1. Molish 试验（与 α-萘酚的反应）

取 5 支试管，编好号，分别加入 2% 的葡萄糖、果糖、麦芽糖、蔗糖和 1% 淀粉溶液各1mL，再各滴加 4 滴新配制的 α-萘酚试剂，摇匀。将试管倾斜 45°，沿管壁慢慢加入 1mL 浓硫酸，切勿摇动，然后小心竖起试管，硫酸和糖液之间明显分为两层，静置 10～15min，观察两层之间有无紫色环出现，若无紫环，可将试管在热水浴中温热 3～5min，再观察现象。

2. 成脎反应

取 4 支试管，各加入 1mL 2%葡萄糖、果糖、麦芽糖、蔗糖溶液，再加入 0.5mL 苯肼试剂，沸水浴中加热并不断振摇。比较各试管中成脎的颜色和速度。注意，有的需冷却后才能析出黄色针状结晶。取各种脎少许，在显微镜下观察糖脎的晶形。

3. 糖的还原性试验

(1) 斐林试验　取 5 支试管，各加 0.5mL 斐林试剂 A 和 0.5mL 斐林试剂 B，混合均匀。在水浴中微热，再分别加入 0.5mL 2%葡萄糖、果糖、麦芽糖、蔗糖和 1%淀粉溶液，振荡，水浴加热，观察现象。

(2) 托伦试验　取 5 支洁净试管，各加入 1mL 托伦试剂。再各加 0.5mL 2%葡萄糖、果糖、麦芽糖、蔗糖和 1%淀粉溶液，在 50℃水浴中温热，观察有无银镜生成。

4. 淀粉的性质

(1) 碘试验　取 1 支试管，加入 0.5mL 1%淀粉溶液，再加 1 滴 0.1%碘液。溶液是否呈现蓝色？将试管在沸水浴中加热 5～10min，观察有何变化？放置冷却，又有何变化？

(2) 水解　在 100mL 小烧杯中加 30mL 1%可溶性淀粉，再加 0.5mL 浓盐酸，在水浴中加热，每隔 5min 取少量反应液作碘试验，直至不再与碘反应为止。用 5%氢氧化钠溶液中和至中性，做斐林试验。观察有何现象，并解释之。

五、思考题

1. 糖类化合物有哪些特性？
2. 如何用化学方法区别葡萄糖、果糖、蔗糖和淀粉？
3. 为什么非还原性糖长时间加热也具有还原性？

实验十五　氨基酸和蛋白质的化学性质

一、实验目的

了解氨基酸和蛋白质的重要化学性质。

二、实验原理

氨基酸是组成蛋白质的基础，自然界存在的氨基酸多为 α-氨基酸。它具有羧基和氨基的性质，是两性化合物，具有等电点，并起特殊的颜色反应。

蛋白质是多种 α-氨基酸缩聚而成的复杂高分子化合物，是细胞的重要组分。在酸、碱或酶的作用下可发生水解，最后形成氨基酸的混合物。蛋白质易变性，并起特殊的颜色反应。

三、主要试剂

甘氨酸，酪氨酸，蛋白质溶液 (1%)，浓硝酸，氢氧化钠溶液 (10%，30%)，茚三酮试剂，米伦试剂，饱和硫酸铵溶液，硫酸铜溶液 (1%)，醋酸铅溶液 (2%)，硝酸银溶液 (3%)，浓盐酸，醋酸溶液 (1%)，饱和苦味酸溶液，红色石蕊试纸。

四、实验步骤

1. 颜色反应

（1）黄蛋白反应　取 1 支试管，加入蛋白质溶液 10 滴，再加浓硝酸 6～7 滴，由于强酸作用，蛋白质出现白色沉淀。然后加热煮沸，沉淀变成黄色，冷却后，再逐滴加 10％氢氧化钠溶液，颜色由黄色变成橙黄色。这也是皮肤接触到硝酸变黄的原因。

（2）缩二脲反应　取 1 支试管，加入蛋白质溶液和 10％氢氧化钠溶液各 1mL，然后加入 2 滴 1％硫酸铜溶液，振荡试管，观察现象。

（3）茚三酮反应　取 3 支试管，编好号，分别加入 1mL 1％的甘氨酸、酪氨酸和蛋白质溶液，再分别滴加 4～5 滴茚三酮试剂，在沸水中加热 10～15min，观察现象。

（4）米伦（Millon）反应　取 1 支试管，加入 2mL 蛋白质溶液和 2～3 滴米伦试剂，观察现象。然后小心加热，此时原先析出的白色絮状物聚成块状，并呈砖红色。

2. 蛋白质的可逆沉淀反应（盐析作用）

取 1 支试管，加入蛋白质溶液和饱和硫酸铵溶液各 4mL。将混合物稍加振荡，有蛋白质沉淀析出，使溶液变浑浊或呈絮状沉淀。另取 1 支试管，加 1mL 上述浑浊液体，再加入 2～3mL 水，摇动均匀，沉淀又溶解。

3. 变性反应

（1）重金属盐沉淀蛋白质　取 3 支试管，各加入 1mL 蛋白质溶液，分别加入 3 滴 1％硫酸铜溶液、2％醋酸铅溶液、3％硝酸银溶液，振荡，即有蛋白质沉淀析出。

（2）加热沉淀蛋白质　取 1 支试管，加入 1mL 蛋白质溶液，将试管放在沸水中加热 5～10min，蛋白质凝固成白色絮状沉淀。然后加水 1mL，振荡，沉淀是否溶解？

（3）无机酸沉淀蛋白质　取 2 支试管，各加入 10 滴蛋白质溶液，分别加 5 滴浓盐酸和浓硝酸，勿摇动试管，观察现象。

（4）苦味酸沉淀蛋白质　取 1 支试管，加入 1mL 蛋白质溶液，并滴加 2 滴 1％醋酸溶液使之成酸性，再滴加 4～5 滴饱和苦味酸溶液，观察现象。

4. 碱分解蛋白质　取 1 支试管，加入 2mL 蛋白质溶液和 4mL 30％氢氧化钠溶液。在试管口放一湿润的红色石蕊试纸，把混合液加热煮沸 3～4min，试纸是否变色？有何气体放出？

五、结果记录及分析

序号	试剂	现象	反应方程式	结论
	ⅰ 蛋白质＋浓硝酸			
1(1)	ⅱ 加热			
	ⅲ 10％NaOH			
1(2)	蛋白质＋10％NaOH＋$CuSO_4$			
	甘氨酸＋茚三酮			
1(3)	酪氨酸＋茚三酮			
	蛋白质＋茚三酮			
1(4)	蛋白质＋米伦试剂			

续表

序号	试剂	现象	反应方程式	结论
2	蛋白质＋硫酸铵			
	再加入水			
3(1)	蛋白质＋硫酸铜			
	蛋白质＋醋酸铅			
	蛋白质＋硝酸银			
3(2)	蛋白质＋沸水			
	再加冷水			
3(3)	蛋白质＋浓盐酸			
	蛋白质＋浓硝酸			
3(4)	蛋白质＋醋酸＋苦味酸			
4	蛋白质＋30％NaOH			

六、思考题

为什么鸡蛋清可用作汞中毒的解毒剂？

实验十六　氨基酸的纸色谱分离

一、实验目的

1. 学习分配色谱的原理和方法。
2. 掌握氨基酸纸色谱法的操作技术（包括点样、平衡、展开、显色、鉴定）。

二、实验原理

色谱法旧称层析法，是一种微量、快速和简便的分离分析方法，可用于精制样品、鉴定化合物、跟踪反应进程和柱色谱最佳条件的摸索等。

混合物中各组分在两相之间溶解能力（或吸附能力或其他亲和作用）的差别，使其在两相中分配系数（两种溶剂中所溶解溶质的浓度之比，定温下是常数）不同。当两相做相对运动时，组分在两相间进行连续多次分配，使各组分达到彼此分离。其中一相是不动的，称为固定相，另一相是携带混合物流过此固定相的流体，称为流动相。

当流动相所含混合物经过固定相时，由于各组分在性质和结构上有差异，与固定相发生作用的大小、强弱也有差异。在相同流动相下，不同组分在固定相中的滞留时间有长有短，从而按先后不同的次序从固定相中流出。

纸色谱是以滤纸为载体（惰性支持物）的分配色谱。物质在两种互不相溶的溶剂之间的溶解过程称为分配。滤纸纤维与水亲和力较强，能吸附 $25\%\sim29\%$ 的水分，其中 $6\%\sim7\%$ 的水以氢键与纤维素的羟基结合，在通常条件下较稳定。而有机溶剂与滤纸的亲和力弱，可在纤维间空隙中流动。因而，滤纸纤维上吸附的水分为固定相，有机溶剂为流动相（又称展开剂），流动相沿滤纸移动，由下向上移动的，称上行法；由上向下移动的，称下行法。

将样品在滤纸上（此点称为原点）进行展开，样品中的各种溶质（如各种氨基酸）即在两相溶剂中不断进行分配。由于它们的分配系数不同，不同溶质随流动相移动的速率也不同，最终将各组分彼此分开，纸上将显示出各种距原点不等的点即色斑点。斑点若本身无色但有紫外吸收，可置于紫外灯下观察到有色的斑点；也可用显色剂喷雾显色等，不同类型化合物可选用不同的显色剂。斑点出现后，应立即用铅笔或小针划出斑点的位置。

溶质在滤纸上移动的速率用 R_f 值表示，R_f 又称比移值：

$$R_f = \frac{溶质的最高浓度中心至原点的距离}{溶剂前沿至原点中心的距离} = \frac{d_{斑点}}{d_{溶剂}}$$

无色氨基酸可与茚三酮反应产生颜色，因此，溶剂自滤纸挥发后，喷上茚三酮溶液后加热，可形成色斑而确定其位置。

R_f 是每一个化合物的特征数值，可作为定性分析的依据。考虑到 R_f 值随实验条件不同有重复性不好的可能，在对未知物进行定性鉴定时，常同时展开一个已知物作为对照。在本实验中，采用三种标准氨基酸作为对照物，以分离和鉴定混合的氨基酸。

三、主要试剂与仪器

仪器：长尾夹，毛细管，吹风机，新华滤纸一号，喷雾器，培养皿，分液漏斗，层析缸，量筒。

试剂：正丁醇，醋酸，0.1%茚三酮显色液（0.5g 茚三酮，溶于 100mL 正丁醇中），0.5%甘氨酸，0.5%丙氨酸，0.5%异亮氨酸，未知氨基酸（甘氨酸、丙氨酸和异亮氨酸三种或两种等体积混合溶液）。

四、实验步骤

1. 层析纸的准备

在 10cm×20cm 滤纸一端距边缘 1cm 处用铅笔轻轻画一条起点直线，两端各空出 4.5cm 后，在中间线段上等间距做出"×"记号。在滤纸反面距顶端 2cm 处再轻轻画一条直线。

2. 酸性展开剂的准备

4 份水饱和的正丁醇和 1 份醋酸的混合物：将 20mL 正丁醇和 5mL 醋酸放入分液漏斗中，与 15mL 水混合，充分振荡，静置后分层，放出下层水，备用。

3. 点样

用毛细管将三种氨基酸标准样品和一个混合样品分别点在这四个记号位置上，点的直径为 0.2～0.4cm（直径不足 0.2cm 时可吹干再点）。样品干后，将滤纸用长尾夹夹成圆筒形（纸的两边不相碰，铅笔的直线对好）。

4. 展开

取一大小合适、干洁的层析缸，在其中加入适量展开剂，盖好盖子饱和 5min。摇动层析缸，待静置好后将滤纸筒小心放入缸中，注意不要碰到缸壁，且点样的一端在下，展开剂的液面需低于点样线。当溶剂前沿上升到离顶端 2cm 线时取出，立即用铅笔画出溶剂前沿界线，电吹风冷风吹干展开剂。

5. 显色

用 0.5%茚三酮溶液均匀喷雾显色，电吹风热风均匀吹干，即可显出各种氨基酸的色斑点。

6. 数据计算

用铅笔画出每个斑点的轮廓以供保存。量出每个斑点中心到原点的距离，计算各氨基酸的 R_f 值。

五、数据记录及处理

根据色谱图的 R_f 值判断未知氨基酸混合液的成分，填入表中。

编号	1	2	3	未知溶液成分		
R_f 值						
氨基酸	甘氨酸	丙氨酸	异亮氨酸			

六、注意事项

1. 滤纸要保持清洁，操作时勿用手接触，只拿滤纸最上端。
2. 样点要尽量小，直径最大不超过 0.4cm，每次点样后用冷风吹干再点第二次。
3. 展开剂必须新配制并摇匀静置才能使用。
4. 展开剂液面不能高于起始点样线。
5. 显色喷雾要在通风橱中进行，喷雾要均匀，不均匀会将斑点（溶质）冲下来。

七、思考题

1. 样点直径为何要控制在 0.2～0.4cm？
2. 展开剂液面为何不能高于起始点样线？
3. 氨基酸的纸色谱实验中，使用热风和冷风分别干燥是什么目的？

实验十七　柱色谱分离甲基橙和亚甲基蓝

一、实验目的

1. 进一步了解色谱法原理及其在有机化学中的应用
2. 初步掌握柱色谱法分离物质的操作方法。

二、实验原理

柱色谱属于液-固吸附色谱，装置如图 17-1，是基于吸附和溶解性质的分离技术。柱色谱分为吸附柱色谱和分配柱色谱，本实验为吸附柱色谱。色谱柱的大小视处理样品量及吸附剂的性质而定，柱子长度与直径比一般为 8∶1，通常在玻璃柱中填入表面积很大、经过活化的多孔物质或颗粒状固体吸附剂（如氧化铝或硅胶），吸附剂的量一般为样品的 30～40 倍。当混合物溶液加在固定相（吸附剂）上，即被吸附在柱的上端时，从柱顶加入溶剂（洗脱剂）洗脱。由于吸附剂对各组分的吸附能力不同，当流动相流过固体表面时，混合物各组分在液-固两相间分配。吸附牢固的组分在流动相中分配少，吸附弱的组分在流动相中分配多。流动相流过时各组分会以不同的速率向下移动，吸附弱的组分以较快的速率向下移动。继续再用溶剂洗脱，吸附能力最弱的组分随溶剂首先流出。整个色谱过程进行反复的吸附→解吸附→再吸附→再解吸。结果是吸附弱的组分随着流动相移动在前，吸附强的组分移动在后，吸附特别强的组分甚至会不随流动相移动，各种化合物在色谱柱中形成带状分布，如各组分为有色物质，则可按色带分开，分别收集即可达到分离混合物的目的（图 17-2）。若为无色物质，可用紫外线照射后，以是否出现荧光来检查，也可通过薄层色谱逐个鉴定。

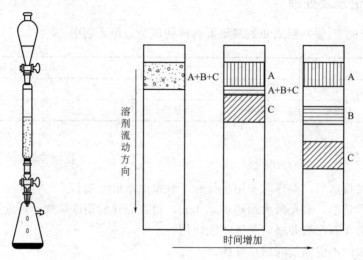

图 17-1　柱色谱装置　　　　　　　图 17-2　色带的分离图

常用的吸附剂有氧化铝、硅胶、氧化镁、碳酸钙和活性炭等。选择的吸附剂绝不能与被分离的物质和展开剂发生化学作用，要求吸附剂颗粒大小均匀。颗粒太小，表面积大，吸附能力高，但溶剂流速太慢；若颗粒太粗，流速快，分离效果差，因此颗粒大小要适当。柱色谱中应用最广泛的是氧化铝，其颗粒大小以通过 100～150 目筛孔为宜。色谱用的氧化铝可分为酸性、中性和碱性三种。酸性氧化铝是用 1％盐酸浸泡后，用蒸馏水洗至悬浮液 pH 值为 4～4.5，适用于分离酸性物质，如有机酸类的分离；中性氧化铝 pH 值为 7.5，适用于分离中性物质，如醛、酮、醌和酯类等化合物；碱性氧化铝 pH 值为 9～10，适用于分离生物碱、胺等化合物。吸附剂的活性与其含水量有关，氧化铝的活性分为五级。

制备吸附剂的方法是将氧化铝放在高温炉（350～400℃）内烘 3h，得无水氧化铝，然后加入不同量的水即得不同活性的氧化铝。化合物的吸附性与分子的极性有关，分子极性越强，吸附能力越大。氧化铝对各类化合物的吸附性按以下次序递减：酸、碱＞醇、胺、硫醇＞酯、醛、酮＞芳香族化合物＞卤化物、醚＞烯＞饱和烃。

溶剂的选择通常是从被分离化合物中各组分的极性、溶解度和吸附剂的活性等因素来考虑，溶剂选择的好坏直接影响到柱色谱的分离效果。

先将样品溶解在非极性或极性较小的溶剂中，从柱顶加入，然后用稍有极性的溶剂，使各组分在柱中形成若干条谱带，再用极性较大的溶剂或混合溶剂洗脱被吸附的物质，常用洗脱剂的极性次序与薄层色谱的展开剂的极性大致一样。

本实验采用干法装柱，以中性氧化铝为吸附剂（固定相），以乙醇和水为洗脱剂（流动相），分离含有甲基橙和亚甲基蓝混合色素。根据各色素受极性吸附剂作用强弱不同，在柱中可观察到不同的色谱带。

三、主要试剂与仪器

仪器：柱色谱装置，蒸馏装置，色谱柱，水泵，加料漏斗，储液球，玻璃棒，橡皮塞，铁架台，夹子，双顶丝，双联球，两通管，锥形瓶。

试剂：无水乙醇，甲基橙，亚甲基蓝，脱脂棉或玻璃棉，滤纸，石英砂，中性氧化铝。

四、实验步骤

1. 干法装柱

在色谱分离柱的底部装少许脱脂棉（约 5mm 厚），用玻璃棒推至底部，并将其铺满压实（色谱柱下部），将色谱柱竖直固定在铁架上，此时可在柱下方接水泵抽吸。在柱子上套一个干燥的漏斗，称取 10g 左右氧化铝慢慢沿漏斗倒入柱内，同时用橡皮塞或手指轻轻击打柱身，使装填均匀紧密。加毕，轻敲柱身使氧化铝上表面水平，并在上面压上一片圆形滤纸（其直径正好等于色谱柱内径）。从柱顶徐徐注入无水乙醇（洗脱剂），当有乙醇流至色谱柱石英砂处时，停止水泵抽吸，关闭活塞，并浸泡几分钟。

2. 加样

打开活塞，下方流出的乙醇用锥形瓶回收，柱内乙醇液面刚好降至柱顶氧化铝的滤纸表面时，关闭活塞，将含有甲基橙和亚甲基蓝的乙醇溶液 1mL 用滴管慢慢加入柱中，可用双联球加压使固定相完全吸附混合物。用少量乙醇溶液冲洗柱壁，重新打开活塞，使溶液的液面再次刚好降至柱顶氧化铝的滤纸表面，关闭活塞（重复该洗涤操作一次，流动相显无色）。此时混合溶液已全部进入色谱柱，即可用洗脱剂进行洗脱。为防止洗脱时固定相表面被流动相冲起来而失去平整，用加料漏斗加一点石英砂。

3. 第一条色带的洗脱

用加料漏斗慢慢加入乙醇洗脱液，控制洗脱液的流出速度，若洗脱速度太慢，可用加压方法加速。观察第一条色谱带的出现，用锥形瓶收集流出液，直至该色谱带被完全洗出。至流动相前沿和固定相前沿相齐时，关闭柱活塞。

4. 第二条色带的洗脱

改用蒸馏水作洗脱剂，观察第二条色带的出现，将第二种物质洗出，用另一锥形瓶收集此色带的流出液。

5. 乙醇回收

蒸馏回收其中的乙醇，并倒入乙醇回收瓶中。

五、数据记录及处理

第一条色带物质为_____，第二条色带物质为_____。

六、注意事项

1. 装柱时，氧化铝装填一定要均匀紧密，不能松紧不均，出现断层需要重装，氧化铝上表面要保证水平，否则将影响洗脱速度和色带的齐整。

2. 实验步骤的前三步，要保持洗脱剂液面不能低于柱顶氧化铝的滤纸表面，以确保浸润。否则，当柱中洗脱剂干时，吸附剂会干裂断层。

3. 流动相流动速度太慢可用加压方法加速，即柱上方接两通管，再与双联球相连，对柱施加一定的压力。上样后加入流动相的一开始不要加压，等溶样品的溶剂和样品层有一段距离（2～4cm）再加压，以避免溶剂夹带样品迅速下行。

4. 加料漏斗磨口要磨紧并固定好，磨口处如有固定相粉末，应用乙醇洗净。

5. 干净的乙醇流出液可单独收集，以循环利用。

七、思考题

1. 如何判断第一条色带已被完全洗出？
2. 洗脱前，氧化铝上表面为何要保持水平？
3. 根据实验结果比较甲基橙和亚甲基蓝的极性差异。

实验十八 叔丁基氯的合成

一、实验目的

1. 由叔醇的 S_N1 反应制备叔卤代烃。
2. 学习分液漏斗的使用和萃取、洗涤操作
3. 掌握干燥及低沸点液体的蒸馏提纯。

二、实验原理

叔丁基氯是一种有机化合物，在室温下为无色的液体。它微溶于水，在溶剂化过程中，有进行自发性溶解的趋势。该化合物有易燃性和挥发性，它的主要性质和作用是进行亲核取代反应，如合成从醇到醇盐的一系列物质。

本实验由叔丁醇和浓盐酸反应生成叔丁基氯。反应方程式如下：

$$(CH_3)_3COH + HCl \longrightarrow (CH_3)_3CCl + H_2O$$

三、仪器试剂

仪器：萃取装置，简单蒸馏装置，50mL 锥形瓶（2 个），250mL 烧杯（2 个），100℃温度计（1 个），50mL 圆底烧瓶，125mL 分液漏斗，接引管，蒸馏头，直形冷凝管，温度计套管，10mL 量筒，250mL 电热套。

试剂：叔丁醇，浓盐酸，5％碳酸氢钠溶液，无水氯化钙。

四、实验步骤

1. 合成

在 125mL 分液漏斗中，放置 9.5mL 叔丁醇和 25mL 浓盐酸。先勿塞住漏斗上口塞子，轻轻旋摇 1min，然后将漏斗上口塞紧，翻转后摇振 2～3min。注意及时打开活塞放气，以免漏斗内压力过大，使反应物喷出。

2. 萃取提纯

静置分层后分出有机相，依次用等体积的水、5％碳酸氢钠溶液、水洗涤萃取，共萃取 3 次。用碳酸氢钠溶液洗涤时，要小心操作，注意及时放气。

3. 干燥

粗产品放入干燥的锥形瓶中，加入无水氯化钙 1～2g，塞上瓶塞，间歇振荡，干燥 15min 后，滤入蒸馏瓶中，并加入两三粒沸石。

4. 蒸馏提纯

干燥后的产物在水浴上蒸馏，接收瓶（锥形瓶）用冰水浴冷却，收集 48～52℃馏分并称重，计算产率。

5. 回收产品和沸石

实验台整理复原，并确保水电安全。

纯叔丁基氯的沸点 52℃，折射率 n_D^{20} 1.3877，相对密度 0.934。

五、结果记录及分析

叔丁基氯的质量_____g，其产率为_____。

六、注意事项

1. 本实验前应预习：化学实验基本操作部分液-液萃取和简单蒸馏两部分内容。

2. 在反应物刚混合时，切记不可盖上盖子振摇分液漏斗，否则会因压力过大，将反应物冲出。

3. 当加入大量碳酸氢钠溶液时有大量气体产生，必须缓慢加入并慢慢地旋动未塞住上口的漏斗，直至气体逸出基本停止，再将分液漏斗塞紧，缓慢倒置振摇，仍注意要不断放气。

4. 步骤 2 中，依次用水、5％碳酸氢钠溶液、水洗涤，是指要萃取三次，即用水用碳酸氢钠溶液再用水各萃取一次。其中放出的溶液应保留至实验最后，以免因判断错误而导致实验失败。

5. 分液漏斗下部活塞处要在干燥状态下涂抹凡士林，用橡皮筋固定，并做好检漏。装液时关闭好活塞；振摇时同一方向振摇，并间隔放气；静置时要打开顶塞充分静置分层；分液时先从下口放出下层的水相，再从上口倒出上层的有机相。使用完毕后应清洗干净，最后在活塞处垫上纸片，以免粘连。

6. 步骤 4 中，蒸馏装置各处要合理衔接并夹持固定，以免损伤，造成实验失败。

7. 产品的沸点较低，水浴加热较好，用空气浴加热时一定要温和加热。

8. 水电安全：电加热套要严格避水，以免短路。冷凝水水量要控制好，防止水溢到实验台上引起电器短路。

七、思考题

1. 洗涤粗产品时，如果碳酸氢钠溶液浓度过高，洗涤时间过长有什么不好？

2. 本实验中未反应的叔丁醇如何除去？

实验十九　乙醚的制备

一、实验目的

1. 掌握实验室制备乙醚的原理和方法。

2. 掌握易挥发易燃液体的实验操作要点。

二、实验原理

醚主要用作溶剂，低级伯醇的分子间脱水是制备单醚常用的方法，实验室常用的脱水剂是浓硫酸。混醚通常用 Williamson 合成法制备，烷基芳基醚一般由卤代烷和酚钠于醇或丙酮溶液中制得。

在制取乙醚时，反应温度（140℃）比原料乙醇的沸点（78℃）高得多，因此采用将催化剂加热至所需的温度，然后再加入乙醇，以防乙醇未反应而蒸出。又由于乙醚的沸点较低，它生成后就立即从反应瓶中蒸出。

主反应：

$$CH_3CH_2OH + H_2SO_4 \xrightarrow[]{100\sim130℃} CH_3CH_2OSO_2OH + H_2O$$

$$CH_3CH_2OSO_2OH + CH_3CH_2OH \xrightarrow{135\sim145℃} CH_3CH_2OCH_2CH_3 + H_2SO_4$$

即：

$$2CH_3CH_2OH \xrightarrow[H_2SO_4]{140℃} CH_3CH_2OCH_2CH_3 + H_2O$$

三、主要试剂与仪器

仪器：100mL 三口烧瓶，滴液漏斗，温度计，蒸馏头，冷凝管，真空接引管，烧瓶，电热套，分液漏斗。

试剂：乙醇（C.P.，95%），浓硫酸（C.P.，98%），氢氧化钠溶液（5%），饱和氯化钠溶液，饱和氯化钙溶液，无水氯化钙。

四、实验步骤

（1）反应装置　在干燥的 100mL 三口烧瓶上，分别安装滴液漏斗、温度计及蒸馏装置，滴液漏斗末端、温度计的水银球必须浸入液面下，蒸馏装置中接收器（一直用冰水浴冷却）的支管接上橡皮管通入下水道或室外。

（2）生成乙醚的反应　三口烧瓶中加入沸石、13mL 95%乙醇，将其浸入冰水浴中，再缓缓加入 12mL 浓硫酸，混合均匀后撤去冰水浴，滴液漏斗内装入 25mL 95%乙醇。电热套加热反应瓶，使反应液温度迅速上升到约 140℃，之后，开始慢慢滴加乙醇，控制滴入速度与馏出速度大致相等（1 滴/s），并维持反应温度在 135～145℃，30～40min 滴加完毕，再继续加热 10min，至温度上升到 160℃时撤去热源，停止反应。

（3）粗产品的洗涤、干燥　将馏出液转入分液漏斗，依次用 8mL 5%氢氧化钠溶液、8mL 饱和氯化钠溶液洗涤，最后用 8mL 饱和氯化钙溶液洗涤 2 次。分出醚层，用无水氯化钙干燥约 0.5～1h，在此期间要间歇振荡容器（冰水浴冷却）。

（4）精馏　将澄清的乙醚溶液小心地转入蒸馏瓶中，60℃热水浴上蒸馏，收集 33～38℃馏分。

五、思考题

1. 制备乙醚时，为什么滴液漏斗的末端应浸入反应液中？
2. 反应馏出液中含有哪些杂质？如何洗涤、分离？为什么？
3. 为什么使反应液温度迅速上升到约 140℃？

实验二十　乙酸乙酯的制备

一、实验目的

1. 学习酯化反应的基本原理和制备方法。

2. 掌握蒸馏和液-液萃取的基本操作。

二、实验原理

乙酸乙酯（$d_4^{20}=0.8946$）是用途最广的脂肪酸酯之一，具有优异的溶解能力。本实验采用乙酸和乙醇在浓硫酸催化下反应制备乙酸乙酯。酯化反应是可逆反应，为了促使反应进行，通常采用增加酸或醇的浓度或连续的移去产物的方式达到。乙酸乙酯和水能形成二元共沸物，其沸点为70.4℃，比乙醇（78℃）和乙酸（118℃）的沸点都低。而乙酸乙酯的沸点为77.06℃，因此，乙酸乙酯很容易蒸出。反应式：

$$CH_3COOH+CH_3CH_2OH \underset{H_2SO_4}{\overset{120\sim125℃}{\rightleftharpoons}} CH_3COOC_2H_5+H_2O$$

副反应：

$$CH_3CH_2OH \xrightarrow{H_2SO_4} C_2H_5OC_2H_5+H_2O$$

反应完毕后，需要进行精馏。考虑到粗馏出液中含有杂质，除乙酸外，还有水和醇。后两者都能和乙酸乙酯生成共沸物，所以在精馏前也要除尽。乙醇能和氯化钙生成配合物$CaCl_2 \cdot 4C_2H_5OH$，可用氯化钙的饱和水溶液洗涤乙醇；用饱和氯化钠水溶液的盐析效应降低乙酸乙酯的溶解度等。另外为保证干燥充分，干燥剂应足量，时间要足够等。

整个实验过程简单概括为控温合成、粗馏分萃取洗涤去杂质、干燥去水和精馏四部分。

三、主要试剂与仪器

仪器：100mL三口烧瓶，蒸馏头，直形冷凝管，接引管，单口烧瓶，60mL长颈滴液漏斗，锥形瓶，温度计套管，温度计，电热套，分液漏斗。

试剂：乙醇（C.P.，$d_4^{20}=0.789$），碳酸钠（C.P.），浓硫酸（C.P.），食盐（C.P.），冰醋酸（C.P.，$d_4^{20}=1.049$），氯化钙（C.P.），无水硫酸钠（C.P.）。

四、实验步骤

1. 常规方法

（1）乙酸乙酯的生成　在100mL三口烧瓶中，加入9.5g（12mL，0.20mol）95%乙醇，分次加入12mL浓硫酸和几粒沸石，不断摇动，使其混合均匀。三口烧瓶上依次安装蒸馏装置、60mL长颈滴液漏斗和温度计，滴液漏斗末端及温度计水银球插入反应液内，滴液漏斗中加入9.5g（12mL，0.20mol）95%乙醇及12.6g（12mL，0.21mol）冰醋酸的混合液。先从滴液漏斗滴加3～4mL混合液，慢慢加热反应瓶，使反应液温度升至120～125℃，并有液体蒸出。滴加其余的混合液，使加料速度与蒸出的速度大致相等，时间约需80min。并保持反应液温度仍在120～125℃之间。滴加完毕，继续加热约10min，直到不再有液体馏出为止。

（2）洗涤干燥　在不断振摇下，将饱和碳酸钠溶液（约10mL）小量分批、很缓慢地加到馏出液中，直到无二氧化碳气体逸出为止。馏出液移入分液漏斗，静置，分去水层。有机层先用10mL饱和食盐水洗涤，再用10mL饱和氯化钙溶液洗涤二次后，移入干燥的锥形瓶中，用适量无水硫酸镁干燥约0.5～1h，在此期间要间歇振荡锥形瓶。

（3）精馏　将干燥好的粗产物滤入50mL圆底烧瓶，装好蒸馏装置，水浴加热蒸馏，收集73～78℃的馏分。产量11～13g，产率60%～70%。

2. 简易方法

（1）酯化　在 250mL 锥形瓶中，加入 28mL 95％乙醇、30mL 乙酸、2mL 浓硫酸和几粒沸石，不断摇动，使其混合均匀，装上冷凝管，保持反应液温度在 120～125℃之间回流 1.5h。

（2）蒸馏分离　重新加入几粒沸石，采用常压蒸馏装置，弃去前馏分，收集低于 100℃主馏分，注意不要蒸干。

（3）粗馏分洗涤（参见液-液萃取基本操作）　在 25mL 分液漏斗中，将粗馏分用 12mL 饱和 NaCl 溶液萃取洗涤，振荡后静置，分层后，弃水层取有机层，将有机层再依次用 5mL 饱和 Na_2CO_3、10mL 50％$CaCl_2$ 洗涤。

（4）干燥　取干燥的锥形瓶，将洗涤好的粗酯用 3g Na_2SO_4 干燥约 0.5～1h，在此期间要间歇振荡锥形瓶。

（5）精馏　将干燥好的酯用倾倒法滤除干燥剂，滤入 100mL 锥形瓶中，加入几粒沸石，采用常压蒸馏装置，弃去前馏分，收集 73～78℃的馏分。称重，计算产率。所得产品及沸石收回指定回收瓶中。

五、数据记录及处理

乙酸乙酯的质量_____ g，其产率为_____。

六、注意事项

1. 实验前预习萃取和简单蒸馏基本操作。

2. 简易方法中反应装置（参考重结晶实验）和蒸馏装置要区别开，不要混淆。

3. 蒸馏装置要固定好，烧瓶夹夹在烧瓶磨口部位，冷凝管夹夹在直形冷凝管中部；控制好加热速率和冷凝效果。冷凝水水管出水要确保固定在水槽处并节约用水，防止水溢出造成电路短路。

4. 分液漏斗下部活塞处要在干燥状态下涂抹凡士林，用橡皮筋固定，并做好检漏。装液时关闭好活塞；振摇时同一方向振摇，并间隔放气；静置时要打开顶塞充分静置分层；分液时先从下口放出下层的水相，再从上口倒出上层的有机相。使用完毕应清洗干净，最后在活塞处垫上纸片，以免粘连。

5. 精馏收集沸程范围内（73～78℃）的馏分，少许前馏分或馏头应弃去，也不能将烧瓶内的液体蒸干。

七、思考题

1. 乙酸乙酯的生成过程中浓硫酸的作用是什么？

2. 反应开始时先加入 3～4mL 乙醇与醋酸的混合液，然后再控制滴入速度与蒸出速度相等？为什么？

3. 反应馏出液中含有哪些杂质？如何洗涤、分离？为什么？

实验二十一　从茶叶中提取咖啡碱

一、实验目的

1. 学习索氏提取器和升华的操作。

2. 认识咖啡碱的结构。

3. 掌握咖啡碱的提取方法。

4. 学习天然药物中有机物质的提取分离方法。

二、实验原理

茶叶中含有多种生物碱，对人体有一定的药理功能。其中咖啡碱含量约 $1\%\sim5\%$，咖啡碱具有兴奋大脑、消除疲劳、刺激心脏和利尿等作用，主要用作中枢神经兴奋药，也是复方阿司匹林等药物的组分之一。

咖啡碱是弱碱性化合物，易溶于氯仿、水、乙醇、热苯等。咖啡碱为嘌呤的衍生物，化学名称是 1,3,7-三甲基黄嘌呤，其结构式：

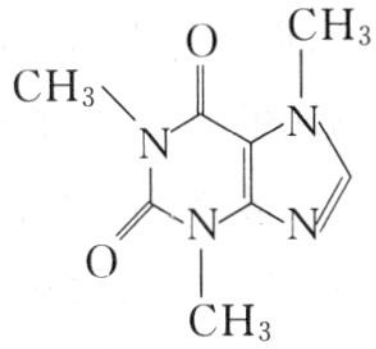

含结晶水的咖啡碱为白色针状结晶，呈绢丝光泽，味苦。能溶于水、乙醇、丙酮、氯仿等，微溶于石油醚。于 100℃失去结晶水开始升华，170℃以上升华加快。无水咖啡碱的熔点为 238℃。

从茶叶中提取咖啡碱，分三个过程，先用适当的溶剂（氯仿、乙醚、苯等）在索氏提取器中连续抽提，然后浓缩而得到粗咖啡碱，最后利用升华进一步提纯。

三、主要试剂与仪器

仪器：索氏提取器（见 3.1.2），冷凝管，电热套，圆底烧瓶，蒸馏头，温度计及套管，直形冷凝管，接引管，蒸发皿，玻璃漏斗，小刀。

试剂：茶叶或袋装饮用茶叶（5 袋，每袋约 2g），95％乙醇（C.P.），生石灰粉（C.P.），盐酸（C.P.），氯仿（C.P.），氨水（C.P.）。

四、实验步骤

方法一：

1. 连续萃取（参见 P40 液-固萃取操作部分）

称取茶叶末 10g，装入索氏提取器的滤纸套筒内，滤纸套大小既要紧贴器壁又要能方便放置，其高度不得超过虹吸管，滤纸包茶叶末时要严防漏出而堵塞虹吸管，纸套上面折成凹形，再盖一层滤纸，以保证回流液均匀浸润被萃取物。在烧瓶中加入 120mL 95％的乙醇，用电热套加热。连续提取 2～3h 直至提取液颜色较浅时为止。待冷凝液刚刚虹吸下去时，立即停止加热。

若为袋装茶叶，则取 5 袋直接放入索氏提取器提取筒中，注意不要弄破茶袋，使之相当于滤纸作用。加入适量乙醇淹没茶叶，但低于虹吸管，再往下部烧瓶中加入约 60mL 95％乙醇，其余步骤同上。

2. 浓缩

将提取液转入 250mL 蒸馏瓶内，蒸馏回收大部分乙醇。然后把浓缩的残液倾入蒸发皿中，加入 3～4g 生石灰粉中和，在电热套上蒸干。最后焙炒片刻，使水分全部除去，以免升华时带来烟雾。冷却后，擦去沾在边上的粉末，以免升华时沾污产物。

3. 升华

（参见常压升华操作部分） 将刺有许多小孔的滤纸罩在盛有粗产品的蒸发皿上，其上再倒扣一支合适的玻璃漏斗，用电热套小心加热升华。当纸上出现白色针状结晶时，要尽可能使升华速度放慢，提高结晶纯度，直至发现有棕色烟雾时即为升华完毕，可停止加热。冷却后，揭开漏斗和滤纸，仔细地把附在纸上及器皿周围的咖啡碱结晶用小刀刮下，残渣拌和后，再加热升华一次。合并两次升华收集的咖啡碱，测定熔点。如产品带有颜色和含有杂质，也可用热水重结晶提纯。产品约 $45\sim65mg$，实测熔点 $236\sim238℃$。

方法二：

在 600mL 烧杯中，配制 20g 碳酸钠溶于 250mL 蒸馏水的溶液。称取 25g 茶叶，用纱布包好后放入烧杯中，在石棉网上用小火加热煮沸 0.5h。注意勿使溶液起泡溢出。稍冷后（约 50℃），将黑色提取液小心倾至另一烧杯中。冷却到室温后，转入 500mL 分液漏斗。加入 50mL 二氯甲烷振摇 1min，静置分层，此时在两界面处出现乳化层。在一小玻璃漏斗的颈口放置一小团棉花，棉花上放置约 1cm 厚的无水硫酸镁，从分液漏斗直接将下层的有机相滤入一干燥锥形瓶，并用 $2\sim3mL$ 二氯甲烷涮洗干燥剂，水相再用 50mL 二氯甲烷萃取一次，收集于锥形瓶中的有机相应是清亮透明的。

将干燥后的萃取液分批转入 50mL 圆底烧瓶，加入几粒沸石，在水浴上蒸馏回收二氯甲烷，并用水泵将溶剂抽干。含咖啡因的残渣用丙酮-石油醚重结晶。将蒸去二氯甲烷的残渣溶于最少量的丙酮，慢慢向其中加入石油醚（60～90℃），到溶液恰好浑浊为止，冷却结晶，用玻璃漏斗抽滤收集产物，干燥后称重并计算收率。

五、数据记录及处理

咖啡碱的质量_____g，其产率为_____。

六、注意事项

1. 本实验前应预习化学实验基本操作部分：液-固萃取和升华。

2. 脂肪提取器的虹吸管极易折断，装置仪器和取拿时须特别小心。

3. 滤纸套大小既要紧贴器壁，又能方便取放，其高度不得超过虹吸管；滤纸包茶叶时要严谨，防止漏出堵塞虹吸管；纸套上面折成凹形，以保证回流液均匀浸润被萃取物。

4. 若提取液颜色很淡时，即可停止提取。

5. 瓶中乙醇不可蒸得太干，否则残液很黏，转移时损失太大。

6. 生石灰起吸水和中和作用，以除去部分酸性杂质。

7. 在萃取回流充分的情况下，升华操作是实验成败的关键。升华过程中，始终都需用小火间接加热。如温度太高。会使产物发黄。注意温度计应放在合适的位置，以正确反映出升华的温度。如无砂浴，也可以用简易空气浴加热升华，即将蒸发皿底部稍离开石棉网进行加热，并在附近悬挂温度计指示升华温度。

8. 乳化层通过干燥剂无水硫酸镁时可被破坏。

9. 如残渣中加入 6mL 丙酮温热后仍不溶解，说明其中带入了无水硫酸镁，应补加丙酮至 20mL，用折叠滤纸除去无机盐，然后将丙酮溶液蒸发至 5mL，再滴加石油醚。

七、思考题

1. 方法一中用到的生石灰起什么作用？
2. 从茶叶中提取得到的咖啡因有绿色光泽，为什么？
3. 茶叶放入脂肪提取器中时为何要用滤纸包裹？

实验二十二　黄连中黄连素的提取

一、实验目的

1. 通过从黄连中提取黄连素，掌握回流提取的方法。
2. 比较索氏提取器法与回流提取的优缺点。

二、实验原理

黄连为我国名产药材之一，抗菌力很强，对急性结膜炎、口疮、急性细菌性痢疾、急性肠胃炎等均有很好疗效。黄连中含有多种生物碱，除黄连素（俗称小檗碱）为主要有效成分外，尚含有黄连碱、甲基黄连碱、棕榈碱和非洲防己碱等。随野生和栽培产地不同，黄连中黄连素的含量为 4%～10%。含黄连素的植物很多，黄柏、三颗针、伏牛花、白屈菜、南天竹等均可作为提取黄连素的原料，但以黄连和黄柏中含量为高。

黄连素有三种互变异构体，分别为醇式、醛式和季铵碱式。黄连素的结构式以较稳定的季铵碱为主，其季铵碱式结构为：

黄连素是黄色针状晶体，微溶于水和乙醇，较易溶于热水和热乙醇中，几乎不溶于乙醚。

利用黄连素易溶于热乙醇的特点，将醇式黄连素提取出来。为了除去粗提取过程中的杂质，加入稀乙酸，加热后将黄连素转变为溶解度大的乙酸盐，趁热滤去杂质。加入浓盐酸制备季铵盐（其盐酸盐难溶于冷水，易溶于热水），最后充分冷却结晶析出较纯品，若纯度不够时，可进行重结晶。

三、主要试剂与仪器

仪器：索氏提取器，球形冷凝管，电热套，圆底烧瓶，蒸馏头，温度计及套管，直形冷凝管，接引管，锥形瓶，布氏漏斗，滤纸，抽滤瓶，蒸发皿，沸石，铁架台，双顶丝，夹子。

实验装置：回流装置或索氏提取装置，简单蒸馏装置，抽滤装置。

试剂：黄连，95%乙醇，1%醋酸，浓盐酸。

四、实验步骤

1. 黄连素的提取

称取 10g 中药黄连切碎、磨烂，放入 250mL 圆底烧瓶中，加几粒沸石，加入 100mL 乙醇，装上回流冷凝管，加热回流 0.5h。冷却，静置，抽滤。滤渣重复上述回流及抽滤操作，合并两次所得滤液，即为提取液。

2. 浓缩

将提取液转入 250mL 蒸馏瓶内，蒸馏回收大部分乙醇（78℃），直至烧瓶内残留物呈棕红色糖浆状，注意不要蒸干。

3. 黄连素的纯化

加入 1‰乙酸（约 30～40mL）于糖浆状物中，加热使其溶解，趁热抽滤除去不溶物，然后于滤液中滴加浓盐酸，至溶液浑浊为止（约需 10mL），放置冷却至少 20min（最好用冰水冷却），即有黄色针状体的黄连素盐酸盐析出，抽滤，结晶用冰水洗涤两次，再用丙酮洗涤一次以加速干燥，烘干。

4. 称量

纯黄连素为黄色针状晶体，电子天平上称量产物，计算产率。

五、数据记录及处理

黄连素提取物的质量_____ g，其产率为_____。

六、注意事项

1. 实验流程图：黄连粉末→回流提取→冷却抽滤（弃去滤渣）→滤液蒸馏（回收乙醇）→乙酸加热溶解糖浆状物→趁热抽滤（弃去滤渣）→滤液滴加浓盐酸至浑浊→冷却结晶→抽滤→洗涤晶体→烘干→称重→计算产率。

2. 提取时也可采用连续抽提法（索氏提取器，参见基本操作部分液-固萃取法）。

3. 黄连素的提取回流要充分。第二次提取可适当减少乙醇用量和提取时间。

4. 滴加浓盐酸前，不溶物要去除干净，否则影响产品的纯度。

5. 第一步的过滤要充分冷却后进行，第三步的两次过滤分别要趁热和充分冷却后进行。

6. 晶体晶型不理想时，可重结晶。

七、思考题

1. 本实验提取黄连素的溶剂是什么？
2. 第一步黄连素的提取中，回流后为什么不趁热过滤？
3. 使用 1‰乙酸处理棕红色糖浆状物质的目的是什么？

实验二十三　　葡萄糖酸钙的制备

一、实验目的

通过本实验，使学生了解制备葡萄糖酸钙的方法。

二、实验原理

葡萄糖酸钙是一种可促进骨骼及牙齿钙化，维持神经和肌肉正常兴奋，降低毛细血管渗透性的营养品。可用于由于血钙降低而引起的手足抽搐及麻症、渗出性水肿、瘙痒性皮肤病等疾病的治疗，是包括中国药典在内的许多药典所列药物。

葡萄糖酸钙（1 个结晶水）：分子量 448.40，白色结晶或颗粒性粉末，无臭，无味，易溶于热水，略溶于冷水，不溶于乙醇、氯仿或乙醚。

反应式：

$$C_6H_{12}O_6 \cdot H_2O \xrightarrow{[O]} C_6H_{12}O_7 \xrightarrow{CaCO_3} (C_6H_{12}O_7)_2Ca \cdot H_2O$$

三、主要试剂与仪器

仪器：天平（分度值为 0.01g），离心机，小试管，玻璃棒，表面皿，微型漏斗，抽滤瓶，电加热套，培养皿（水浴容器）。

试剂：葡萄糖（工业品），溴水（1%），碳酸钙（C.P.），乙醇（C.P.）。

四、实验步骤

（1）称量　称取葡萄糖 0.64g（3.23mmol）加入小试管中，再加入 2mL 去离子水使其溶解。

（2）葡萄糖的氧化　将试管置于水浴中加热至 50～60℃，摇动下逐滴加入 1% 的溴水，待溶液褪色后再加入第二滴，直至溶液为微黄色（约需 0.5～1.0mL），再将试管在约 70℃ 的水浴中保温 10min。

（3）葡萄糖酸钙的生成　将 0.33g（3.3mmol）研细的碳酸钙缓慢加入上述溶液中，水浴加热，不断摇动至无气泡生成，如果有固体物可用倾斜法或热滤法除去。

（4）葡萄糖酸钙的分离、干燥　待溶液冷却后，加入等体积的乙醇，摇动，将试管放入离心机中离心，用滴管小心移去上层清液，用 40% 乙醇水溶液洗涤沉淀，直至经检查无 Br^- 为止。最后用 2mL 40% 乙醇水溶液将沉淀制备成悬浮液，微型漏斗常压过滤，产品用滤纸压干，置于表面皿上，80℃ 左右干燥，称量约 0.6g，产率约 80%。该产品约 180℃ 时分解。

五、数据记录及处理

葡萄糖酸钙的质量_____g，其产率为_____。

六、思考题

如何检查上层清液中已无 Br^-？

实验二十四　滴定分析基本操作练习

一、实验目的

1. 学习滴定管、移液管的使用方法。
2. 练习滴定操作。
3. 熟悉酚酞和甲基橙指示剂的使用和终点颜色的变化，练习正确判断滴定终点。
4. 学习酸碱标准溶液的配制和浓度的比较滴定。

二、实验原理

在酸碱滴定法中用以配制标准溶液的酸常用的有 HCl 和 H_2SO_4，常用的碱有 NaOH。酸碱溶液的浓度一般为 $0.01\sim1\text{mol}\cdot\text{L}^{-1}$，通常配制 $0.1\text{mol}\cdot\text{L}^{-1}$ 的溶液。

由于浓盐酸易挥发，其浓度不稳定，固体 NaOH 易吸收空气中的二氧化碳和水蒸气，因此，不能用直接法配制 NaOH 和 HCl 标准溶液，通常先将它们配制成近似于所需浓度的溶液，然后通过比较滴定或标定的方法来确定它们的准确浓度。

NaOH 与 HCl 的滴定反应为：

$$NaOH+HCl \Longrightarrow NaCl+H_2O$$

二者反应的物质的量比为 1∶1，因此酸碱反应达到化学计量点时有：

$$c_{HCl}V_{HCl}=c_{NaOH}V_{NaOH}$$

因此，只要用基准物标定 NaOH 和 HCl 标准溶液中的一种，获得其准确浓度，就可以根据它们的体积比求得另一种溶液的准确浓度。

滴定终点的确定可借助于酸碱指示剂。$0.1\text{mol}\cdot\text{L}^{-1}$ HCl 和 $0.1\text{mol}\cdot\text{L}^{-1}$ NaOH 相互滴定时，化学计量点时的 pH 值为 7.0，滴定的 pH 突跃范围为 $4.3\sim9.7$，选用在突跃范围内变色的指示剂，可保证测定有足够的准确度。实验室常用的酸碱指示剂有酚酞（变色范围 pH $8.0\sim10.0$）、甲基橙（变色范围 pH $3.1\sim4.4$）、甲基红（变色范围 pH $4.2\sim6.2$）等。

滴定分析中通常选择颜色变化由浅到深，且颜色变化明显的指示剂。例如，酚酞指示剂常用于 NaOH 滴定 HCl，这样终点时溶液由无色变为红色，易于观察。

三、主要试剂与仪器

仪器：台秤，量筒，酸式、碱式滴定管（50mL），移液管（25mL），锥形瓶（250mL），试剂瓶（250mL），容量瓶，烧杯，洗耳球，洗瓶。

试剂：酚酞指示剂（$0.5\text{g}\cdot\text{L}^{-1}$ 的 90% 乙醇溶液），甲基橙指示剂（$0.5\text{g}\cdot\text{L}^{-1}$ 的水溶液），固体 NaOH，浓盐酸（$12\text{mol}\cdot\text{L}^{-1}$）。

四、实验步骤

1. 常用仪器的洗涤

（1）认识常用仪器　酸式、碱式滴定管（50mL），移液管（25mL），吸量管（10mL、5mL、2mL、1mL），锥形瓶（250mL），试剂瓶（250mL，配玻璃塞），容量瓶（250mL），烧杯（100mL、250mL），量筒（10mL、50mL），比色管（50mL），洗耳球，洗瓶等。

（2）玻璃器皿的洗涤练习　分析化学实验中所使用的器皿应洁净，洗干净的器皿应该是器皿壁上留有均匀的一层水膜，而不挂水珠。实验中常用的烧杯、量筒、锥形瓶等一般的玻璃器皿，可用毛刷蘸去污粉或合成洗涤剂刷洗，再用自来水冲洗干净，然后用蒸馏水润洗三次。

滴定管、移液管、容量瓶等具有精确刻度的仪器，可采用合成洗涤剂洗涤，再用自来水把残留在仪器中的洗液洗去，最后用少量蒸馏水洗三次。此外，化学实验室常用的洗涤剂还有稀 HCl 溶液、NaOH-KMnO₄ 溶液、乙醇及其与 HCl 或 NaOH 的混合液等。

2. 溶液的配制

（1）$0.1\text{mol}\cdot\text{L}^{-1}$ HCl 溶液的配制　计算配制 250mL $0.1\text{mol}\cdot\text{L}^{-1}$ HCl 溶液所需浓 HCl 的体积，用洁净量筒量取所需要的浓 HCl，倒入装有约 200mL 水的 250mL 试剂瓶中，加水

稀释至 250mL，盖上玻璃塞，摇匀。

（2）0.1mol·L^{-1} NaOH 溶液的配制　首先计算出配制 250mL 0.1mol·L^{-1} NaOH 溶液所需 NaOH 固体的质量，在台秤上用烧杯称取 NaOH 固体（不能用纸），马上加入蒸馏水，搅拌使其完全溶解，稍冷却后转入试剂瓶中，加蒸馏水稀释至 250mL，用橡皮塞塞好瓶口，充分摇匀。

3. 酸碱滴定练习

（1）用 HCl 溶液滴定 NaOH 溶液　用少量（每次约用 5～10mL 溶液）0.1mol·L^{-1} 的 HCl 溶液将已经洗净的酸式滴定管润洗 3 次，然后将 HCl 溶液倒入酸式滴定管，赶走气泡，调节滴定管内溶液的弯月面至"0.00"刻度线处。用少量 NaOH 溶液将已经洗净的 25mL 移液管润洗 3 遍，然后准确移取 25.00mL NaOH 溶液于 250mL 锥形瓶中，加入 2 滴甲基橙指示剂，用 HCl 溶液滴定至溶液由黄色突变为橙色即为终点。平行测定三份。

（2）用 NaOH 溶液滴定 HCl 溶液　用少量（每次约用 5～10mL 溶液）0.1mol·L^{-1} 的 NaOH 溶液将已经洗净的碱式滴定管润洗 3 次，然后将 NaOH 溶液倒入碱式滴定管，赶走气泡，调节滴定管内溶液的弯月面至"0.00"刻度线处。用 HCl 溶液将已经洗净的 25mL 移液管润洗 3 遍，然后准确移取 25.00mL HCl 溶液于 250mL 锥形瓶中，加入 2 滴酚酞指示剂，用 NaOH 溶液滴定至微红色即为终点。平行测定三份。

五、数据记录及处理

（1）HCl 溶液滴定 NaOH 溶液（指示剂：甲基橙）

项目　　　　　　　滴定编号	1	2	3
移取 NaOH 溶液的体积/mL	25.00	25.00	25.00
消耗 HCl 的体积(V_{HCl})/mL			
V_{HCl}/V_{NaOH}			
V_{HCl}/V_{NaOH} 平均值			
相对平均偏差			

（2）用 NaOH 溶液滴定 HCl 溶液（指示剂：酚酞）

项目　　　　　　　滴定编号	1	2	3
移取 HCl 溶液的体积/mL	25.00	25.00	25.00
消耗 NaOH 的体积(V_{NaOH})/mL			
V_{HCl}/V_{NaOH}			
V_{HCl}/V_{NaOH} 平均值			
相对平均偏差			

六、思考题

1. 配制 NaOH 溶液时，应选用何种天平称取试剂？为什么？

2. HCl 和 NaOH 溶液能直接配制准确浓度吗？为什么？

3. 在滴定分析实验中，滴定管、移液管为何需要用滴定剂和要移取的溶液洗涤 3 次？滴定中使用的锥形瓶是否也要用滴定剂润洗呢？为什么？

4. 滴定管读数的起点为何每次均要调到"0.00"刻度处？

5. 接近终点时，为什么要用蒸馏水冲洗锥形瓶内壁？

实验二十五　水中碱度的测定（酸碱滴定法）

一、实验目的

1. 掌握水中碱度的测定方法。
2. 掌握双指示剂法测定混合物的原理和方法。

二、实验原理

以酚酞和甲基橙作指示剂，用盐酸标准溶液滴定水样中形成碱度的 OH^-、CO_3^{2-}、HCO_3^- 等离子。

采用连续滴定法测定水中碱度，首先以酚酞为指示剂，用 HCl 标准溶液滴定至溶液由红色变为无色时，用量 V_1(mL)。此时，溶液 pH 值为 8.3，指示水中 OH^- 已被中和，碳酸盐（CO_3^{2-}）均被转为重碳酸盐（HCO_3^-），反应如下：

$$OH^- + H^+ \longrightarrow H_2O$$
$$CO_3^{2-} + H^+ \longrightarrow HCO_3^-$$

接着以甲基橙为指示剂，继续用同浓度 HCl 溶液滴定至溶液由橘黄色变为橘红色，HCl 用量为 V_2(mL)。此时，溶液的 pH 值为 $4.4 \sim 4.5$，指示水中的重碳酸盐（包括原有的和由碳酸盐转化成的）已被中和，反应如下：

$$HCO_3^- + H^+ \longrightarrow H_2CO_3(H_2O + CO_2)$$

根据 HCl 标准溶液的浓度和用量（V_1 与 V_2），判断和计算水中各种碱度。

计算公式：

$$总碱度(以\ CaO\ 计, mg \cdot L^{-1}) = \frac{c(V_1 + V_2) \times 28.04}{V} \times 1000$$

$$总碱度(以\ CaCO_3\ 计, mg \cdot L^{-1}) = \frac{c(V_1 + V_2) \times 50.05}{V} \times 1000$$

式中　c——HCl 标准溶液的浓度，$mol \cdot L^{-1}$；

　　　V_1——酚酞为指示剂滴定至终点时消耗 HCl 标准溶液的量，mL；

　　　V_2——甲基橙为指示剂滴定至终点时消耗 HCl 标准溶液的量，mL；

　　　V——水样体积，mL；

　　28.04——1/2CaO 的摩尔质量，$g \cdot mol^{-1}$；

　　50.05——1/2CaCO$_3$ 的摩尔质量，$g \cdot mol^{-1}$。

三、主要试剂与仪器

仪器：50mL 酸式滴定管，250mL 锥形瓶，100mL 移液管。

试剂：浓盐酸（12mol·L^{-1}），甲基橙指示剂（0.1% 的水溶液），酚酞指示剂（0.1% 的 90% 乙醇溶液），无二氧化碳蒸馏水（将蒸馏水煮沸 15min，冷却至室温。pH 应大于 6.0，

电导率小于 $2\mu S\cdot cm^{-1}$）。所有试剂溶液均用无二氧化碳蒸馏水配制，无水碳酸钠。

四、实验步骤

1. $0.1mol\cdot L^{-1}$ HCl 溶液的配制与标定

（1）用干净量筒量取 2.10mL 市售浓盐酸，倒入装有约 100mL 水的 250mL 试剂瓶中，用蒸馏水稀释至 250mL，盖好瓶盖，混合均匀。

（2）用无水碳酸钠标定盐酸：准确称取无水碳酸钠 0.1200～0.1500g 于 250mL 锥形瓶中，加入大约 30mL 蒸馏水溶解，加 1～2 滴甲基橙指示剂，用待标定的 HCl 溶液滴定至溶液由黄色变为橙色为止。平行测定 3 次。根据基准物碳酸钠的质量和滴定所消耗 HCl 的体积计算出待标定 HCl 溶液的准确浓度。

2. 用移液管吸取两份水样各 100mL，分别放入 250mL 锥形瓶中，加入 4 滴酚酞指示剂，摇匀。当溶液呈红色时，用 HCl 标准溶液滴定至刚好无色，记录 HCl 标准溶液用量（V_1）。若加酚酞指示剂后溶液无色，则不需用 HCl 溶液滴定。接着按下步操作。

3. 再向上述每瓶中加入甲基橙指示剂 3 滴，混匀。若水样变为橘黄色，继续用 HCl 溶液滴定至橘红色为止，记录 HCl 溶液用量（V_2）。若加入甲基橙指示剂后溶液为橘红色，则不需用 HCl 溶液滴定。

五、数据记录及处理

碱度测定数据及结果记录

锥形瓶编号		1	2
酚酞指示剂	V_1/mL		
	平均值/mL		
甲基橙指示剂	V_2/mL		
	平均值/mL		
总碱度（以 CaO 计，$mg\cdot L^{-1}$）			

六、思考题

1. 根据实验数据判断水样中碱度如何？
2. 为什么水样直接以甲基橙为指示剂，用酸标准溶液滴定至终点，所得碱度是总碱度？

实验二十六　食醋中总酸量的测定

一、实验目的

1. 学习标准溶液的配制与标定。
2. 掌握食醋中总酸量的测定原理及方法。

二、实验原理

食醋中的主要成分是 HAc，此外还有少量其他有机弱酸。它们与 NaOH 溶液反应的方程式分别为：

$$NaOH + HAc \Longrightarrow NaAc + H_2O$$

$$nNaOH + H_nA(有机酸) \Longrightarrow Na_nA + nH_2O$$

用 NaOH 溶液滴定时，只要是解离常数 $K_a^{\ominus} \geqslant 10^{-7}$ 的有机弱酸都可以被滴定，因此测出的是总酸量。分析结果用含量最多的 HAc 来表示。反应产物为弱酸强碱盐，滴定突跃在碱性范围内，可选用酚酞等在碱性范围变色的指示剂。

三、主要试剂与仪器

仪器：电子天平（0.1mg），碱式滴定管（50mL），移液管（25mL），容量瓶（250mL），锥形瓶（250mL），台秤，试剂瓶（250mL）。

试剂：NaOH(s)，酚酞指示剂（0.2%），食醋，邻苯二甲酸氢钾（$KHC_8H_4O_4$）基准物质：在 105~110℃ 干燥 1h 后，置干燥器中备用。

四、实验步骤

1. $0.1mol \cdot L^{-1}$ NaOH 溶液的配制和标定

（1）$0.1mol \cdot L^{-1}$ NaOH 溶液的配制 在台秤上称取固体 NaOH 约 1g，在烧杯中溶解后倒入 250mL 试剂瓶中，洗净烧杯（洗涤液也倒入试剂瓶中），用蒸馏水稀释至 250mL，盖好瓶盖，混合均匀。

（2）$0.1mol \cdot L^{-1}$ NaOH 溶液浓度的标定 准确称取基准物邻苯二甲酸氢钾 3 份，每份 0.4000~0.6000g，分别倒入带标记的 250mL 锥形瓶中，加入 40~50mL 蒸馏水，待试剂完全溶解后，加入 2 滴酚酞指示剂，用待标定的 NaOH 溶液滴定至呈微红色并保持 30s 内不褪即为终点。平行测定 3 份，计算待标定 NaOH 溶液的准确浓度和各次标定结果的相对偏差。精密度应符合要求（相对偏差应小于 0.2%）。

2. 食醋中总酸量的测定

用移液管吸取 25.00mL 食醋原液，移入 250mL 容量瓶中，用蒸馏水稀释至刻度，摇匀。

用移液管移取 25.00mL 已稀释的食醋 3 份，分别放入 250mL 锥形瓶中，加酚酞指示剂 2 滴，用 NaOH 标准溶液滴定至终点。根据 NaOH 标准溶液的浓度和滴定时消耗的体积，计算食醋的总酸量 ρ_{HAc}（$g \cdot L^{-1}$）。

$$\rho_{HAc} = \frac{c_{NaOH} V_{NaOH} M_{HAc}}{25.00 \times \dfrac{25.00}{250.00}}$$

五、数据记录及处理

（1）NaOH 溶液浓度的标定

项目 ＼ 滴定编号	1	2	3
称取 $KHC_8H_4O_4$ 的质量/g			
消耗 NaOH 溶液的体积 V_{NaOH}/mL			
NaOH 溶液的浓度/mol·L^{-1}			
相对偏差			
NaOH 溶液的平均浓度/mol·L^{-1}			

（2）食醋中总酸量的测定

滴定编号 项目	1	2	3
标准 NaOH 溶液的浓度 c_{NaOH}/mol·L^{-1}			
消耗 NaOH 的体积 V_{NaOH}/mL			
食醋中总酸量 ρ_{HAc}/g·L^{-1}			
食醋中总酸量平均值/g·L^{-1}			

六、思考题

1. 在用 NaOH 滴定有机酸时，能否使用甲基橙作指示剂？为什么？
2. 草酸、酒石酸等多元有机弱酸能否用 NaOH 溶液分步滴定？
3. 测定食醋含量时，所用的蒸馏水不能含有 CO_2，为什么？

实验二十七 酸试样中酸含量测定

一、实验目的

1. 巩固酸碱滴定基本理论。
2. 运用所学理论解决强酸、弱酸试样分析问题。
3. 进一步巩固滴定管等玻璃仪器的使用方法。

二、实验原理

利用强碱标准溶液测定酸试样中酸含量，酸的强弱不同，其原理不同；体系不同，方法不同。

1. 酸性镀铜液中 H_2SO_4 含量的测定

酸性镀铜液的主要成分是 $CuSO_4$ 和 H_2SO_4，当镀液中加入 NaOH 溶液时，首先进行中和反应：

$$2NaOH + H_2SO_4 =\!=\!= Na_2SO_4 + 2H_2O$$

当镀液中 H_2SO_4 全部被中和后，NaOH 则与 $CuSO_4$ 作用生成 $Cu(OH)_2$ 沉淀。

$$2NaOH + CuSO_4 =\!=\!= Na_2SO_4 + Cu(OH)_2 \downarrow$$

故用 NaOH 标准溶液滴定酸性镀铜液中硫酸时属于强碱滴定强酸类型。

由强碱滴定强酸的滴定曲线知，其突跃范围为 pH＝4.3～9.7，酚酞及甲基橙指示剂都能使用，如果单从便于观察指示剂变色考虑，应选择酚酞指示剂。但酚酞指示剂的变色范围是 pH＝8～10，滴定至终点附近时，可能造成 $CuSO_4$ 的水解而消耗 NaOH，使滴定结果偏高。

以甲基橙为指示剂，其变色范围是 pH＝3.1～4.4，滴定到终点时，既不引起 $CuSO_4$ 水解消耗 NaOH，又保证硫酸滴定反应完全。但此时由于 Cu^{2+} 本身呈蓝色，终点时颜色改变不再由红到橙，而是由紫色到绿色。

实际上酸性镀铜液中 H_2SO_4 的测定，也可不用指示剂，而依据 Cu^{2+} 开始水解出现浑浊作为终点。

$$\rho_{H_2SO_4}\,(\mathrm{g\cdot L^{-1}}) = 98 \times \frac{c_{NaOH}V_{NaOH}}{2V_{样}} = 49 \times \frac{c_{NaOH}V_{NaOH}}{V_{样}}$$

式中　c_{NaOH}——NaOH 标准溶液的浓度，$\mathrm{mol\cdot L^{-1}}$；

$\quad\quad V_{NaOH}$——NaOH 标准溶液的体积，mL；

$\quad\quad\ \ V_{样}$——镀液体积，mL。

2. 镀镍溶液中硼酸含量的测定

因 H_3BO_3 的 $K_a = 5.6 \times 10^{-10}$，小于 10^{-8}，不能用碱直接滴定，但加入多元醇后，可使 H_3BO_3 转化成络合酸，其 $K_a \approx 10^{-6}$，可以酚酞为指示剂，用 NaOH 标准液滴定。终点由淡绿色变至灰蓝色，若灰蓝色不易掌握可滴至紫红色，再减去约 0.2mL NaOH 标液即可。

$$2\ \begin{array}{c}-C-OH\\ \ \\ -C-OH\end{array} + H_3BO_3 \longrightarrow \left[\begin{array}{c}-C-O\quad\quad O-C-\\ \quad\quad B \\ -C-O\quad\quad O-C-\end{array}\right]^{-} + H^+ + H_2O$$

一般镀镍溶液的主要成分为 $NiSO_4$、H_3BO_3、NaCl 等，当以 NaOH 测定 H_3BO_3 时，在 pH 值较高时，$NiSO_4$ 可能水解而消耗 NaOH，从而影响分析结果的准确性。

$$Ni^{2+} + 2H_2O \Longrightarrow Ni(OH)_2 \downarrow + 2H^+$$

为了消除 Ni^{2+} 的干扰，可以在滴定前加入柠檬酸钠，使之与 Ni^{2+} 生成络合物。

甘油与硼酸生成的一元酸较强，用 NaOH 溶液滴定时相当于强碱滴定弱酸，因此可以采用酚酞作为指示剂，终点颜色由淡绿色到灰蓝色，若灰蓝色不易掌握，可滴至紫红色，再减去过量 NaOH 的体积（约 0.2mL）。

$$\rho_{H_3BO_3}\,(\mathrm{g\cdot L^{-1}}) = \frac{c_{NaOH}V_{NaOH}M_{H_3BO_3}}{V_{样}}$$

式中　c_{NaOH}——NaOH 标准溶液的浓度，$\mathrm{mol\cdot L^{-1}}$；

$\quad\quad V_{NaOH}$——NaOH 标准溶液的体积，mL；

$\quad\quad\ \ V_{样}$——镀液体积，mL；

$\quad M_{H_3BO_3}$——H_3BO_3 的摩尔质量，$\mathrm{g\cdot mol^{-1}}$。

三、主要试剂与仪器

仪器：1mL、2mL 移液管各一支，250mL 锥形瓶两个，50mL 酸式滴定管 1 支；

试剂：0.1%甲基橙，0.1%酚酞，$0.1\mathrm{mol\cdot L^{-1}}$ 的 NaOH 标准溶液，甘油混合液（柠檬酸钠 $60\mathrm{g\cdot L^{-1}}$，甘油 $600\mathrm{mL\cdot L^{-1}}$）。

四、实验步骤

（1）酸性镀铜液中 H_2SO_4 含量的测定　吸取镀液 2.00mL，置于 250mL 锥形瓶中，加蒸馏水 150mL 及 0.1%甲基橙指示剂 2 滴，用 $0.1\mathrm{mol\cdot L^{-1}}$ 的 NaOH 标准溶液滴定至终点，记录消耗的体积。平行测定三次。

（2）镀镍溶液中硼酸含量的测定　用移液管吸取镀液 1.00mL，置于 250mL 锥形瓶中，加入甘油混合液 25mL，滴加 2～3 滴 0.1％酚酞指示剂，以 0.1mol·L^{-1} 的 NaOH 标准溶液滴定至溶液变为蓝色为终点，记录消耗 NaOH 标准溶液的体积。平行测定三次。

五、数据记录及处理

（1）酸性镀铜液中 H_2SO_4 含量

项目　　　　　　　滴定编号	1	2	3
消耗 NaOH 溶液的体积 V_{NaOH}/mL			
硫酸含量 $\rho_{H_2SO_4}$/g·L^{-1}			
硫酸含量平均值/g·L^{-1}			

（2）镀镍溶液中硼酸含量

项目　　　　　　　滴定编号	1	2	3
消耗 NaOH 溶液的体积 V_{NaOH}/mL			
硼酸含量 $\rho_{H_3BO_3}$/g·L^{-1}			
硼酸含量平均值/g·L^{-1}			

六、思考题

1. 酸性镀铜溶液中硫酸测定时，滴定速度过快，会发生什么现象？对测定结果有什么影响？

2. 镀镍溶液中有大量铵盐时，NH_4^+ 对测定结果有何影响？应如何处理？

3. 在分析之前，应先将镀镍溶液 pH 值调整在 5～5.5 之间，为什么？如果 pH 值过高或过低，对测定结果有何影响？

实验二十八　自来水总硬度的测定

一、实验目的

1. 学习 EDTA 标准溶液的配制和标定方法。
2. 学习配位滴定法测定水的总硬度的原理和方法。
3. 熟悉金属指示剂变色原理及滴定终点的判断。

二、实验原理

含有较多钙盐和镁盐的水称为硬水。水的硬度以水中 Ca^{2+}、Mg^{2+} 折合成 CaO 来计算，1L H_2O 中含 10mg CaO 为 1 度（1°），也可表示为 1°=10mg·L^{-1} CaO。我国采用 mmol·L^{-1} 或 mg·L^{-1}（$CaCO_3$）为单位表示水的硬度。测定水的硬度就是测定水中 Ca^{2+}、Mg^{2+} 的含量。

按水的硬度大小可将水质分类：极软水（0°～4°）；软水（4°～8°）；中硬水（8°～16°）；硬水（16°～30°）；极硬水（30°以上）。生活用水的总硬度一般不超过 25°。各种工业用水对硬度有不同的要求，水的硬度是水质的一项重要指标，测定水的硬度有很重要的意义。

水的硬度的测定分为水的总硬度以及钙、镁硬度两种，前者是测定 Ca^{2+}、Mg^{2+} 的总量，后者则分别测定 Ca^{2+} 及 Mg^{2+} 的含量。

测定 Ca^{2+}、Mg^{2+} 总量时，在 pH＝10 的缓冲溶液中，以铬黑 T 为指示剂，用 EDTA 标准溶液滴定。若水样中存有 Fe^{3+}、Al^{3+}、Cu^{2+}、Zn^{2+}、Pb^{2+} 等微量杂质离子时，可用三乙醇胺、Na_2S 掩蔽之。计算水的硬度可用下面的公式：

$$水的总硬度＝\frac{(cV)_{EDTA} \times M_{CaO}}{V_{水样}} \times 1000 \ (mg \cdot L^{-1})$$

式中　c——EDTA 的浓度，$mol \cdot L^{-1}$；

　　　V——滴定水样所消耗 EDTA 的体积，mL；

　$V_{水样}$——水样的体积，mL。

在测定 Ca^{2+} 时，先用 NaOH 调节溶液到 pH＝12～13，使 Mg^{2+} 生成难溶的 $Mg(OH)_2$ 沉淀。加入钙指示剂与 Ca^{2+} 配位呈红色。滴定时，EDTA 先与游离 Ca^{2+} 配位，然后夺取已和指示剂配位的 Ca^{2+}，使溶液的红色变为蓝色即为终点。从 EDTA 标准溶液的用量可计算 Ca^{2+} 的含量。

三、主要试剂与仪器

试剂：乙二胺四乙酸二钠盐（$Na_2H_2Y \cdot 2H_2O$，分子量 372.2），2％Na_2S（$20g \cdot L^{-1}$），20％三乙醇胺（$200g \cdot L^{-1}$）；

NH_3-NH_4Cl 缓冲溶液（pH＝10）：称取 54g NH_4Cl 溶于水，加入 350mL 浓 $NH_3 \cdot H_2O$（$15mol \cdot L^{-1}$），用蒸馏水稀释至 1L；

铬黑 T 指示剂：先将 100g NaCl 在 105～106℃下烘干，磨细后加入 1g 铬黑 T 指示剂，再研磨混合均匀，保存在棕色广口瓶中备用；

HCl 溶液（1∶1）：市售浓 HCl 与水等体积混合；$CaCO_3$ 基准物质：于 110℃烘箱中干燥 2h，稍冷后置于干燥器中冷却至室温，备用；

K-B 指示剂［酸性铬蓝 K 与萘酚绿 B 的质量比为 1∶（2～2.5）混合指示剂］：将 K-B 与 NaCl 按 1∶50 比例混合研细混匀；

仪器：分析天平（0.1mg），滴定管（50mL），锥形瓶（250mL），容量瓶（250mL），试剂瓶（250mL），烧杯（100mL），移液管（25mL），量筒，表面皿。

四、实验步骤

1. Ca^{2+} 标准溶液的配制

计算配制 250mL 0.01$mol \cdot L^{-1}$ Ca^{2+} 标准溶液所需的 $CaCO_3$ 的质量。用分析天平准确称取计算所得质量的基准 $CaCO_3$ 于 100mL 烧杯中，称量值与计算值偏离最好不超过 10％。先以少量水润湿，盖上表面皿，从烧杯嘴处往烧杯中滴加约 5mL（1∶1）HCl 溶液，使 $CaCO_3$ 全部溶解，加水 50mL，微沸几分钟以除去 CO_2。冷却后定容至 250mL 容量瓶中，求算其准确浓度。

2. EDTA（0.01$mol \cdot L^{-1}$）溶液的配制及标定

计算配制 250mL 0.01$mol \cdot L^{-1}$ EDTA 所需 EDTA 二钠盐的质量，称取所需的 EDTA

二钠盐置于烧杯中，加入 100mL 水，搅拌使其完全溶解后转入试剂瓶中，稀释至 250mL，摇匀待标定。

用移液管移取 25.00mL Ca^{2+} 标准溶液于 250mL 锥形瓶中，加入 10mL NH_3-NH_4Cl 缓冲溶液和少许 K-B 指示剂，用 EDTA 溶液滴定至由紫红色变为蓝色，即为终点。平行测定三份，计算 EDTA 溶液的准确浓度。

3. 水样总硬度的测定

用移液管移取水样 50.00mL 于 250mL 锥形瓶中，加入 3mL 三乙醇胺溶液，5mL NH_3-NH_4Cl 缓冲溶液，1mL Na_2S 溶液以掩蔽重金属离子，少许铬黑 T 指示剂，摇匀，用 EDTA 溶液滴定至溶液由紫红色变为蓝绿色，即为终点。平行测定三份，计算水的总硬度。

五、数据记录及处理

（1）EDTA（$0.01mol \cdot L^{-1}$）溶液的标定

项目 \ 滴定编号	1	2	3
消耗 EDTA 标准溶液的体积（V_{EDTA}）/mL			
EDTA 溶液的浓度/$mol \cdot L^{-1}$			
EDTA 溶液浓度的平均值/$mol \cdot L^{-1}$			

（2）水样总硬度的测定

项目 \ 水样编号	1	2	3
消耗 EDTA 溶液的体积（V_{EDTA}）/mL			
水的总硬度（以 CaO 计，$mg \cdot L^{-1}$）			
总硬度平均值			
相对平均偏差			

六、思考题

1. 测定的水样中若含有少量 Fe^{3+}、Cu^{2+} 离子时，对终点会有什么影响？如何消除其影响？

2. 如要分别测出钙、镁含量应如何进行？

3. 滴定水的总硬度时，为何要控制溶液的 $pH = 10$？

实验二十九 过氧化氢含量的测定

一、实验目的

1. 掌握高锰酸钾标准溶液的配制及标定方法。

2. 学习高锰酸钾法测定过氧化氢的原理及方法。

二、实验原理

$KMnO_4$ 是氧化还原滴定中最常用的氧化剂之一，$KMnO_4$ 滴定法通常在酸性溶液中进行。市售的 $KMnO_4$ 常含杂质，因此用它配制的溶液要在暗处放置数天后，再标定其准确浓度。

$Na_2C_2O_4$ 和 $H_2C_2O_4 \cdot 2H_2O$ 是较易纯化的还原剂，也是标定 $KMnO_4$ 常用的基准物质，其反应式如下：

$$5C_2O_4^{2-} + 2MnO_4^- + 16H^+ = 10CO_2 \uparrow + 2Mn^{2+} + 8H_2O$$

反应要在酸性、较高温度下进行，滴定初期，反应很慢，$KMnO_4$ 溶液必须逐滴加入，滴定过程中逐渐生成的 Mn^{2+} 有催化作用，使反应速率逐渐加快，因而称为自动催化反应。

因 $KMnO_4$ 溶液本身具有特殊的紫红色，极易察觉，故用它作为滴定液时，不需要另加指示剂。

H_2O_2 在酸性溶液中是一种强氧化剂，但遇到 $KMnO_4$ 时表现为还原性。在酸性溶液中很容易被 $KMnO_4$ 氧化而生成氧气和水，其反应式为：

$$5H_2O_2 + 2MnO_4^- + 16H^+ = 2Mn^{2+} + 5O_2 \uparrow + 8H_2O$$

三、主要试剂与仪器

试剂：$Na_2C_2O_4$（固体，A. R.）基准物质（于 105℃ 干燥 2h 备用），工业 H_2O_2 样品，H_2SO_4 溶液（3mol·L^{-1}），$KMnO_4$（固体）。

仪器：分析天平（0.1mg），酸式滴定管（棕色，50mL），移液管（25mL），容量瓶（250mL），锥形瓶（250mL），试剂瓶（棕色），烧杯（100mL），玻璃砂芯漏斗。

四、实验步骤

1. $KMnO_4$ 溶液（0.02mol·L^{-1}）的配制

在台秤上称取约 1.7g $KMnO_4$ 放入烧杯中，加入适量蒸馏水使其溶解后，转入洁净的棕色试剂瓶中，用水稀释至约 500mL，摇匀，塞好，静置 7~10 天后，用玻璃砂芯漏斗过滤，残渣和沉淀则倒掉。把玻璃瓶洗净，将滤液倒回瓶中，待标定。

如果将溶液加热煮沸并保持微沸 1h，冷却后过滤，则不必长期放置，2~3 天后就可以标定。

2. $KMnO_4$ 溶液的标定

准确称取 0.1500~0.200g 预先干燥过的 $Na_2C_2O_4$ 三份，分别置于 250mL 锥形瓶中，各加入 40mL 蒸馏水和 10mL 3mol·L^{-1} H_2SO_4 使其溶解，水浴上加热至约 75~85℃。趁热用待标定的 $KMnO_4$ 溶液进行滴定，开始滴定时，速度宜慢，在第一滴 $KMnO_4$ 溶液滴入后，不断摇动溶液，当紫红色褪去后再滴入第二滴。待溶液中有 Mn^{2+} 产生后，反应速度加快，滴定速度也可适当加快，接近终点时，紫红色褪去很慢，应减慢滴定速度，同时充分摇动溶液，当溶液呈现微红色并在 30s 内不褪色，即为终点。计算 $KMnO_4$ 溶液的浓度。

3. H_2O_2 含量的测定

用移液管吸取 10.00mL H_2O_2 样品（H_2O_2 含量约为 3%），置于 250mL 容量瓶中，加水稀释至刻度，混合均匀。

准确吸取稀释后的 H_2O_2 溶液 25.00mL 置于 250mL 锥形瓶中，加入 15mL 3mol·L^{-1} H_2SO_4，用 $KMnO_4$ 标准溶液滴定至溶液呈微红色，30s 内不褪色即为终点。平行测定三次。计算未经稀释样品中 H_2O_2 的含量。

五、数据记录及结果处理

（1）$KMnO_4$ 溶液的标定

滴定编号　　项目	1	2	3
称取草酸钠的质量 m/g			
消耗 $KMnO_4$ 溶液的体积 V/mL			
$KMnO_4$ 溶液的浓度/mol·L^{-1}			
$KMnO_4$ 溶液的平均浓度/mol·L^{-1}			

（2）H_2O_2 含量的测定

滴定编号　　项目	1	2	3
H_2O_2 稀释液的体积 $V_{H_2O_2}$/mL			
消耗 $KMnO_4$ 溶液的体积 V_{KMnO_4}/mL			
未经稀释样品中 H_2O_2 的含量			
未经稀释样品中 H_2O_2 含量的平均值			

六、思考题

1. 用 $KMnO_4$ 法测定 H_2O_2 时，为什么要在 H_2SO_4 酸性介质中进行，能否用盐酸来代替？

2. 用 $Na_2C_2O_4$ 标定 $KMnO_4$ 溶液浓度时，酸度过高或过低有无影响？溶液的温度对滴定有无影响？

3. $KMnO_4$ 溶液滴定 H_2O_2 时，溶液能否加热？为什么？

实验三十　水中化学需氧量（COD_Mn）的测定（高锰酸钾法）

一、实验目的

1. 学会高锰酸钾标准溶液的配制和标定。
2. 掌握高锰酸钾法测定水中化学需氧量（COD）的原理及方法。
3. 了解环境分析的重要性及水样的采集和保存方法。

二、实验原理

化学需氧量（COD）是量度水体受还原性物质（主要是有机物）污染程度的综合性指标之一。COD 的测定分为酸性高锰酸钾法、碱性高锰酸钾法和重铬酸钾法。以酸性高锰酸钾法测定的 COD 值，又称为高锰酸盐指数。

高锰酸盐指数是指水体中已被强氧化剂氧化的还原性物质所消耗的氧化剂的量，换算成氧的含量（以 O_2 计，$mg \cdot L^{-1}$）来表示。由于 Cl^- 对此法有干扰，因而本法仅适合于地表水、地下水、饮用水和生活污水中 COD 的测定，含 Cl^- 较高的工业废水则应采用重铬酸钾法测定。

本实验采用酸性高锰酸钾法。测定时，在水样中加入 H_2SO_4 及一定量的 $KMnO_4$ 溶液，加热水样，使 $KMnO_4$ 与水样中还原性物质充分反应，剩余的 $KMnO_4$ 用一定量过量的 $Na_2C_2O_4$ 还原，再以 $KMnO_4$ 标准溶液返滴过量的 $Na_2C_2O_4$，由此计算出高锰酸盐指数。反应方程式为：

$$4MnO_4^- + 5C + 12H^+ \Longrightarrow 4Mn^{2+} + 5CO_2 \uparrow + 6H_2O$$

$$2MnO_4^- + 5C_2O_4^{2-} + 16H^+ \Longrightarrow 2Mn^{2+} + 10CO_2 \uparrow + 8H_2O$$

测定结果的计算式为：

$$高锰酸盐指数(O_2, mg \cdot L^{-1}) = \frac{[5c_{MnO_4^-}(V_1 + V_2)_{MnO_4^-} - 2(cV)_{C_2O_4^{2-}}] \times 8 \times 1000}{V_{水样}}$$

式中，V_1 为第一次加入 $KMnO_4$ 溶液的体积；V_2 为第二次加入 $KMnO_4$ 溶液的体积；8 为 $1/4 O_2$ 的摩尔质量。

三、主要试剂与仪器

试剂：$KMnO_4$ 溶液（$0.02mol \cdot L^{-1}$），H_2SO_4（$6mol \cdot L^{-1}$），$Na_2C_2O_4$（固体，A.R.，基准物质，于 105℃ 干燥 2h 备用）。

仪器：分析天平（0.1mg），酸式滴定管（50mL），移液管（10mL、25mL），容量瓶（250mL），锥形瓶（250mL），电炉。

四、实验步骤

1. $0.002mol \cdot L^{-1}$ $KMnO_4$ 标准溶液的配制

吸取 $0.02mol \cdot L^{-1}$ $KMnO_4$ 标准溶液 25.00mL 置于 250mL 容量瓶中，用新煮沸且冷却的蒸馏水稀释至刻度。

2. $0.005mol \cdot L^{-1}$ $Na_2C_2O_4$ 标准溶液的配制

准确称取 $0.1500 \sim 0.1800g$ 预先干燥过的 $Na_2C_2O_4$ 于 100mL 的小烧杯中，加水溶解，定容于 250mL 容量瓶中，混合均匀。精确计算 $Na_2C_2O_4$ 标准溶液的浓度。

3. $0.002mol \cdot L^{-1}$ $KMnO_4$ 标准溶液的标定

移取 10.00mL $Na_2C_2O_4$ 标准溶液于 250mL 锥形瓶中，加入 100mL 蒸馏水和 10mL $6mol \cdot L^{-1}$ 的 H_2SO_4，加热至 $75 \sim 85℃$，趁热用待标定的 $0.002mol \cdot L^{-1}$ $KMnO_4$ 溶液进行滴定，开始滴定时，速度宜慢，在第一滴 $KMnO_4$ 溶液滴入后，不断摇动溶液，当紫红色褪去后再滴入第二滴。待溶液中有 Mn^{2+} 产生后，反应速率加快，可逐渐加快滴定速度，接近终点时，紫红色褪去很慢，应减慢滴定速度，同时充分摇动溶液，当溶液呈现微红色并在 30s 内不褪色，即为终点。平行测定 3 次，记录消耗 $KMnO_4$ 标准溶液的体积。计算 $KMnO_4$ 标准溶液的准确浓度。

4. 水中化学需氧量（COD$_{Mn}$）的测定

视水质污染程度取水样 10.00～100.00mL（自来水取 100mL，污染严重、浑浊的水样取 10.00～30.00mL，补加蒸馏水至100mL），置于 250mL 锥形瓶中，加入 10mL 6mol·L^{-1} 的 H$_2$SO$_4$，再准确加入 10.00mL 0.002mol·L^{-1} KMnO$_4$ 标准溶液，加入 4～5 粒沸石（或玻璃珠），立即加热至沸腾，从沸腾开始计时，用小火煮沸 10min（溶液呈红色，若此时红色褪去，应补加适量 KMnO$_4$ 溶液至水样溶液呈现稳定的红色）。

取下锥形瓶，准确加入 10.00mL 0.005mol·L^{-1} Na$_2$C$_2$O$_4$ 标准溶液，摇匀，此时溶液应当由红色转为无色（否则要补加 Na$_2$C$_2$O$_4$ 标准溶液）。趁热用 0.002mol·L^{-1} KMnO$_4$ 标准溶液滴定至溶液呈微红色，30s 不褪色即为终点。平行测定 3 份。

若水样经稀释时，应同时另取 100mL 蒸馏水，同水样操作进行空白试验。

五、数据记录及处理

（1）KMnO$_4$ 溶液的标定

项目　　　　　　　　　　滴定编号	1	2	3
称取草酸钠的质量/g			
草酸钠标准溶液的浓度/mol·L^{-1}			
消耗 KMnO$_4$ 溶液的体积 V/mL			
KMnO$_4$ 溶液的浓度/mol·L^{-1}			
KMnO$_4$ 溶液的平均浓度/mol·L^{-1}			

（2）水中化学需氧量（COD$_{Mn}$）的测定

项目　　　　　　　　　　水样编号	1	2	3
第一次加入 KMnO$_4$ 溶液的体积 V_1/mL			
第二次加入 KMnO$_4$ 溶液的体积 V_2/mL			
加入 Na$_2$C$_2$O$_4$ 标准溶液的体积/mL			
COD$_{Mn}$/mg·L^{-1}			
COD$_{Mn}$平均值/mg·L^{-1}			

六、思考题

1. 当水样中 Cl$^-$ 含量高时，能否用高锰酸盐指数法测定 COD？为什么？

2. 测定 COD 的方法有哪几种？

3. 标定 KMnO$_4$ 溶液时，为什么第一滴 KMnO$_4$ 溶液的颜色褪得很慢，以后反而逐渐加快？

4. 用 KMnO$_4$ 溶液滴定 Na$_2$C$_2$O$_4$ 过程中加酸、加热和控制滴定速度等的目的是什么？

实验三十一　水中化学需氧量（COD_{Cr}）的测定（重铬酸钾法）

一、实验目的

1. 学会硫酸亚铁铵标准溶液的标定方法。
2. 掌握用重铬酸钾法测定水中 COD 的测定原理和方法。

二、实验原理

化学需氧量（COD）是指在一定条件下，用强氧化剂处理水样时所消耗氧化剂的量，以氧的含量（毫克每升）来表示。化学需氧量反映了水体受还原性物质污染的程度，水中还原性物质包括有机物、亚硝酸盐、亚铁盐、硫化物等。因此 COD 也作为水体中有机物相对含量的指标之一。

在强酸性溶液中，一定量的重铬酸钾氧化水中还原性物质，过量的重铬酸钾以试亚铁灵作指示剂，用硫酸亚铁铵回滴。根据硫酸亚铁铵标准溶液的用量算出化学需氧量。反应方程式如下（令 C 表示水中有机物等还原性物质）：

$$2Cr_2O_7^{2-}+3C+16H^+ \Longrightarrow 4Cr^{3+}+3CO_2+8H_2O$$

（过量）　（有机物）

$$Cr_2O_7^{2-}+6Fe^{2+}+14H^+ \Longrightarrow 6Fe^{3+}+2Cr^{3+}+7H_2O$$

（剩余）

计算公式：

$$COD_{Cr}(O_2,mg/L)=\frac{(V_0-V_1)c\times 8\times 1000}{V_{水样}}$$

式中　V_0——空白试验消耗硫酸亚铁铵标准溶液的量，mL；

　　　V_1——滴定水样时消耗硫酸亚铁铵标准溶液的量，mL；

　　　c——硫酸亚铁铵标准溶液的浓度，$mol\cdot L^{-1}$；

　　　8——$1/4O_2$ 的摩尔质量，$g\cdot mol^{-1}$；

　　$V_{水样}$——水样的体积，mL。

三、主要试剂与仪器

试剂：

重铬酸钾标准溶液（$1/6K_2Cr_2O_7=0.2500mol\cdot L^{-1}$）　称取 12.2579g 优级纯或分析纯重铬酸钾（在 120℃烘干 2h，干燥器中冷却后称重）溶于水中，移入 1000mL 容量瓶中，用蒸馏水稀释至刻度，摇匀。

试亚铁灵指示剂　称取 1.485g 邻二氮菲（$C_{12}H_8N_2\cdot H_2O$）及 0.695g 硫酸亚铁（$FeSO_4\cdot 7H_2O$）溶于蒸馏水中，稀释至 100mL，储存于棕色瓶内。

硫酸亚铁铵标准溶液$[(NH_4)_2Fe(SO_4)_2\cdot 6H_2O=0.25mol\cdot L^{-1}]$　称取 98.0g 硫酸亚铁铵溶于水，边搅拌边缓慢加入 20mL 浓硫酸，冷却后移入 1000mL 容量瓶中，加蒸馏水稀释至刻度，摇匀。使用前，用重铬酸钾标准溶液标定。

硫酸-硫酸银溶液　于 1000mL 浓硫酸中加入 13.33g 硫酸银，放置 1～2d，不时摇动使其溶解。

硫酸汞结晶或粉末。

仪器：50mL 酸式滴定管，电炉，带 250mL 或 500mL 磨口锥形瓶的全玻璃回流装置（如取样量在 30mL 以上，采用 500mL 锥形瓶的全玻璃回流装置）。

四、实验步骤

1. 硫酸亚铁铵溶液的标定

准确吸取 25.00mL 0.2500mol·L^{-1} 重铬酸钾标准溶液（1/6K$_2$Cr$_2$O$_7$）于 500mL 锥形瓶中，加蒸馏水至 250mL 左右，缓慢加入 20mL 浓硫酸，混匀。冷却后加入 3 滴试亚铁灵指示剂，用硫酸亚铁铵溶液滴定，溶液的颜色由橙黄色经蓝绿色至棕红色即为终点。平行测 3 份。

2. 水样的测定

（1）取 50.00mL 均匀的水样（或吸取适量的水样用蒸馏水稀释至 50.00mL，其中 COD 值为 50～900mg·L^{-1}O$_2$）置于 500mL 磨口回流锥形瓶中。

（2）加入数粒小玻璃珠或沸石、1g 硫酸汞，缓慢加入 5.0mL 硫酸-硫酸银溶液，摇动混匀。

（3）准确加入 25.00mL 重铬酸钾标准溶液（1/6K$_2$Cr$_2$O$_7$＝0.2500mol·L^{-1}），连接磨口回流冷凝管，从冷凝管上口慢慢加入 70mL 硫酸-硫酸银溶液，轻轻摇动锥形瓶使溶液混匀，加热回流 2h（自开始沸腾时计时）。

（4）冷却后，先用 90mL 蒸馏水冲洗冷凝管壁，取下锥形瓶，再用蒸馏水稀释至 350mL（溶液总体积不得少于 350mL，否则因 pH 太低，终点不明显）。

（5）溶液再度冷却后，加 3 滴试亚铁灵指示剂，用硫酸亚铁铵标准溶液滴定，溶液的颜色由黄色经蓝绿色至棕红色即为终点。记录硫酸亚铁铵溶液的用量。

（6）测定水样的同时，以 50mL 蒸馏水做空白，其操作步骤与水样相同，记录硫酸亚铁铵溶液的用量。

五、数据记录及处理

（1）硫酸亚铁铵溶液的标定

项目　　　　　　　　　　　　滴定编号	1	2	3
消耗硫酸亚铁铵溶液的体积 V/mL			
硫酸亚铁铵溶液的浓度/mol·L^{-1}			
硫酸亚铁铵溶液浓度的平均值/mol·L^{-1}			

（2）水中化学需氧量（COD）的测定

项目　　　　　　　　　　　　水样编号	1	2
滴定水样时消耗硫酸亚铁铵溶液的体积 V_1/mL		
空白试验消耗硫酸亚铁铵溶液的体积 V_0/mL		
COD/mg·L^{-1}		
COD 平均值/mg·L^{-1}		

六、思考题

1. 高锰酸盐指数（COD_{Mn}）与化学需氧量（COD_{Cr}）有何异同？
2. COD 的计算公式中，为什么用空白值（V_0）减水样值（V_1）？

实验三十二　溶解氧的测定

一、实验目的

1. 掌握测定溶解氧（DO）的原理与方法。
2. 学会水中溶解氧的固定方法。

二、实验原理

溶解在水中的分子态氧称为溶解氧（DO）。水样中加入 $MnSO_4$ 和 NaOH，水中的 O_2 将 Mn^{2+} 氧化成水合氧化锰［$MnO(OH)_2$］棕色沉淀，将水中全部溶解氧固定起来；酸性条件下，$MnO(OH)_2$ 与 KI 作用，释放出等化学计量的 I_2；然后，以淀粉为指示剂，用 $Na_2S_2O_3$ 标准溶液滴定至蓝色消失。根据 $Na_2S_2O_3$ 标准溶液的消耗量，计算水中 DO 的含量。其主要反应式如下：

$$Mn^{2+} + 2OH^- \longrightarrow Mn(OH)_2 \downarrow$$

$$Mn(OH)_2 + \frac{1}{2}O_2 \longrightarrow MnO(OH)_2 \downarrow$$

$$MnO(OH)_2 + 2I^- + 4H^+ \longrightarrow Mn^{2+} + I_2 + 3H_2O$$

$$I_2 + 2S_2O_3^{2-} \longrightarrow 2I^- + S_4O_6^{2-}$$

$$DO(O_2, mg \cdot L^{-1}) = \frac{cV \times 8 \times 1000}{V_{水样}}$$

式中　DO——水中溶解氧，$mg \cdot L^{-1}$；

　　　　c——$Na_2S_2O_3$ 标准溶液的浓度，$mol \cdot L^{-1}$；

　　　　V——$Na_2S_2O_3$ 标准溶液的消耗量，mL；

　　$V_{水样}$——水样的体积，mL；

　　　　8——$1/4\ O_2$ 的摩尔质量，$g \cdot mol^{-1}$。

三、主要试剂与仪器

试剂：

硫酸锰溶液：称取 480g 硫酸锰（$MnSO_4 \cdot 4H_2O$）溶于蒸馏水中，过滤后稀释至 1L。

碱性碘化钾溶液：称取 500g 分析纯 NaOH，溶于 300～400mL 蒸馏水中，冷却。另称取 150g 分析纯 KI，溶于 200mL 蒸馏水中。将以上两溶液合并，加蒸馏水稀释至 1L。静置一天，使碳酸钠沉淀，倾出上清液，贮于棕色瓶中备用。

淀粉指示剂（$1\% m/V$）：称取 1g 可溶性淀粉，用少量水调成糊状，再用刚煮沸的蒸馏水稀释至 100mL。冷却后，加入 0.1g 水杨酸或 0.4g 氯化锌（$ZnCl_2$）以防止分解变质。

重铬酸钾标准溶液（$1/6\ K_2Cr_2O_7 = 0.02500mol \cdot L^{-1}$）：称取 1.2258g 优级纯或分析纯重铬酸钾（在 120℃烘干 2h，干燥器中冷却后称重）溶于水中，移入 1000mL 容量瓶中，用蒸馏水稀释至刻度，摇匀。

1+5 硫酸溶液。

硫代硫酸钠溶液：称取分析纯 $Na_2S_2O_3 \cdot 5H_2O$ 约 6.3g，溶于已煮沸且已冷却的蒸馏水中，加入 0.2g Na_2CO_3，摇匀，用蒸馏水稀释至 1000mL。此溶液约为 $0.025mol \cdot L^{-1}$。用时用重铬酸钾标准溶液标定。

仪器：250～300mL 溶解氧瓶。

四、实验步骤

1. 水样的采集

用水样冲洗溶解氧瓶后，沿瓶壁直接注入水样或用虹吸法将细玻璃管插入溶解氧瓶底部，注入水样溢流出瓶容积的 1/3～1/2，迅速盖上瓶塞。取样时不能使采集的水样与空气接触，且瓶口不能留有空气泡。

2. 溶解氧的固定

取样后，立即用吸量管加入 1mL 硫酸锰和 2mL 碘化钾溶液（加注时，应将移液管插入溶解氧瓶的液面下，切勿将吸量管中的空气注入瓶中），盖好瓶塞，颠倒混合数次，静置。待棕色沉淀物降至瓶内一半时，再次颠倒混合均匀，待沉淀物下沉到瓶底。一般在取样现场固定。

3. 析出碘

轻轻打开瓶塞，立即用吸管插入液面下加入 2.0mL(1+5) 硫酸，小心盖好瓶塞，颠倒混合均匀，至沉淀物全部溶解为止，放置暗处 5min。

4. 滴定

吸取 25.00mL 上述水样于 250mL 锥形瓶中，用硫代硫酸钠溶液滴定至溶液呈淡黄色，加入 1mL 淀粉指示剂，继续滴定至蓝色刚刚变为无色为止，记录硫代硫酸钠溶液用量。

五、数据记录及处理

编号 项目	1	2	3
消耗硫代硫酸钠溶液的体积 V/mL			
溶解氧/mg·L⁻¹			
溶解氧平均值/mg·L⁻¹			

六、思考题

1. 碘量法测定溶解氧时，淀粉指示剂加入先后次序对滴定有何影响？

2. 如果水样中亚硝酸盐氮含量高于 $0.05mg \cdot L^{-1}$，二价铁低于 $1mg \cdot L^{-1}$ 时，测定水中溶解氧应采取什么方法？

实验三十三　水中氯含量的测定

一、实验目的

1. 掌握用莫尔法进行沉淀滴定的原理及方法。

2. 学习沉淀滴定的基本操作。

二、实验原理

自来水中 Cl^- 的定量检测常采用莫尔法。该法是在中性或弱碱性介质（最适宜 pH 范围为 6.5～10.5）中，以 K_2CrO_4 为指示剂，用 $AgNO_3$ 标准溶液直接滴定 Cl^-，由于 AgCl 沉淀的溶解度比 Ag_2CrO_4 的溶解度小。所以，在滴定过程中，溶液中首先析出 AgCl 沉淀，当 AgCl 定量沉淀后，过量 1 滴 $AgNO_3$ 溶液即与 CrO_4^{2-} 生成 Ag_2CrO_4 沉淀，指示滴定终点。主要反应如下：

$$Ag^+ + Cl^- \text{===} AgCl\downarrow \text{（白色）}$$

$$2Ag^+ + CrO_4^{2-} \text{===} Ag_2CrO_4\downarrow \text{（砖红色）}$$

三、主要试剂与仪器

试剂：5％的 K_2CrO_4 溶液（$50g \cdot L^{-1}$）。

$AgNO_3$ 溶液（$0.01mol \cdot L^{-1}$）：称取 1.6987g $AgNO_3$ 溶于蒸馏水，并定容至 1000mL，将溶液转入棕色试剂瓶中，置暗处保存，以防光照分解。

NaCl 标准溶液（$0.01mol \cdot L^{-1}$）：在 500～600℃马弗炉中灼烧半小时后，置于干燥器中冷却，冷却后准确称取 0.2925g，用少量蒸馏水溶解，倾入 500mL 容量瓶中，并稀释至刻度。

仪器：酸式滴定管（50mL），移液管（25mL），吸量管（1mL），容量瓶（250mL），锥形瓶（250mL）。

四、实验步骤

1. $AgNO_3$ 标准溶液的标定

用移液管移取 25.00mL $0.01mol \cdot L^{-1}$ NaCl 标准溶液置于 250mL 锥形瓶中，加入 25mL 蒸馏水，另取一锥形瓶，加入 50mL 蒸馏水作空白，各加 1mL K_2CrO_4 溶液，在充分摇动下，用 $AgNO_3$ 标准溶液滴定至砖红色沉淀刚刚出现为止，平行测定 3 份，按下式计算 $AgNO_3$ 溶液的准确浓度。

$$c_{NaCl}V_{NaCl} = c_{AgNO_3}(V_1 - V_0)$$

式中 V_1——滴定氯化钠标准溶液消耗 $AgNO_3$ 溶液的体积，mL；

      V_0——滴定蒸馏水消耗 $AgNO_3$ 溶液的体积，mL；

      c_{AgNO_3}——$AgNO_3$ 标准溶液的浓度，$mol \cdot L^{-1}$；

      c_{NaCl}——NaCl 标准溶液的浓度，$mol \cdot L^{-1}$；

      V_{NaCl}——NaCl 标准溶液的体积，mL。

2. 水中 Cl^- 的测定

移取 50.00mL 水样和 50.00mL 蒸馏水（做空白实验）分别放入 250mL 锥形瓶中，用吸量管加入 1.00mL K_2CrO_4 溶液，在充分摇动下，用 $AgNO_3$ 溶液滴定至呈砖红色，即为终点，平行测定 3 份，计算水中 Cl^- 的含量。

五、数据记录及处理

（1）$AgNO_3$ 标准溶液的标定

项目 ＼ 编号	1	2	3
滴定蒸馏水消耗 $AgNO_3$ 溶液的体积 V_0/mL			
滴定 NaCl 标准溶液消耗 $AgNO_3$ 溶液的体积 V_1/mL			
$AgNO_3$ 溶液的浓度/mol·L^{-1}			
$AgNO_3$ 溶液浓度的平均值/mol·L^{-1}			

（2）水中 Cl^- 的测定

项目 ＼ 编号	1	2	3
水样消耗 $AgNO_3$ 溶液的体积 V_1/mL			
蒸馏水消耗 $AgNO_3$ 溶液的体积 V_2/mL			
Cl^- 的含量/mg·L^{-1}			
Cl^- 含量的平均值/mg·L^{-1}			

计算公式：

$$\rho_{Cl^-} = \frac{(V_1 - V_2)c \times 35.453 \times 1000}{V_水}(mg \cdot L^{-1})$$

式中　V_1——水样消耗 $AgNO_3$ 溶液的体积，mL；

　　　V_2——蒸馏水消耗 $AgNO_3$ 溶液的体积，mL；

　　　c——$AgNO_3$ 标准溶液的浓度，mol·L^{-1}；

　　　$V_水$——水样的体积，mL；

　　35.453——氯离子的摩尔质量，g·mol^{-1}。

六、思考题

1. 莫尔法测定水中 Cl^- 时，为什么在中性或弱碱性溶液中进行？
2. 用 $AgNO_3$ 标准溶液滴定 Cl^- 时，为什么必须剧烈摇动？
3. 指示剂用量过多或过少，对测定结果有何影响？

实验三十四　邻二氮菲分光光度法测定微量铁

一、实验目的

1. 掌握分光光度计的使用方法。
2. 学习分光光度法测定中标准曲线的绘制和试样测定的方法。
3. 掌握用分光光度法测定铁的原理及方法。

二、实验原理

邻二氮菲是测定铁的高灵敏、高选择性试剂，邻二氮菲分光光度法是测定微量铁的常用方法，在 pH 为 2～9 的溶液中，Fe^{2+} 与邻二氮菲生成稳定的橙红色配合物$[Fe(C_{12}H_8N_2)_3]^{2+}$，该化合物在 510nm 处有最大吸收。$Fe^{3+}$ 与邻二氮菲也生成配合物（呈蓝色），因此，在显色之前须用盐酸羟胺将全部的 Fe^{3+} 还原为 Fe^{2+}。

测定试样中铁含量采用标准曲线法，即配制一系列不同浓度的标准溶液，在确定条件下依次测量各标准溶液的吸光度（A），以标准溶液的浓度为横坐标，相应的吸光度为纵坐标，绘制标准曲线。将未知试样按照与绘制标准曲线相同的操作条件进行，测定出其吸光度，再从标准曲线上查出该吸光度对应的浓度值就可计算出被测试洋中被测物的含量。

三、主要试剂与仪器

试剂：HCl（1：1），NaAc（1mol·L^{-1}），盐酸羟胺（100g·L^{-1}）（用时配制），邻二氮菲（1.5g·L^{-1}），含铁水样（Fe^{2+} 10mg·L^{-1}＋Fe^{3+} 7mg·L^{-1}，也可自行确定）。

铁标准溶液（100mg·L^{-1}）：准确称取 0.7021g 分析纯 $(NH_4)_2Fe(SO_4)_2·6H_2O$ 于 200mL 烧杯中，加入 20mL（1：1）HCl 及少量蒸馏水，使其溶解后，转移至 1000mL 容量瓶中，用蒸馏水稀释至刻度，摇匀。

仪器：分光光度计（配 1cm 比色皿），具塞磨口比色管（50mL），移液管（1mL、2mL、5mL、10mL、25mL），容量瓶（250mL）。

四、实验步骤

1. 10mg·L^{-1}铁标准溶液的配制

用移液管移取 25.00mL 100mg·L^{-1} 的铁标准溶液，置于 250mL 容量瓶中，加入 5mL HCl（1：1），用蒸馏水稀释至刻度，摇匀。

2. 吸收曲线的绘制

用移液管移取 0.00mL 和 10.00mL 10mg·L^{-1}的铁标准溶液分别注入两个 50mL 比色管中，各加入 1mL 盐酸羟胺溶液，摇匀后放置 1min，再加入 2mL 邻二氮菲溶液和 5mL NaAc，加水稀释至刻度，摇匀。放置 10min，以试剂空白（即 0.00mL 铁标准溶液）为参比，在波长 440～560nm 之间，每隔 10nm 测一次吸光度，在最大吸收峰附近，每隔 5nm 测一次吸光度。在坐标纸上，以波长 λ 为横坐标，吸光度 A 为纵坐标，绘制吸收曲线。从吸收曲线上选择测定铁的适宜波长，一般选用最大吸收波长（λ_{max}）。

3. 标准曲线的制作

在 6 个 50mL 比色管中，分别加入 0.00mL、2.00mL、4.00mL、6.00mL、8.00mL、10.00mL 10mg·L^{-1} 的铁标准溶液，分别加入 1.00mL 盐酸羟胺，摇匀，再分别加入 2.00mL 邻二氮菲溶液和 5mL NaAc 溶液，用水稀释至刻度，摇匀放置 10min。以试剂空白为参比，在选择好的波长下测定吸光度。然后以含铁量为横坐标，吸光度 A 为纵坐标，绘制标准曲线。

4. 水样中铁含量的测定

（1）总铁的测定 用移液管吸取 5.00mL 含铁水样，放入 50mL 比色管中，按标准曲线的制作步骤，加入各种试剂，测量吸光度，在标准曲线上查出水样中总铁的含量（单位 mg·L^{-1}）。

（2）Fe^{2+} 的测定 用移液管吸取 5.00mL 含铁水样，放入 50mL 比色管中，不加盐酸羟胺，其他操作步骤与总铁相同，测出吸光度，在标准曲线上查出水样中 Fe^{2+} 的含量（单位 $mg \cdot L^{-1}$）。

（3）计算

$$\rho_{标,Fe} = \frac{\rho_{标 \cdot Fe} \times 50}{V} \; (mg \cdot L^{-1})$$

式中　$\rho_{标 \cdot Fe}$——标准曲线上查出水样中总铁或 Fe^{2+} 的含量，$mg \cdot L^{-1}$；

　　　　V——水样的体积，mL；

　　　　50——水样稀释最终体积，mL。

五、数据记录及处理

（1）测量波长的选择

波长/nm	440	450	460	470	480	490	495	500
吸光度								
波长/nm	505	510	515	520	530	540	550	560
吸光度								

以波长 λ 为横坐标，吸光度 A 为纵坐标，绘制吸收曲线，并确定最佳的测量波长。

（2）标准曲线的制作（终体积 50mL）

铁标准溶液的加入量/mL	0.00	2.00	4.00	6.00	8.00	10.00
吸光度						
铁的浓度/$mg \cdot L^{-1}$						

以含铁量为横坐标，吸光度 A 为纵坐标，绘制标准曲线。

（3）水样中总铁含量的测定

水样编号	1	2
吸光度		
铁含量/$mg \cdot L^{-1}$		
铁含量平均值/$mg \cdot L^{-1}$		

（4）水样中 Fe^{2+} 的测定

水样编号	1	2
吸光度		
Fe^{2+}含量/$mg \cdot L^{-1}$		
Fe^{2+}含量平均值/$mg \cdot L^{-1}$		

六、思考题

1. 测定吸光度时，为什么要选择参比溶液？选择参比溶液的原则是什么？

2. 本实验中制作标准曲线时能否随意改变加入试剂的顺序？为什么？

3. 本实验吸取各溶液时，哪些应用移液管？哪些可用量筒？为什么？

实验三十五   钢铁中碳硫含量分析

一、实验目的

1. 掌握钢铁中碳与硫含量分析的原理与方法。

2. 掌握定碳定硫仪的使用方法与原理。

二、实验原理

1. 碳的测定

碳是钢中最重要的元素之一，它对钢铁的机械性能起决定性的作用。碳的含量决定钢的品级，含碳量高，钢的硬度和脆性较大；含碳量低，钢的韧性较好。

碳在钢中大部分以化合状态存在，如 Fe_3C、Cr_4C、Mn_3C、WC 等，总称为化合碳。在铁中大部分呈铁的固溶体存在，如无定形碳、退火碳、结晶碳或石墨碳，总称为游离碳。化合碳和游离碳含量的总和称为含碳量。大多数钢的含碳量在 0.03%～1.7% 之间，含碳量低于 0.03% 的属于熟铁，高于 1.7% 的属于生铁。特殊钢的含碳量可低于 0.05% 或高于 1.7%，其性能与熟铁和生铁完全不同。

目前，碳的测定主要有气体容量法和非水滴定法。本实验采用气体容量法。

气体容量法适用于含碳量大于 0.05% 的钢样。实验中，碳在高温氧气流中燃烧，生成二氧化碳，用氢氧化钾溶液吸收二氧化碳，根据吸收前后体积之差乘以气体的温度、压力校正系数，就可以求出碳的百分含量。主要反应有：

$$C + O_2 \xrightarrow{1250 \sim 1350℃} CO_2$$

$$4Fe_3C + 13O_2 =\!=\!= 4CO_2 + 6Fe_2O_3$$

$$Mn_3C + 3O_2 =\!=\!= CO_2 + Mn_3O_4$$

$$Cr_4C + 4O_2 =\!=\!= CO_2 + 2Cr_2O_3$$

$$CO_2 + 2KOH =\!=\!= K_2CO_3 + H_2O$$

2. 硫的测定

钢铁中的硫是由冶金原料带来的，硫是钢铁中的有害杂质，含量高时，钢具有热脆性，轧制时易产生裂纹，并降低钢的耐磨性及化学稳定性，对可焊性也不利，只有在易切削钢中才适当提高硫和锰的含量。

硫在钢中主要以 MnS、FeS 状态存在，一般碳钢含硫不超过 0.05%，合金钢不超过 0.03%，锰钢中可达 0.15%，生铁含硫量一般不超过 0.07%，也有的高达 0.35%。

目前其测定方法有燃烧碘量法和燃烧酸碱法，本实验利用燃烧碘量法测定，该法适用于含硫量大于 0.01% 的试样。

试样中的硫在高温氧气流中燃烧，生成二氧化硫，用淀粉水溶液将其吸收，生成亚硫酸，再用碘标准溶液滴定。根据消耗碘标准溶液的体积，由标样换算出硫的百分含量。主要反应如下：

$$4MnS + 7O_2 =\!=\!= 2Mn_2O_3 + 4SO_2$$

$$3MnS+5O_2 \rightleftharpoons Mn_3O_4+3SO_2$$
$$4FeS+7O_2 \rightleftharpoons 2Fe_2O_3+4SO_2$$
$$SO_2+H_2O \rightleftharpoons H_2SO_3$$
$$H_2SO_3+I_2+H_2O \rightleftharpoons H_2SO_4+2HI$$

三、主要试剂与仪器

1. 试剂

滴定液：用天平称取 1g 碘置于烧杯中，加少量蒸馏水，称 KI 10g，分批加入，使碘全部溶解，此液为 A 液。用天平称淀粉 1g 加入煮沸蒸馏水 100mL 中，继续煮沸 2～3min 后冷却，此液为 B 液。将 A、B 两种溶液混合，用蒸馏水稀释至 2500mL，摇匀备用。

水准瓶溶液：每 1000mL 蒸馏水中加入 10mL 浓硫酸，10mL 甲基红混合溶液，摇匀（呈红色酸性溶液）。

储气瓶溶液：每 1000mL 蒸馏水中加入 0.2g KOH，少量甲基红混合溶液，摇匀（呈绿色碱性溶液）。

甲基红混合液：称取甲基红、溴甲酚绿各 0.1g，溶于 50mL 无水乙醇中，然后混合储存。

2. HXE-7B 型碳硫联测分析仪

HXE-7B 型电脑全自动碳硫分析仪，由 PC 机进行管理，分析结果直接由电脑屏幕显示并对数据长期保存。该仪器的分析原理是根据国家标准气体容量法和碘量法原理设计，与HX 系列电弧燃烧炉配合使用，用于钢铁及其他材料中的 C、S 分析。

(1) 主要参数　分析范围：C 0.03%～6.00%；S 0.003%～0.200%；分析时间：45s（不含取样时间）；称样量：1.000g（±0.200g）、0.500g（±0.100g）、0.25g（±0.05g）；分析误差：符合国家标准 GB 223.69—97 和 GB 223.68—97；电源电压：220V±10%，50Hz；动力气体：氧气，压力 0.02～0.04MPa；环境温度：5～40℃。

(2) 仪器安装

① 电路连接

a. 程控箱上的三芯插头座接单相电源（220V，AC），其中地线端应接大地。程控箱上的 220VAC 电源输出接到分析箱电源输入。

b. 程控箱上的二芯插头座与电弧炉上的二芯插头座相连，按"分析"按钮时，电弧炉自动引弧。

c. 二十五芯插头座用于分析箱与控制箱的电路连接。

d. 保险丝管用 $\phi5\times18$、2A 保险丝管。

e. 程控箱上 C、S 标志插头座分别与分析箱 C、S 十五芯插头座相连。

f. 程控箱上的通讯口与电脑主机后板上的 COM2 相连。

g. 电子天平的接口与电脑主机后板的 COM1（上面的一个）相连。

② 气路连接　分析箱后面有三个接管嘴，它们是氧气进气接管嘴（进气嘴）；氧气出气接管嘴（出氧嘴）；混合燃气进气接管嘴（燃气嘴）。

接好气路后，打开氧气减压阀，调节氧气阀的低压氧气输出在 0.02～0.04MPa 之间。

③ 电极的安装与调节（仪器出厂时已安装调节好，用户使用仪器时应检查）

电极 1（DJ1）：插到水准瓶瓶底；

电极 2：插到水准瓶中间，其高度用于调整取样数（用量气筒截取的燃气量的多少）。

在"分析"过程中，量气筒液面下降到量气筒粗细交界处时，DF3、DF4 同时出现响声，这时 DF2 正好与液面接触。量气筒中空出的部分容积，就是取样量。提高 DJ2 的位置，则增大取样数，降低 DJ2 的位置，则减少取样数。

为准确调整 DJ2，先按"准备"，量气筒注满溶液后，按住"对零"，使溶液面下降到量气筒粗细交界处时，放开"对零"，然后调节 DJ2，使其下端正好与水准瓶内液面接触即可。（调 DJ2 时应注意不要和 DJ1 碰上，也不要使 DJ2 与水准瓶内壁相碰）。

电极 4（DJ4）、电极 5（DJ5）安装于滴定管上方。它们的下端都应在滴定管零刻度之上，最好使它们的下端在同一高度。

（3）仪器的操作

PC 机是仪器的主要组成部分，其操作方法如下。

① 控制界面的进入。确定计算机各部分连接无误后，接通交流电源，先按下电脑主机面板上的启动按钮，再打开显示器开关，这时电脑启动自动进入 Windows 界面，此时在电脑桌面上有一快捷图标——"HXE-7B"，用鼠标双击"HXE-7B"，电脑进入"HXE-7B"控制界面，点击"分析开始"按钮，电脑进入"HXE-7B"的主控制界面。界面上有四个文本框，分别用于"显示时间"、"试样值"（质量值）、"C 显示"、"S 显示"。命令按钮分别是"准备"、"对零"、"分析"、"校准"、"数据保存"、"试样"、"清零"、"退出"。

② 对零操作。在仪器各部分连接完毕确认无误后，打开程控箱和电弧炉电源，以后各命令按钮的操作均在此前提下进行，不再重复叙述。用鼠标左键点击"对零"按钮，这时对零电磁阀（DJ4）打开，使分析箱中量气筒的液面降至标尺筒的零刻度线处。当发现液面不在零刻度线时，可通过增加或减少水准瓶中液体的办法使之归零。

③ 校准。点击"校准"按钮，显示"正在校准"，这时调节程控箱上的碳调零旋钮，使屏幕上的"C 显示"文本框显示 0mV 左右（一般显示±几毫伏无碍），至此，C 对零结束。不要忘记对零结束后，再点击一下"校准"按钮，使校准按钮显示为"校准结束"字样。

④ 准备。点击"准备"按钮，这时分析箱的有关电磁阀打开，仪器自动加液，待液加满后，电磁阀在计算机的控制下自动关闭。等加液结束后，再点击一下"校准"按钮；查看一下 S 滴定管是否加满，并且将 S 对一下零，即在 S 滴定管加满后，其"S 显示"文本框显示 0mV 左右，若不是这样，应调节 S 调零旋钮使其为 0mV 左右，准备过程结束。

⑤ 称试样。试样称好后，只要按一下电子天平上的"Print"键即可，此时试样值便出现在电脑显示屏的试样值文本框内。

⑥ 分析。点击"分析"按钮，电脑进入分析程序，时间约几十秒，待分析结束后，屏幕上 C、S 文本框直接显示其测试结果。若要对 C、S 数值进行校准（或定标），必须在分析结果出来后立即进行。校准的方法是调整程控箱上 C、S"校准"按钮。

⑦ 数据保存与读取。在分析结果出来后，若认为数据有必要保存，只要点击"数据保存"按钮即可，这样数据即保存在 E：\ HX1 文件中，其数据的保存格式为：

日期　时间　C　S　试样值

该数据可长期保存，需要查找原始记录时，只要在电脑 Windows 界面上，双击 E 盘即显示 HX1 文件。

特别提醒：当计算机受到外部干扰或执行了非法操作造成死机时，可按计算机主机面板上的"复位"按钮，使计算机重新启动。当由于特殊原因造成仪器程序控制失灵时，只要按一下程控箱上的"复位"按钮即可。

四、实验步骤

1. 定标

（1）用已知碳硫含量的定量（一般为 1g）钢样放入电弧燃烧炉，按上述"分析操作"步骤操作，待屏幕上 C、S 文本框直接显示其测试结果时，分别调整"C"、"S"的"校准"按钮，使表头读数与标样"C"、"S"含量相同。

（2）碳只需以一种标样定标即可。为方便起见，在仪器第一次使用时，应选用几种标样检查一下仪器的精度是否满足要求，如不满足要求，应检查管路是否有漏气、积液、阻塞、碱石灰失效等问题。硫可用一个接近被测试样的标样定标。为提高精度也可用几种标样验证。

（3）定标所选用标样的碳、硫含量应接近被测试样的估计值或在试样估计值范围的中间。

（4）该仪器配置了直读标尺筒及刻度滴定管，所以仍可以用标尺直读及滴定毫升数换算的方法，分别得出碳硫的百分含量。方法为在定碳时，做标样后，等吸收灯灭时，转动标尺筒，使液面凹面对准的标尺刻度为标样的含碳量（定标后，标尺筒就不能随意转动）。做试样时，吸收灯灭时，液面对准的标尺刻度即为碳的百分含量。定硫时，做标样后，等吸收灯灭时，读取硫的滴定毫升数，如为 $X1$，而标样中硫的含量为 $Y1$，则算出滴定常数为 $K = Y1/X1$。做试样时，如读出硫的滴定毫升数为 $X2$，则可计算出该试样中硫的百分含量为 $K \cdot X2$。

2. 试样测定

（1）根据试样中碳及硫的粗略含量，称取相应质量的钢样，一般称取质量在 0.5～1g 左右。

（2）为防止试样燃烧后粘附在铜坩埚壁上，先在铜坩埚内放置约 0.275g 硅钼粉。

（3）放入试样后，在试样上部放入约 8.35g 助燃剂——锡粉。

（4）调节上电极与试样表面距离为 4～9mm，把坩埚上升密闭。

（5）事先调整好氧气瓶压力为 0.02～0.04MPa，并送入氧气。先后开启"前氧"及"后控"两个开关，检查检流计流量。

（6）调节碳吸收液的起始终点，并将硫滴定管内溶液加满。

（7）开动"前氧"开关后，按照仪器操作步骤，按动"分析"，仪器进入自动分析程序，并显示碳硫含量。

（8）关闭"前氧"开关，待气泡平缓后再关闭"后控"开关。

（9）下降坩埚座取出铜坩埚，倒出残渣，清理坩埚内壁，以备下次分析用。

五、思考题

1. 实验中，应采取哪些具体措施保证测量准确度？
2. 若仪器自动分析程序出现问题，应如何测得试样中碳硫含量？

实验三十六　镀液中 Cl⁻ 及 CN⁻ 的测定

一、实验目的

1. 巩固沉淀滴定原理。

2. 学会测定镀镍液中 Cl^- 及氰化电镀中 CN^- 的方法。

二、实验原理

1. 镀镍液中 Cl^- 的测定

在近中性溶液中，以 K_2CrO_4 为指示剂，用 $0.1mol \cdot L^{-1}$ $AgNO_3$ 标准溶液直接滴定被测镀液中的 Cl^-。

$$Ag^+ + Cl^- \longrightarrow AgCl \downarrow （白色） \qquad 主反应$$
$$2Ag^+ + CrO_4^{2-} \longrightarrow Ag_2CrO_4 \downarrow （砖红色） \qquad 终点反应$$

由于 $AgCl$ 的溶解度小于 Ag_2CrO_4，所以在滴定过程中，$AgCl$ 首先析出沉淀，待滴定到化学计量点附近时，Ag^+ 浓度迅速增加，达到 Ag_2CrO_4 的溶度积，便形成砖红色的 Ag_2CrO_4 沉淀，它与白色 $AgCl$ 沉淀一起，使溶液略带淡红色，即为终点。

2. 游离氰化物的测定

在氰化镀铜、氰化镀银、氰化镀金以及氰化镀锌铜等溶液中，常常需要测定游离氰化物的含量。

利用硝酸银与游离氰化物（如 NaCN）相互作用，生成稳定的银氰络合物这一特性，以 KI 作为指示剂，用 $AgNO_3$ 标准溶液滴定镀液中游离氰化物，当反应完全后，过量的一滴 $AgNO_3$ 即和 KI 作用生成黄色 AgI 沉淀（或浑浊）。

$$Ag^+ + 2CN^- \longrightarrow [Ag(CN)_2]^- \qquad 主反应$$
$$Ag^+ + I^- \longrightarrow AgI \downarrow （黄色） \qquad 终点反应$$

三、主要试剂与仪器

仪器：5mL、10mL 移液管各一支，250mL 锥形瓶两个，50mL 棕色酸式滴定管一支。

试剂：5％K_2CrO_4，$0.1mol \cdot L^{-1}$ $AgNO_3$ 标准溶液，20％KI。

四、实验步骤

1. 镀镍液中 Cl^- 测定

用移液管吸取镀液 5.00mL 于 250ml 的锥形瓶中，加蒸馏水 50mL 及 5％K_2CrO_4 指示剂数滴，以 $0.1mol \cdot L^{-1}$ $AgNO_3$ 标准溶液滴定至白色沉淀略带淡红色即为终点。记录耗用 $AgNO_3$ 标准溶液的体积，平行测定三次。

$$\rho_{Cl^-}(g \cdot L^{-1}) = \frac{cV \times 35.45}{5.00}$$

$$\rho_{NaCl}(g \cdot L^{-1}) = \frac{cV \times 58.45}{5.00}$$

$$\rho_{NH_4Cl}(g \cdot L^{-1}) = \frac{cV \times 53.49}{5.00}$$

式中　c——$AgNO_3$ 标准溶液浓度，$mol \cdot L^{-1}$；

　　　V——耗用 $AgNO_3$ 标准溶液体积，mL。

2. 游离氰化物的测定

用移液管吸取镀液 10.00mL，置于 250mL 锥形瓶中，加入 100mL 蒸馏水及 20％KI 溶液 5mL，以 $AgNO_3$ 标准溶液滴定至略显浑浊即为终点。记录耗用硝酸银标准溶液的体积，平行测定三次。

$$\rho_{游离NaCN}(g \cdot L^{-1}) = \frac{cV \times 98.04}{10.00}$$

式中　c——AgNO$_3$ 标准溶液浓度，mol·L^{-1}；

V——耗用 AgNO$_3$ 标准溶液的体积，mL。

五、数据记录及处理

（1）镀镍液中 Cl$^-$ 的测定

项目 　　　　　　　　　　编号	1	2	3
消耗 AgNO$_3$ 溶液的体积 V/mL			
ρ_{Cl^-} /g·L^{-1}			
ρ_{Cl^-} 的平均值/g·L^{-1}			
相对平均偏差			

（2）游离氰化物的测定

编号	1	2	3
消耗 AgNO$_3$ 溶液的体积 V/mL			
$\rho_{游离NaCN}$/g·L^{-1}			
$\rho_{游离NaCN}$的平均值/g·L^{-1}			
相对平均偏差			

六、思考题

1. 莫尔法测定 Cl$^-$ 时，酸度为什么控制在 pH＝6.5～10.5 的近中性至弱碱性溶液中？

2. 电镀镍溶液的 pH 可以用 NaHCO$_3$ 或硼砂来调整，一般地，当 pH 值在 5.6 以下时，每 5mL 试液中加入 2g NaHCO$_3$。为什么不选用强碱？

3. 溶液中为什么不能有氨存在？

实验三十七　钾盐镀锌液锌含量及镀镍液中镍含量测定

一、实验目的

1. 掌握 EDTA 标准溶液的配制与标定方法。
2. 掌握钾盐镀锌液中 Zn^{2+} 及镀镍液中 Ni^{2+} 的测定方法。

二、实验原理

在 pH＝9～10 的弱碱性介质中，Zn^{2+}、Ni^{2+} 等与 EDTA 发生配合反应：

$$Zn^{2+} + Y^{4-} \rightleftharpoons [ZnY]^{2-}$$

$$Ni^{2+} + Y^{4-} \rightleftharpoons [NiY]^{2-}$$

前者采用 EBT 为指示剂, 终点由红色变蓝色; 后者以紫脲酸铵为指示剂, 终点由黄色变红色。

三、主要试剂与仪器

仪器: 台秤, 分析天平, 100mL 小烧杯 1 个, 100mL 容量瓶 1 个, 20mL、2mL、1mL 移液管各 1 支, 10mL 量杯 1 个。

试剂: EDTA, 纯锌片 (A.R.), 1∶1 盐酸, 1∶1 NH₃·H₂O, pH=10 的氨缓冲液 (27g NH₄Cl 溶于水后, 加 197mL 浓氨水, 稀释至 500mL), NaCl∶EBT=100∶1 的指示剂, NaCl∶紫脲酸铵=100∶1 的指示剂, 1∶1 三乙醇胺。

四、实验步骤

1. EDTA 标准溶液的配制与标定

配制: 称取 EDTA (A.R.) 18.6g 溶于温水中, 用去离子水稀释至 1000mL, 即为 0.05mol·L⁻¹ EDTA 标准溶液。

标定: 称取纯锌片 (A.R.) 0.3000~0.4000g 于 100mL 小烧杯中, 加入 5mL 1∶1 盐酸, 加热使之溶解完全, 冷却, 移入 100mL 容量瓶中, 加水至刻度, 摇匀。

用移液管移取 20.00mL 锌基准液, 置于 250mL 锥形瓶中, 加水 20mL, 以 1∶1 NH₃·H₂O 调至微碱性, 加入 pH=10 的氨缓冲液 10mL, EBT 指示剂几滴, 摇匀, 以配制好的 EDTA 标准溶液滴定至溶液由红色变为蓝色为终点。平行测定三次。

$$c_{EDTA} = \frac{m_{Zn} \times 20 \times 10^{-3}}{65.38 \times 100 \times 10^{-3} \times V \times 10^{-3}} = \frac{m_{Zn}}{326.9 \times V \times 10^{-3}} \ (mol·L^{-1})$$

式中　m_{Zn}——锌片质量, g;

　　　V——EDTA 消耗的体积, mL。

2. 钾盐镀锌液中 Zn^{2+} 测定

取镀液 2.00mL, 置于 250mL 锥形瓶中, 加水 50mL, NH₃-NH₄Cl 缓冲液 10mL, 1∶1 三乙醇胺 10mL, 铬黑 T 指示剂数滴, 用 0.05mol·L⁻¹ EDTA 标准溶液滴定至溶液由红色变为蓝色, 记录 EDTA 标准液体积。平行测定三次。

$$\rho_{Zn} = 32.7 \times c_{EDTA} V_{EDTA} \ (g·L^{-1})$$

式中　c_{EDTA}——EDTA 标准溶液的浓度, mol·L⁻¹;

　　　V_{EDTA}——EDTA 标准溶液的体积, mL。

3. 镀镍液中 Ni^{2+} 含量测定

用移液管取镀液 1.00mL, 于 250mL 锥形瓶中, 加水 50mL, NH₃-NH₄Cl 缓冲液 10mL, 紫脲酸铵 0.1g, 以 0.05mol·L⁻¹ EDTA 标准溶液滴定至刚好由黄色变为紫色。

$$\rho_{NiSO_4·7H_2O} = 280.8 \times c_{EDTA} V_{EDTA} \ (g·L^{-1})$$

式中　c_{EDTA}——EDTA 标准溶液的浓度, mol·L⁻¹;

　　　V_{EDTA}——EDTA 标准溶液的体积, mL。

五、数据记录及处理

（1）EDTA（$0.05\text{moL}\cdot\text{L}^{-1}$）标准溶液的标定

项目 ＼ 水样编号	1	2	3
纯锌片质量（m_{Zn}）/g			
消耗 EDTA 标准溶液的体积（V_{EDTA}）/mL			
EDTA 标准溶液的浓度/mol·L^{-1}			
EDTA 标准溶液浓度的平均值/mol·L^{-1}			

（2）钾盐镀锌液中 Zn^{2+} 的测定

项目 ＼ 水样编号	1	2	3
消耗 EDTA 溶液的体积（V_{EDTA}）/mL			
$\rho_{Zn^{2+}}$ /g·L^{-1}			
$\rho_{Zn^{2+}}$ 平均值/g·L^{-1}			
相对平均偏差			

（3）镀镍液中 Ni^{2+} 含量的测定

项目 ＼ 水样编号	1	2	3
消耗 EDTA 溶液的体积（V_{EDTA}）/mL			
$\rho_{Ni^{2+}}$ /g·L^{-1}			
$\rho_{Ni^{2+}}$ 平均值/g·L^{-1}			
相对平均偏差			

六、思考题

1. 络合滴定法测锌和测镍的指示剂为什么不同？
2. 测定过程中为什么将酸度控制在 pH＝9～10 的介质中？
3. 配制 EDTA 标准溶液需注意什么问题？

实验三十八　铝合金中铝含量测定

一、实验目的

1. 掌握铝合金的溶样方法。
2. 掌握置换滴定法测定 Al^{3+} 的原理和方法。

二、实验原理

铝合金中除铝元素外，一般含有硅、铜、铁、镍、锰等元素，铝为两性元素，既能溶于酸，又能溶于碱，因此铝合金溶样有酸溶法和碱溶法两种。为保证其中各成分溶解完全，在酸溶法中，除用 HCl 外，还加入氧化剂 H_2O_2；在碱溶法中，用碱溶样后，再置于 HNO_3 中。

试样溶解后，Al 转化为 Al^{3+}，先用 EDTA 络合后，再用 F^- 将 Al^{3+} 络合的 EDTA 置换出，然后用 Zn^{2+} 标准溶液，以 EBT 为指示剂，滴定生成的 EDTA，进而得 Al 含量。

$$Al^{3+} + Y^{4-} \Longrightarrow [AlY]^-$$
$$[AlY]^- + 6F^- \Longrightarrow [AlF_6]^{3-} + Y^{4-}$$
$$Y^{4-} + Zn^{2+} \Longrightarrow [ZnY]^{2-}$$

三、主要试剂与仪器

仪器：台秤，分析天平，10mL 量杯 2 个，250mL、100mL 容量瓶各一个，250mL 锥形瓶 2 个。

试剂：1∶1 HCl，HNO_3-HCl-H_2O(体积比)＝1∶1∶2 的混合酸，1∶1 $NH_3 \cdot H_2O$，1∶3 HCl，20％六亚甲基四胺，0.2％二甲酚橙指示剂，20％ NH_4F 溶液，0.02mol·L^{-1} EDTA 标准溶液；0.01mol·L^{-1} 锌标准溶液：称取锌片（99.99％）0.15～0.20g 于 150mL 烧杯中，加 1∶1 HCl 10mL，盖上表面皿，待其完全溶解后，用水冲洗表面皿及烧杯内壁，并将溶液转移至 250mL 容量瓶中，加水稀释至刻度，摇匀，计算其准确浓度。

四、实验步骤

1. 溶样

准确称取 0.13～0.15g 试样于 150mL 烧杯中，加入约 10mL 混合酸，并立即盖上表面皿，待试样溶解后，用水冲洗表面皿及烧杯内壁，并将溶液转移至 100mL 容量瓶中，加水稀释至刻度，摇匀。

2. 铝含量测定

用移液管吸取试液 25.00mL 于 250mL 锥形瓶中。加入 0.02mol·L^{-1} EDTA 溶液 20mL，二甲酚橙指示剂 2 滴，用 1∶1 氨水调至溶液恰呈紫红色。然后，滴加 1∶3 的 HCl 溶液 3 滴，将溶液煮沸 3 分钟左右，冷却。加入 20％六亚甲基四胺溶液 20mL，此时溶液应呈黄色，如不呈黄色，可用 HCl 调节。再补加二甲酚橙 2 滴，用锌标准溶液滴定至溶液由黄色变为红紫色（此时，不计滴定的体积）。加入 20％ NH_4F 溶液 10mL，将溶液加热至微沸，流水冷却，再补加二甲酚橙指示剂 2 滴，此时溶液应呈黄色。若溶液呈红色，应滴加 1∶3 的 HCl 使溶液呈黄色。再用锌标准溶液滴定至溶液由黄色变为紫红色即为终点，平行测定三次并记录数据。

$$w_{Al} = \frac{(cV \times 10^{-3})_{Zn} \times 26.98}{m \times \dfrac{25}{100}} \times 100\%$$

式中 $(cV \times 10^{-3})_{Zn}$——Zn 的物质的量，mol；

         m——铝试样质量，g。

以标样换算时：

$$w_{Al} = \frac{w \times V_1}{V_2}$$

式中　V_2——试样消耗的 Zn 标液体积，mL；

V_1——标样消耗的 Zn 标液体积，mL；

w——标样中 Al 含量。

五、数据记录及处理

项目　　　　　　　　　　编号	1	2	3
消耗的锌标准溶液的体积 V/mL			
铝试样质量 m/g			
铝的含量 w_{Al}			
铝含量平均值			
相对平均偏差			

六、思考题

1. 在用 EDTA 置换法测定 Al 时，杂质元素 Si、Mg、Ca、Mn、Fe、Zn、Sn 中，哪些元素对测定有干扰？

2. 铝合金的溶样方法，亦可用 NaOH 分解法，但需使用银烧杯或塑料烧杯。试设计实验步骤。

3. 加入 NH₄F 溶液后，加热溶液，往往使溶液的 pH 值升高，二甲酚橙显红色，故应补加 HCl 使溶液呈黄色后，再行滴定。为什么？

4. 如果 EDTA 的加入量不够，会有什么现象发生？对测定结果有何影响？应采取什么措施？

5. 实验完毕后，应尽快弃去废液，并清洗仪器，为什么？

实验三十九　镀铬溶液中 Cr(Ⅵ) 及 Cr(Ⅲ) 测定

一、实验目的

1. 掌握摩尔盐标准溶液的配制与标定方法。
2. 掌握镀铬液中 Cr(Ⅵ) 及 Cr(Ⅲ) 的测定方法。

二、实验原理

镀铬溶液中的铬主要是以六价铬状态存在，呈 $Cr_2O_7^{2-}$ 或 CrO_4^{2-} 形式。在酸性溶液中，以 P.A 酸作指示剂，用摩尔盐标准溶液滴定，当溶液由紫红色转变为绿色时，即表示终点到达。其反应为：

$$Cr_2O_7^{2-} + 6Fe^{2+} + 14H^+ \longrightarrow 2Cr^{3+} + 6Fe^{3+} + 7H_2O$$

分析三价铬时，应先用氧化剂 Na_2O_2 或 $(NH_4)_2S_2O_8$ 等，将 Cr^{3+} 氧化成 $Cr_2O_7^{2-}$，然后再用摩尔盐标准溶液滴定至终点。

氧化三价铬时，若在强碱性介质中，则反应为：

$$2CrO_2^- + 3Na_2O_2 + 2H_2O \Longrightarrow 2CrO_4^{2-} + 6Na^+ + 4OH^-$$

若在强酸性介质中用 $(NH_4)_2S_2O_8$ 氧化，则反应为：

$$2Cr^{3+} + 3S_2O_8^{2-} + 7H_2O \xrightarrow{Ag^+} Cr_2O_7^{2-} + 6SO_4^{2-} + 14H^+$$

三、主要试剂与仪器

试剂：$K_2Cr_2O_7$ 基准物；$(NH_4)_2Fe(SO_4)_2 \cdot 6H_2O$ （A. R.）；0.2% P. A 酸指示剂：0.2g 邻苯氨基苯甲酸溶于 100mL 0.2% 的无水碳酸钠溶液中；浓 H_2SO_4；$(NH_4)_2S_2O_8$；1% $AgNO_3$。

仪器：分析天平，台秤，500mL 容量瓶 2 个，25mL 移液管 1 支，10mL 量杯 2 个，500mL 锥形瓶 2 个。

四、实验步骤

1. $0.1mol \cdot L^{-1}$ 摩尔盐标准液的配制与标定

（1）配制：称取 $(NH_4)_2Fe(SO_4)_2 \cdot 6H_2O$ 约 20g，溶于冷的 250mL 5：95 的稀 H_2SO_4 溶液中。溶解后，以 5：95 的稀 H_2SO_4 溶液稀释至 500mL。

（2）标定：取分析纯 $K_2Cr_2O_7$ 于 150℃ 烘箱内干燥 2h，置于干燥器中冷却 20～25min。在分析天平上准确称取 $K_2Cr_2O_7$ 2.4500g 左右，溶于水后，转移至 500mL 容量瓶中，稀释至刻度。根据实际称取质量，计算 $K_2Cr_2O_7$ 的准确浓度。

用移液管吸取已知浓度的 $K_2Cr_2O_7$ 溶液 25.00mL 于 500mL 锥形瓶中，加水 150mL 及浓 H_2SO_4 10mL，冷却，加 P. A 酸指示剂 8 滴，溶液呈紫红色，以配制好的硫酸亚铁铵溶液滴定至紫红色变成绿色即为终点。平行测定三次。

$$c = \frac{6 \times 25.00 \times c_{K_2Cr_2O_7}}{V}$$

式中 c——标准硫酸亚铁铵的浓度，$mol \cdot L^{-1}$；

V——耗用标准硫酸亚铁铵溶液的体积，mL。

2. 镀铬液中铬酐的测定

用移液管吸取镀液 5.00mL 于 250mL 容量瓶中，以水稀释至刻度，摇匀。用移液管吸取稀释液 25.00mL 于 500mL 锥形瓶中，加水 200mL，浓硫酸 10mL，冷却，加 P. A 酸指示剂 8 滴，溶液呈紫红色。以 $0.1mol \cdot L^{-1}$ 硫酸亚铁铵标准溶液滴定至溶液由紫红色变成绿色为终点。记录消耗的体积。

$$\rho_{CrO_3} (g \cdot L^{-1}) = \frac{2}{3} c V_1 M_{CrO_3}$$

式中 c——硫酸亚铁铵标准溶液浓度，$mol \cdot L^{-1}$；

V_1——耗用标准硫酸亚铁铵溶液的体积，mL；

M_{CrO_3}——CrO_3 的摩尔质量，$g \cdot mol^{-1}$。

3. 镀铬液中三价铬含量的测定

（1）用移液管吸取上述稀释液 25.00mL 于 500mL 锥形瓶中，加水 120mL 及 Na_2O_2 0.2g，加热至沸，沸腾 20～30min，冷却，加水 100mL，浓硫酸 10mL 及 P. A 酸 8 滴，溶

液呈紫红色。以 $0.1 mol \cdot L^{-1}$ 硫酸亚铁铵标准溶液滴定至由紫红色变成绿色为终点。记录消耗的体积。

（2）用移液管吸取上述稀释液 25.00mL 于 500mL 锥形瓶中，加水 200mL，浓硫酸 10mL，1% $AgNO_3$ 10mL 及 10% 的 $(NH_4)_2S_2O_8$ 20mL，加热至沸，沸腾 10~15min，冷却。加 P.A 酸指示剂 6 滴，溶液呈紫红色。以 $0.1 mol \cdot L^{-1}$ 硫酸亚铁铵标准溶液滴定至溶液由紫红色变成绿色为终点。记录消耗的体积。

$$\rho_{Cr}(g \cdot L^{-1}) = \frac{2}{3} c(V_2 - V_1) M_{Cr}$$

$$\rho_{Cr_2O_3}(g \cdot L^{-1}) = \frac{1}{3} c(V_2 - V_1) M_{Cr_2O_3}$$

式中　V_1——分析铬酐时耗用标准硫酸亚铁铵溶液的体积，mL；

　　　V_2——本实验耗用总硫酸亚铁铵溶液的体积，mL；

　　　c——硫酸亚铁铵标准溶液的浓度，$mol \cdot L^{-1}$。

五、数据记录及处理

（1）硫酸亚铁铵标准溶液的配制及标定

项目 ＼ 编号	1	2	3
称取硫酸亚铁铵的质量/g			
称取重铬酸钾的质量/g			
耗用硫酸亚铁铵标准溶液的体积 V/mL			
硫酸亚铁铵标准溶液的浓度/$mol \cdot L^{-1}$			
硫酸亚铁铵标准溶液的平均浓度/$mol \cdot L^{-1}$			

（2）镀铬液中铬酐的测定

编号	1	2	3
消耗硫酸亚铁铵标准溶液的体积 V_1/mL			
$\rho_{Cr_2O_3}$/$g \cdot L^{-1}$			
$\rho_{Cr_2O_3}$ 的平均值/$g \cdot L^{-1}$			
相对平均偏差			

（3）镀铬液中三价铬含量的测定

编号	1	2	3
消耗硫酸亚铁铵标准溶液的体积 V_2/mL			
ρ_{Cr}/$g \cdot L^{-1}$			
ρ_{Cr} 的平均值/$g \cdot L^{-1}$			
相对平均偏差			

六、思考题

1. 三价铬测定时，误差一般较大，实验中如何设法减少测量误差？
2. 三价铬的预处理有两种方法，各有什么利弊？
3. 配制硫酸亚铁铵标准溶液时，为什么用稀硫酸作为溶剂？

实验四十　合金钢中铬、锰的测定

一、实验目的

1. 熟悉合金钢溶样的方法。
2. 掌握氧化还原法测定合金钢中铬与锰的原理及方法。

二、实验原理

钢铁试样用硫磷硝混合酸溶解后，以 $AgNO_3$ 为催化剂，用过硫酸铵将铬、锰氧化为 $Cr_2O_7^{2-}$ 和 MnO_4^-，过量的过硫酸铵煮沸分解，以 P. A 酸为指示剂，用硫酸亚铁铵标准溶液滴定，测 Cr、Mn 总量。然后，在尿素存在下，用 $NaNO_2$ 将 MnO_4^- 还原为 Mn^{2+}，以 P. A 酸为指示剂，用硫酸亚铁铵滴定，测 Cr 量，二者之差，即为 Mn 的量。

三、主要试剂与仪器

试剂：$10\%(NH_4)_2S_2O_8$，尿素（固体），1% $NaNO_2$，0.2% P. A 酸指示剂。

硫磷混合酸：于 700mL 水中小心加入浓硫酸 150mL，冷却后再加入浓磷酸 150mL。

硫磷硝混合酸：称取 2.5g $AgNO_3$ 溶于 700mL 水中，缓慢加入浓硫酸 200mL，冷却后加 H_3PO_4 50mL，HNO_3 50mL。

$0.01mol·L^{-1}$ 硫酸亚铁铵标准溶液：称取 4g 硫酸亚铁铵，溶于 1000mL 5∶95 的硫酸溶液，储于棕色瓶中。

仪器：250mL 锥形瓶 2 个，10mL 量杯 4 个，分析天平，台秤，酸式滴定管 1 支，100mL 容量瓶 1 个。

四、实验步骤

1. 溶样

称取 0.5g 试样于 250mL 锥形瓶中，加入硫磷混合酸 40mL，加热溶解，滴加浓硝酸破坏碳化物，煮沸，除尽氮的氧化物（若试样需测钨，要继续蒸至冒硫酸烟）。冷却，用水稀释至 100mL 容量瓶中，加水至刻度，摇匀。此液可供铬、锰、钼、钨的测定。

注意滴加 HNO_3 氧化时，加至剧烈反应停止后即可，有些合金钢试样，滴加 HNO_3 后仍不清澈，虽不测钨，也应加热至冒硫酸烟，使试样澄清。

2. Cr、Mn 测定

吸取原液 20.00mL 两份，分别于 250mL 锥形瓶中，加水约 20mL，加硫磷硝混合酸 10mL，10% 过硫酸铵 10mL，加热煮沸 5~8min，取下冷却。其中第 1 份，加尿素 0.5~1g，滴加 1% $NaNO_2$ 使 MnO_4^- 的红色恰好消失，放置 1~2min，加 P. A 酸指示剂 2 滴，用硫酸亚铁铵标液滴定至亮绿色为终点；第 2 份，直接加入 P. A 酸指示剂，用硫酸亚铁铵标液滴定至终点（操作时，可附带标样，并通过标样计算滴定度 T）。结果按下式计算：

$$w_{Cr} = T_{Cr} \cdot V_{Cr} \qquad w_{Mn} = T_{Mn} \cdot (V_1 - V_{Cr})$$

式中　T_{Cr}、T_{Mn}——硫酸亚铁铵对 Cr、Mn 的滴定度，表示每毫升硫酸亚铁铵相当于 Cr 或 Mn 的百分数；

　　　　V_1——第 2 份试样消耗硫酸亚铁铵的体积，mL；

　　　　V_{Cr}——第 1 份试样消耗硫酸亚铁铵的体积，mL。

五、数据记录及处理

项目　　　　　　　　　　编号	1	2	3
第二份试样消耗硫酸亚铁铵的体积 V_1/mL			
第一份试样消耗硫酸亚铁铵的体积 V_{Cr}/mL			
Cr 的含量 w_{Cr}			
Mn 的含量 w_{Mn}			
w_{Cr} 的平均值			
w_{Mn} 的平均值			

六、思考题

1. 滴加 $NaNO_2$ 还原锰时，要在不断摇动下逐滴加入，且应在溶液中先加入尿素，否则 Cr(Ⅵ) 也会被还原，为什么？

2. 指示剂加入量不宜过多，而且要求标样与试样尽量一致，为什么？

实验四十一　铜含量测定

一、实验目的

1. 巩固碘量法的基本原理。
2. 掌握碘量法测铜的方法。

二、实验原理

在弱酸性介质中，Cu^{2+} 与过量 I^- 反应，生成 I_2，用 $Na_2S_2O_3$ 标准溶液滴定生成的 I_2。

$$2Cu^{2+} + 4I^- \rightleftharpoons 2CuI \downarrow + I_2$$

$$I_2 + 2S_2O_3^{2-} \rightleftharpoons 2I^- + S_4O_6^{2-}$$

三、主要试剂与仪器

仪器：台秤，500mL 棕色瓶，25mL 移液管。

试剂：$Na_2S_2O_3 \cdot 5H_2O$，40% NaOH，浓 H_3PO_4，10% NH_4HF_2，20% KI，1% 淀粉指

示剂，10％KSCN，浓 HCl，30％H_2O_2，$NH_3 \cdot H_2O$。

四、实验步骤

1. $0.1 mol \cdot L^{-1} Na_2S_2O_3$ 标准溶液的配制

称取分析纯 $Na_2S_2O_3 \cdot 5H_2O$ 约 6.3g，溶于已煮沸而又冷却的 250mL 蒸馏水中，置于 500mL 棕色瓶中，加入 Na_2CO_3 约 0.05g，摇匀。

2. $Na_2S_2O_3$ 标准溶液的标定

常用的基准物有 $K_2Cr_2O_7$、KIO_3 等，本实验采用 $K_2Cr_2O_7$ 为基准物。取分析纯 $K_2Cr_2O_7$ 干燥 1h，在干燥器中冷却。准确称取 4.9035g $K_2Cr_2O_7$ 溶解于水，转移至 1L 容量瓶中，并稀释至 1000mL，其浓度为 $c_{K_2Cr_2O_7} = 0.0167 mol \cdot L^{-1}$。

用移液管量取 25.00mL $K_2Cr_2O_7$ 基准液，置于 250mL 碘量瓶中，加入 KI（固体）2g 及 $2 mol \cdot L^{-1}$ 盐酸 15mL，摇匀，放在暗处 5min，然后用 60mL 水稀释，用 $Na_2S_2O_3$ 标准溶液滴定至溶液呈浅黄绿色。加入 5mL 淀粉指示剂，继续滴定至蓝色消失而变为 Cr^{3+} 的绿色为终点。记录耗用 $Na_2S_2O_3$ 标准溶液的体积。

$$c_{Na_2S_2O_3} = \frac{6c_{K_2Cr_2O_7} V_{K_2Cr_2O_7}}{V_{Na_2S_2O_3}}$$

式中　$c_{Na_2S_2O_3}$——$Na_2S_2O_3$ 标准溶液的浓度，$mol \cdot L^{-1}$；

$\quad\quad c_{K_2Cr_2O_7}$——$K_2Cr_2O_7$ 基准液的浓度，$mol \cdot L^{-1}$；

$\quad\quad V_{K_2Cr_2O_7}$——$K_2Cr_2O_7$ 基准液的体积，mL；

$\quad\quad V_{Na_2S_2O_3}$——$Na_2S_2O_3$ 标准溶液的体积，mL。

3. 酸性镀铜液中 $CuSO_4$ 含量的测定

以移液管吸取镀液 5.00mL，置于 250mL 锥形瓶中，加水 30mL。逐渐滴入 50％NaOH 至溶液略显浑浊，然后逐渐滴入浓 H_3PO_4 使溶液澄清；加 10％NH_4HF_2 10mL，摇匀，加 20％KI 20mL；以标准硫代硫酸钠溶液滴定至溶液由棕转淡黄。

加 1％淀粉指示剂 5mL，此时溶液呈蓝色，以 $Na_2S_2O_3$ 标液滴定至溶液为浅蓝色，再加 5mL 10％KSCN，继续滴定至蓝色消失，半分钟不再变蓝为终点，记录用去的 $Na_2S_2O_3$ 体积。

$$\rho_{CuSO_4 \cdot 5H_2O} = \frac{c_{Na_2S_2O_3} V_{Na_2S_2O_3} M_{CuSO_4 \cdot 5H_2O}}{V_{样}}$$

式中　$c_{Na_2S_2O_3}$——$Na_2S_2O_3$ 标准溶液的浓度，$mol \cdot L^{-1}$；

$\quad\quad V_{Na_2S_2O_3}$——$Na_2S_2O_3$ 标准溶液的体积，mL；

$\quad\quad\quad V_{样}$——所取镀液体积，mL；

$\quad M_{CuSO_4 \cdot 5H_2O}$——$CuSO_4 \cdot 5H_2O$ 的摩尔质量，$g \cdot mol^{-1}$。

4. 铜合金中铜的测定

（1）溶样　称取试样 1.3g，置于 250mL 锥形瓶中，加浓 HCl 20mL，30％H_2O_2 10mL，加热使之溶解，煮沸至 H_2O_2 分解且冒大泡，冷却后，移入 250mL 容量瓶中，加水稀释至刻度，摇匀。

（2）测定　用移液管吸取 50.00mL 原液于 250mL 锥形瓶中，用 1∶1 的 $NH_3 \cdot H_2O$ 调至有沉淀生成，再以 1∶1 H_3PO_4 中和至沉淀溶解。加入 NH_4HF_2 约 20mL，摇动使之溶解，再加入 20％KI 10mL，立即用 $0.1 mol \cdot L^{-1} Na_2S_2O_3$ 标液滴定至呈浅黄色，然后加入 1％淀粉 5mL，继续滴至溶液呈浅棕色，加入 10％KSCN 10mL，滴至蓝色消失。

$$w_{Cu} = \frac{cV \times 63.5 \times 10^{-3}}{m \times \dfrac{50}{250}} \times 100\%$$

式中　c——$Na_2S_2O_3$ 标液的浓度，$mol \cdot L^{-1}$；

　　　V——$Na_2S_2O_3$ 标液的体积，mL；

　　　m——试样质量，g。

　　若用标样换算：　　　　$w_{Cu} = KV_{Na_2S_2O_3}$　　$K = \dfrac{A}{V}$

式中　$V_{Na_2S_2O_3}$——试样消耗的 $Na_2S_2O_3$ 标液体积，mL；

　　　V——标样消耗的 $Na_2S_2O_3$ 标液体积，mL；

　　　A——标样中铜的质量分数。

五、数据记录及处理

（1）硫代硫酸钠标准溶液的配制及标定

编号 项目	1	2	3
称取硫代硫酸钠的质量/g			
称取重铬酸钾的质量/g			
重铬酸钾标准溶液的浓度/$mol \cdot L^{-1}$			
消耗硫代硫酸钠标准溶液的体积 V/mL			
硫代硫酸钠标准溶液的浓度/$mol \cdot L^{-1}$			
硫代硫酸钠标准溶液的平均浓度/$mol \cdot L^{-1}$			

（2）酸性镀铜液中 $CuSO_4$ 含量的测定

编号	1	2	3
消耗硫代硫酸钠标准溶液的体积 V_1/mL			
$\rho_{CuSO_4 \cdot 5H_2O}$/$g \cdot L^{-1}$			
$\rho_{CuSO_4 \cdot 5H_2O}$ 的平均值/$g \cdot L^{-1}$			
相对平均偏差			

（3）铜合金中铜的测定

编号	1	2	3
试样质量/g			
消耗硫代硫酸钠标准溶液的体积 V_1/mL			
w_{Cu}/%			
w_{Cu} 的平均值/%			

六、思考题

1. $K_2Cr_2O_7$ 与 KI 反应，为什么在暗处放置约 5min？

2. 淀粉指示剂为什么不能过早加入？

3. 滴定完毕，溶液经过 5～10min 后还会变蓝，为什么？

实验四十二   重量法测定镀铬液中 H_2SO_4 含量

一、实验目的

了解重量法的基本原理与操作。

二、实验原理

SO_4^{2-} 在溶液中能与 $BaCl_2$ 生成难溶的 $BaSO_4$ 沉淀，经过滤、洗涤、干燥、灼烧以后，根据 $BaSO_4$ 的质量，可以算出镀铬液中 SO_4^{2-} 或 H_2SO_4 的含量。

$$Ba^{2+} + SO_4^{2-} \longrightarrow BaSO_4 \downarrow$$

由于镀铬液中 $Cr_2O_7^{2-}$、CrO_4^{2-} 亦能与 $BaCl_2$ 生成 $BaCrO_4$ 沉淀，因而影响 SO_4^{2-} 的测定。

$$Cr_2O_7^{2-} + H_2O \longrightarrow 2CrO_4^{2-} + 2H^+$$
$$CrO_4^{2-} + Ba^{2+} \longrightarrow BaCrO_4 \downarrow$$

所以在用 $BaCl_2$ 沉淀 SO_4^{2-} 之前，必须先用乙醇在酸性条件下把六价铬化合物还原为三价铬。

$$Cr_2O_7^{2-} + 3CH_3CH_2OH + 8H^+ \xrightarrow{\triangle} 2Cr^{3+} + 3CH_3CHO \uparrow + 7H_2O$$

生成的乙醛是挥发性的，可煮沸溶液而除去。Cr^{3+} 虽不与 Ba^{2+} 发生沉淀反应，但在溶液酸度较低时，会水解形成沉淀，而且 Cr^{3+} 还会与 SO_4^{2-} 生成共价型 $Cr_3(SO_4)_2$ 分子，使 SO_4^{2-} 不能被 Ba^{2+} 完全沉淀。所以必须把溶液酸化，防止 Cr^{3+} 水解，并用醋酸处理，使共价型 $Cr_3(SO_4)_2$ 分子转化为离子型，使 SO_4^{2-} 沉淀完全。所以在分析步骤中要加入 1:1:1 的乙醇、盐酸及冰醋酸的混合液，以达到上述目的。

三、主要试剂与仪器

仪器：烧杯，漏斗，玻璃棒，定量滤纸，马弗炉，移液管等。

试剂：10% $BaCl_2$，乙醇，浓 HCl，$6mol \cdot L^{-1} HNO_3$，$2mol \cdot L^{-1} HCl$，5% $AgNO_3$，冰醋酸混合液：1体积乙醇、1体积浓 HCl 和 1体积冰醋酸混合。

四、实验步骤

用移液管精确吸取试样 10.00mL，置于 250mL 烧杯中，加 100mL 蒸馏水稀释。

1. 还原六价铬

在稀释的试样中加入乙醇、浓盐酸、冰醋酸混合液 30mL，放在石棉网上加热并煮沸 10min（勿使溶液溅出），至溶液呈暗绿色，停止加热。

2. 沉淀 SO_4^{2-}

趁热以每秒钟 2～3 滴慢慢加入 10% 的 $BaCl_2$ 溶液 10mL，并不断搅拌（搅拌时玻璃棒应尽量避免触及烧杯），加毕后静置 3～5min，使 $BaSO_4$ 沉淀集中于烧杯底部（玻璃棒不要取出避免沉淀损失）。

在上层清液中，小心沿烧杯壁或玻璃棒加入数滴 $BaCl_2$ 溶液，观察是否有沉淀产生。如果无沉淀产生，说明沉淀已完全，否则继续加 $BaCl_2$ 溶液 $1\sim2mL$ 至不出现浑浊为止。

将沉淀煮沸 $1min$，用少量蒸馏水把杯壁和玻璃棒冲洗干净，取出玻璃棒，用表面皿盖好，静置 $1h$ 左右，使沉淀陈化。

3. 过滤及洗涤

选用中速定量滤纸过滤后，用洗液（$200mL$ 蒸馏水加入 $2mol\cdot L^{-1}$ HCl $3mL$ 配成洗液），每次取 $15\sim20mL$，用倾泻法洗涤沉淀 $2\sim3$ 次。用滴管吸取热蒸馏水洗涤沉淀，直至洗下的滤液中无 Cl^- 为止（取滤液数滴于洁净的小试管中，加 1 滴 $6mol\cdot L^{-1}$ HNO_3，再加 $5\%AgNO_3$ 溶液 1 滴，无浑浊现象，即表示无 Cl^-）。

4. 干燥与灼烧

将瓷坩埚洗净，在烘箱内烘干，然后在马弗炉内灼烧 $30min$。取出坩埚，在炉门口冷却一下，再取出放在石棉板上，于空气中自然冷却 $1\sim2min$，然后放入干燥器内冷却至室温，在天平上称重。再灼烧 $1\sim15min$，如上法冷却至室温后再称重，若两次称量仅差 $0.0002g$，则坩埚已恒重。否则须重复灼烧，冷却，称量，直至恒重为止。

从漏斗中取出带有沉淀的滤纸，仔细将滤纸包好，放入已恒重的坩埚内。

将盛有滤纸包的坩埚在电炉上加热，并使滤纸碳化。当滤纸全部碳化停止冒烟后，转动坩埚，烧去坩埚壁上的炭黑。待滤纸全部灰化后，与上述灼烧空坩埚一样，进行沉淀灼烧，直至恒重为止，记录正确质量。

$$\rho_{H_2SO_4}(g\cdot L^{-1}) = \frac{m_{BaSO_4}}{M_{BaSO_4} V_{样}}\times98\times1000$$

式中　　m_{BaSO_4}——称得 $BaSO_4$ 的质量，g；

$\quad\quad M_{BaSO_4}$——$BaSO_4$ 的摩尔质量，$g\cdot mol^{-1}$；

$\quad\quad V_{样}$——镀液体积，mL。

五、思考题

1. 沉淀操作中，$BaCl_2$ 溶液为什么趁热慢慢加入，并不断地搅拌？

2. 如果 $Cr(Ⅵ)$ 还原不完全，对测定结果有何影响？

实验四十三　生铁、铸铁、合金铸铁中硅、锰、磷、铜、钼、镍的联合测定

一、实验目的

1. 了解光度计的构造及使用方法。

2. 掌握生铁、铸铁、合金铸铁中硅、锰、磷、铜、钼、镍的联合测定方法。

二、实验原理

根据朗伯-比耳定律，$A=\varepsilon bc$，即在一定条件下，物质的吸光度与溶液浓度成正比。因此只要测得 A 对 c 的标准曲线或线性回归方程，即很容易获得试样的浓度。

三、主要试剂与仪器

仪器：分光光度计。

试剂：硫硝混酸（于930mL水中，缓缓加入浓 H_2SO_4 60mL，浓 HNO_3 10mL），1% $NaNO_2$ 溶液，10%过硫酸铵溶液。

四、实验步骤

目前，生铁及铸铁中微量 Cu、Si、Mn、Mo、P 和 Ni 大多采用分光光度法测定，而 Cr 多采用氧化还原滴定法测定。

1. 试样的溶解

称取试样0.5g于250mL锥形瓶中，加入硫硝混酸70mL，10%过硫酸铵10mL（若不测磷可不加），加热溶解后，再加10%过硫酸铵10mL，煮沸（测磷时煮沸2~3min），若溶液出现褐色水合二氧化锰沉淀时，则滴加1%$NaNO_2$使沉淀消失，再煮沸30s，取下冷却。然后用脱脂棉过滤到250mL容量瓶中，用水稀释至刻度，摇匀。此即为原液，可供测定Si、Mn、P、Cu、Cr、Mo、Ni等元素。

2. 硅的测定

方法要点：试样用酸溶解后，硅转变为正硅酸，在一定的酸度范围内，正硅酸与钼酸铵作用，生成可溶性硅钼黄杂多酸。在草酸存在下，用硫酸亚铁铵还原成硅钼蓝，进行比色测定。

试剂：补充酸（取溶样用的硫酸混合酸1份，加水4份）；1%钼酸铵溶液；5%草酸溶液；6%硫酸亚铁铵溶液（每100mL中加1:1 H_2SO_4 1mL）。

分析步骤：吸取原液5.00mL于干燥的250mL锥形瓶中，加补充酸5mL，1%钼酸铵30mL，放置10~15min，加5%草酸10mL，摇动使沉淀溶解后，立即加6%硫酸亚铁铵摇匀。

用660nm波长，1cm比色皿，蒸馏水为空白，测定标样的吸光度。

计算：
$$w_{Si} = \frac{w_s \times A_2}{A_1}$$

式中　w_s——标样（购买）中被测元素的质量分数；

　　　A_1——标样的吸光度；

　　　A_2——试样的吸光度。

附注：室温20℃以上时，加钼酸铵后放10min即可；低于20℃时，放置15min；加草酸后，要等钼酸铁浑浊消失后，才能立即加入硫酸亚铁铵。

3. 锰的测定

方法要点：在酸性溶液中，以硝酸银为催化剂，用过硫酸铵将二价锰氧化成紫红色七价锰，进行测定。

试剂：0.5%$AgNO_3$溶液（每1000mL中加1:1 HNO_3 1mL，$AgNO_3$ 5g）；10%过硫酸铵溶液。

分析步骤：用移液管吸取原液10.00mL于干燥的150mL锥形瓶中，加入0.5%$AgNO_3$溶液10mL，10%过硫酸铵溶液5mL，摇匀，放置3~5min。

用525nm波长，2cm比色皿，蒸馏水为空白。测定其吸光度。

计算：
$$w_{Mn} = \frac{w_s \times A_2}{A_1}$$

附注：夏天显色后 2min 足以达到最大吸光度；显色液很稳定，可成批显色。

4. 铜的测定

方法要点：用柠檬酸铵掩蔽铁等干扰元素，在氨性溶液中（pH＝8.5～9.5），Cu^{2+} 与铜试剂生成橙色胶体悬浮物（在很稀的溶液中），加入阿拉伯树胶，使胶体稳定，进行比色测定。

试剂：10％柠檬酸铵溶液；氨水-胶水混合液：1g 阿拉伯树胶溶于 300mL 水中（可摇荡溶解或加热溶解），然后再加浓氨水 100mL；0.2％铜试剂（二乙氨基二硫代甲酸钠），储于棕色瓶中。

分析步骤：用移液管吸取 10.00mL 原液于 150mL 锥形瓶中，加入 10％柠檬酸铵 10mL，氨水-胶水混合酸 20mL，0.2％铜试剂 10mL，摇匀。

用 500nm 波长，2cm 比色皿，蒸馏水为空白测定。计算方法同上。

附注：（1）氨水-胶水混合酸配制后不可久放，一般以一周左右为宜，如有少量沉淀，可过滤后再用。

（2）柠檬酸铵能污染玻璃，比色完毕应及时冲洗比色皿。

（3）显色后，溶液酸度应控制在 pH≥9，碱性不足时，溶液会发生浑浊。

（4）显色后可成批比色，但不易放置过久，一般不超过 30min。

5. 钼的测定

方法要点：在一定的酸度下，用氯化亚锡将六价钼还原到五价，与硫氰酸钠作用生成橙红色络合物进行比色测定。三价铁的干扰用氯化亚锡还原成二价而消除。

试剂：1∶3 H_2SO_4 溶液；10％硫氰酸钠溶液；10％ $SnCl_2$ 溶液：10g $SnCl_2$ 溶于 100mL 5∶95 HCl 溶液中（现用现配）。

分析步骤：用移液管吸取原液 20.00mL 于干燥的 150mL 锥形瓶中，加 1∶3 H_2SO_4 10mL，10％硫氰酸钠 10mL，10％ $SnCl_2$ 10mL，摇匀，放置 10min。

用 500nm 波长，2cm 比色皿，蒸馏水为空白进行测定。计算方法同上。

附注：（1）配制氯化亚锡用的稀盐酸，用量多少会影响吸光度，故 5∶95 的 HCl 可大体积预先配制好；

（2）加入硫氰酸钠后应立即加氯化亚锡。

6. 磷的测定

方法要点：试样在有氧化剂存在下用酸溶解后，以过硫酸铵氧化，磷以正磷酸状态存在。在一定酸度下，正磷酸与钼酸铵生成磷钼黄。然后加入抗坏血酸及硝酸铋还原磷钼黄为三元杂多酸铋磷钼盐，进行测定。

试剂：10％ $Na_2S_2O_3$ 溶液（10g $Na_2S_2O_3 \cdot 5H_2O$ 溶于 90mL 水中，加无水 Na_2CO_3 0.2g）；1％钼酸铵溶液（100mL 水中加 1g 钼酸铵，加 1∶1 氨水 0.5mL，使 pH 为 8～9）；1.5％抗坏血酸溶液；2∶98 的 H_2SO_4 溶液；10％硝酸铋溶液（10g 硝酸铋加 10mL 浓 HNO_3，80mL 水溶解）。

分析步骤：用移液管吸取原液 25.00mL（含 P＜0.15％）或 15mL（含 P＞0.15％，再加 2∶98 的 H_2SO_4 10mL）于 150mL 锥形瓶中，加 10％ $Na_2S_2O_3$ 溶液 3 滴，1％钼酸铵 5mL，1.5％抗坏血酸 10mL，10％硝酸铋 3 滴，摇匀，放置 1min。

用 690nm 波长，1cm 比色皿，蒸馏水为空白进行测定。计算方法同上。

附注：如含磷量较低，可改用 2～3cm 比色皿。

7. 镍的测定

方法要点：以酒石酸掩蔽铁、锰等干扰元素，在碱性溶液中，有氧化剂过硫酸铵存在下，镍与丁二酮肟作用，生成酒红色络合物，进行测定。

试剂：20％酒石酸溶液；10％NaOH 溶液；10％过硫酸铵溶液；1％丁二酮肟溶液（1g 丁二酮肟溶于 100mL 5％ NaOH 溶液中）。

分析步骤：用移液管吸取原液 10.00mL 于 100mL 容量瓶中，加入 20％酒石酸 10mL，10％NaOH 15～20mL（加至无色），10％过硫酸铵 10mL，1％丁二酮肟 10mL，用水稀释至刻度，摇匀。

用 530nm 波长，3cm 比色皿，蒸馏水为空白进行测定。计算方法同上。

附注：丁二酮肟与镍的有色络合物，其最大吸收波长为 450～480nm，考虑到此波长范围内铁的吸收较大，故选用 530nm 波长。

五、数据记录及处理

项目 ＼ 编号	硅	锰	磷	铜	钼	镍
标样吸光度 A_1						
试样吸光度 A_2						
被测元素质量分数						

计算试样中被测元素的质量分数：$w = \dfrac{w_s \times A_2}{A_1}$

式中 w_s——标样（购买）中被测元素的质量分数；

     w——试样中被测元素的质量分数；

     A_1——标样的吸光度；

     A_2——试样的吸光度。

六、思考题

1. 标准比较法和标准曲线法各有什么利弊？
2. 不同离子的显色条件和测量条件如何控制？

实验四十四   燃烧热的测定

一、目的要求

1. 通过测定萘的燃烧热，掌握有关热化学实验的一般知识和技术。
2. 掌握氧弹式量热计的原理、构造及其使用方法。

二、实验原理

燃烧热是指 1mol 物质完全燃烧时的热效应，是热化学中重要的基本数据。所谓"完全燃烧"，是指有机物质中的碳燃烧生成气体二氧化碳、氢燃烧生成液态水等。例如：萘的完全燃烧方程式为：

$$C_{10}H_8(s)+12O_2(g) === 10CO_2(g)+4H_2O(l)$$

测定燃烧热的氧弹式量热计是重要的热化学仪器，在热化学、生物化学以及某些工业部门中广泛应用。燃烧热可在恒容或恒压的情况下测定，在氧弹式量热计中所测燃烧热为 Q_V，而一般热化学计算用的值为 Q_p。

由热力学第一定律可知，在不做非体积功的情况下，恒容条件下测得的摩尔燃烧热称为恒容摩尔燃烧热 $Q_{V,m}$，恒容摩尔燃烧热等于这个过程的热力学能的改变，即 $\Delta U = Q_{V,m}$。在不做非体积功的情况下，恒压条件下测得的摩尔燃烧热称为恒压摩尔燃烧热 $Q_{p,m}$，恒压摩尔燃烧热等于这个过程的焓的改变，即 $\Delta H = Q_{p,m}$。若把参加反应的气体和反应生成的气体都作为理想气体处理，则有以下关系式：

$$\Delta H = \Delta U + \Delta(pV) \tag{44-1}$$

$$Q_p = Q_V + \Delta n_g RT \tag{44-2}$$

$$Q_{p,m} = Q_{V,m} + RT\sum\nu_B(g) \tag{44-3}$$

式中，Δn_g 为反应前后生成物与反应物中气体物质的物质的量之差；$\nu_B(g)$ 为燃烧反应方程式中气体物质的化学计量数；R 为摩尔气体常数；T 为反应热力学温度，K。

为了使被测物质能迅速而完全地燃烧，需要有强氧化剂。在实验中经常使用压力为 $1.5\sim2.0$MPa 的氧气作为氧化剂。在盛有一定量水的容器中，放入内装有一定量样品和氧气的密闭氧弹，然后使样品完全燃烧，放出的热量通过氧弹传给水及仪器，引起温度升高。氧弹量热计的基本原理是能量守恒定律。测量介质在燃烧前后温度的变化值，则可得到该样品的恒容摩尔燃烧热：

$$Q_{V,m} = (M/m)W(T_终 - T_始) \tag{44-4}$$

式中，M 为样品的摩尔质量；m 为样品的质量；W 为样品燃烧放热使水及仪器每升高 $1℃$ 所需的热量，称为水当量。水当量的求法是用已知燃烧热的物质（如本实验用苯甲酸）放在量热计中燃烧，测定起始温度和终态温度之差而求得。一般来说，对不同样品，只要每次的水量相同，水当量就是定值。

本实验采用 WHR-15B 微电脑量热计测量燃烧热。量热计主机部分如图 44-1 和图 44-2 所示。

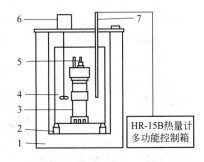

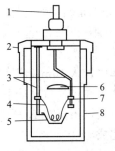

图 44-1　氧弹量热计示意图　　　　　　　　　图 44-2　氧弹结构剖面示意图

1—外筒（通过搅拌器搅拌形成恒温环境）；2—定位圈；　　　1—氧弹头（充放气口）；2—氧弹盖；

3—氧弹；4—内桶（用以盛装量热介质）；5—电极；　　　3—电极；4—引火丝；5—燃烧杯；

6—内桶搅拌器；7—温度传感器探头　　　　　　　　　　6—燃烧挡板；7—卡套；8—氧弹体

三、仪器与主要试剂

1. 仪器

量热用仪器：WHR-15B 微电脑量热计 1 套，氧弹，氧弹座架，铜坩埚，放气阀，吸水毛巾。

充氧用仪器：氧气钢瓶（40L），氧气减压阀，充氧器。

压片用仪器：压片机，小毛刷，压片垫块（Φ9mm×6mm）。

称量用仪器：电子天平（0.01g），分析天平（0.0001g），牛角匙，镊子，称量纸。

内筒加水调温用仪器：1000mL 容量瓶，1000mL 烧杯，洗瓶，10mL 量筒，胶头滴管，玻璃棒，2 个塑料水桶，温度计（0.1℃）。

公用设备：温度计（0～50℃、分度 0.1℃），剪刀。

数据导出仪器：电脑，打印机。

2. 试剂

苯甲酸（A.R.），萘（A.R.），高纯氧气（99.995%），燃烧丝（镍铬丝），冰块或热水。

四、实验步骤

1. 水当量的测定

（1）仪器预热　将量热计及其全部附件清理干净，通电预热。

（2）样品压片　用布擦净压片模，在电子天平（0.01g）上粗称 0.7～0.8g 已干燥的苯甲酸，倒入压模中（压模下有一垫块），将压模置于压片机上，顺时针转动旋柄，徐徐加压试样使其成片状（注意：压力必须适中。若压片太紧，不宜燃烧；压片太松，会炸裂残失，使燃烧不能完全，此步骤为本实验成功的关键之一），然后逆时针转动旋柄，抽出模底托盘及压模下的垫块，在压模下置一张洁净的纸片，再顺时针转动旋柄，将压片从压模中压出，除去压片表面碎屑，再次在电子天平（0.0001g）上准确称重。取约 90mm 长的燃烧丝一根，在电子天平（0.0001g）上准确称重。

（3）氧弹充氧　将氧弹弹盖放在弹头支架上，用吸水纸擦净电极及燃烧皿，先将燃烧皿放在托架上，然后用镊子将样品放在燃烧皿正中央。把燃烧丝折成"U"字形然后与样品接触好，"U"字形底部紧贴在样品的上表面，燃烧丝的两端挂在两根开有斜缝的点火丝杆上（其中一根杆也是燃烧皿托架），用锁紧小套管向下锁紧（不可用力过大，以免将燃烧丝切断）。注意：不可让燃烧丝接触坩埚或氧弹体的其他金属部位，以免引起短路，导致点火失败。

在氧弹中加入 10mL 蒸馏水，把弹头放入弹杯中，然后小心旋紧氧弹盖。

将氧弹上端进气口对准手执式氧弹充氧器的下方充气口，打开充氧器的开关，往氧弹内缓缓充入氧气（限压在 1.5～2.0MPa，压力平衡时间不得少于 30s），然后关闭充氧器的开关，充氧完成。

（4）内外桶加水　外筒加蒸馏水，将充有氧气的氧弹放入量热容器（内筒）中，再向内筒中加入 3000mL 水（温度已调至比外筒水温低 1℃左右），加入的水面应至氧弹进气阀螺帽高度的 2/3 处。每次用量必须相同。

（5）将测温探头插入内筒，测温探头和搅拌器均不得接触氧弹和内筒。

（6）开始实验　整个实验分为三个阶段。

① 初期：这是试样燃烧以前的阶段。在这一阶段观测和记录周围环境与量热体系在实验开始温度下的热交换关系。每半分钟读取温度一次，共读取十一次，得出十个温度差（即十个间隔数）。

② 主期：燃烧定量的试样，产生的热量传给量热计，使量热计装置的各部分温度均匀。在初期的最末一次读取温度的瞬间，按下点火键点火（若电脑控制，无需操作），然后开始读取主期的温度，每半分钟读取温度一次，直到温度不再上升而开始下降的第一次温度为止，这个阶段算作主期。

③ 末期：这一阶段的目的与初期相同，是观察在实验终了温度下的热交换关系。在主期读取最后一次温度后，每半分钟读取温度一次，共读取十次作为实验的末期。

（7）停止观测温度后，从量热计中取出氧弹，用放气帽缓缓压下放气阀，在 1min 左右放尽气体，拧开并取下氧弹盖，量出未燃完的燃烧丝长度，计算其实际消耗的质量，待处理数据时使用。随后仔细检查氧弹，如弹中有烟黑或未燃尽的试样微粒，此实验应作废。如果未发现这些情况，用蒸馏水洗涤弹内各部分、坩埚和进气阀。

（8）用干布将氧弹内外表面和弹盖拭净，风干。

2. 测量萘的燃烧热

称取 0.5～0.6g 萘，进行压片，称重。用上述方法测量萘的燃烧热。

五、数据处理

1. 由苯甲酸数据求出水当量 W。

$$Q_{总热量}=Q_{V,样品}\, m_{样品}+Q_{镍铬丝}(m_{镍铬丝燃烧前}-m_{镍铬丝燃烧后})=-W(T_{终}-T_{始})_{苯甲酸}$$

2. 萘的燃烧热计算

$$Q_{V,萘}=\frac{-W\cdot\Delta T_{萘}-Q_{镍铬丝}(m_{镍铬丝燃烧前}-m_{镍铬丝燃烧后})}{m_{萘}}$$

3. 求出萘的燃烧热 $Q_{V,m}$ 并换算成 $Q_{p,m}$。

$$Q_{p,m}=Q_{V,m}+RT\sum\nu_B(g)$$

4. 将所测萘的燃烧热值与文献值比较，求出相对误差，分析误差产生的原因。

已知苯甲酸标准物质的恒容燃烧热 $Q_V=-26460J\cdot g^{-1}$，$Q_{镍铬丝}=-1400.8J\cdot g^{-1}$；标准压力、298.15K 时萘的恒压摩尔燃烧热文献值为 $-5153.8kJ\cdot mol^{-1}$。

六、思考题

1. 在燃烧热测定实验中，哪些是体系？哪些是环境？有无热交换？

2. 在燃烧热测定的实验中，哪些因素容易造成实验误差？如何提高实验的准确度？

3. 燃烧热的测定中使用氧气要注意什么问题？

实验四十五　原电池电动势的测定及其应用

一、实验目的

1. 了解可逆电池电动势的应用。

2. 掌握几种金属电极的电极电势的测定方法。

二、实验原理

原电池由两个"半电池"所组成，每一个半电池由一个电极和相应的溶液组成。而电池反应是电池中两个电极反应的总和。其电动势为组成该电池的两个"半电池"的电极电势的代数和。

设正极电势为 φ_+，负极电势为 φ_-，则 $E = \varphi_+ - \varphi_-$。

电极电势的绝对值无法测定，手册上所列的电极电势均为相对电极电势，即以标准氢电极（其电极电势规定为零）作为标准，与待测电极组成一电池，所测电池电动势就是待测电极的电极电势。由于氢电极使用不便，常用另外一些易制备、电极电势稳定的电极作为参比电极，如：甘汞电极、银-氯化银电极等。

本实验是测定几种金属电极的电极电势。将待测电极与饱和甘汞电极组成如下电池：

$$Hg(l)\text{-}Hg_2Cl_2(s)\,|\,KCl(饱和溶液)\,\|\,M^{n+}(c)\,|\,M(s)$$

金属电极的反应为：$\qquad M^{n+} + ne^- \longrightarrow M$

甘汞电极的反应为：$\qquad 2Hg + 2Cl^- \longrightarrow Hg_2Cl_2 + 2e^-$

电池电动势为：$\quad E = \varphi_+ - \varphi_- = \varphi_{M^{n+}/M}^{\ominus} + \dfrac{RT}{nF}\ln c(M^{n+}) - \varphi(饱和甘汞)$ （45-1）

式中，$\varphi(饱和甘汞) = 0.2412 - 6.61 \times 10^{-4}(t - 25)$（$t$ 为温度，℃）

三、主要试剂与仪器

仪器：数字式电位差计，原电池测量装置，银电极，铜电极，锌电极，饱和甘汞电极。

试剂：$AgNO_3$（$0.1000\,mol \cdot L^{-1}$），$CuSO_4$（$0.1000\,mol \cdot L^{-1}$，$0.0100\,mol \cdot L^{-1}$），$ZnSO_4$（$0.1000\,mol \cdot L^{-1}$），NH_4NO_3 饱和溶液。

四、实验步骤

1. 铜、银、锌等金属电极的制备

（1）铂电极和饱和甘汞电极采用商品电极

在使用前用蒸馏水淋洗干净。若铂电极的铂片上有油污，应在丙酮中浸泡，然后再用蒸馏水洗干净。甘汞电极使用前应注意检查其电极内的溶液是否饱和。

（2）锌电极的制备

锌电极先用稀硫酸浸洗少许时间洗除其表面的氧化层，取出后用蒸馏水冲洗，然后浸入饱和硝酸亚汞溶液 10s，表面即生成一层光亮的汞齐，用蒸馏水冲洗（注：汞有剧毒，其擦拭滤纸应投入指定的容器中），再用少许所测溶液淋洗即可使用。汞齐化的目的是消除金属表面机械应力不同的影响，使它获得重复性较好的电极电势。

（3）铜电极的制备

将欲镀铜电极用细砂纸轻轻打磨至露出新鲜的金属光泽，再用蒸馏水洗净作为阴极，以另一铜棒做阳极，在镀铜液中进行电镀。其装置见图 45-1（镀铜液组成为：每升中含 125g $CuSO_4 \cdot 5H_2O$，25g H_2SO_4，50mL 乙醇）。控制电流为 20mA，电镀 30min 得表面呈红色的 Cu 电极，洗净后放入 $0.1000\,mol \cdot L^{-1}$ $CuSO_4$ 中备用。

（4）Ag-AgCl 电极的制备

将市售银电极用蒸馏水冲洗干净后作阳极，铂电极作阴极，然后放入含有 $0.1\,mol \cdot L^{-1}$

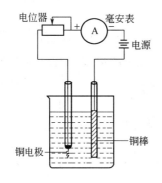

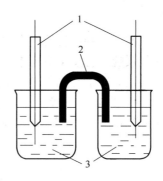

图 45-1　制备电极的电镀装置　　　　　图 45-2　电池装置示意图
　　　　　　　　　　　　　　　　　　　　1—电极；2—盐桥；3—电解质溶液

HCl 的 50mL 烧杯中。电流控制为 5mA 左右，通电 20min 后就可在银电极表面形成致密的紫褐色 AgCl 镀层，制好的 Ag-AgCl 电极不用时应放入含有少量 AgCl 沉淀的稀 HCl 溶液中，并于暗处保存。

2. 测定以下五个原电池的电动势

按图 45-2 所示，在一个烧杯中放入 $ZnSO_4$ 溶液和 Zn 片，在另一个烧杯中放入 KCl 饱和溶液和甘汞电极，然后用盐桥连接，即成下列电池，并测其电动势：

$$Zn(s) | ZnSO_4(0.1000mol \cdot L^{-1}) \parallel KCl(饱和溶液) | Hg_2Cl_2(s)-Hg(l)$$

同法分别组成下列电池并测量其电动势：

(1) $Hg(l)-Hg_2Cl_2(s) | KCl(饱和溶液) \parallel CuSO_4(0.1000mol \cdot L^{-1}) | Cu(s)$

(2) $Hg(l)-Hg_2Cl_2(s) | KCl(饱和溶液) \parallel AgNO_3(0.1000mol \cdot L^{-1}) | Ag(s)$

(3) $Zn(s) | ZnSO_4(0.1000mol \cdot L^{-1}) \parallel CuSO_4(0.1000mol \cdot L^{-1}) | Cu(s)$

(4) $Cu(s) | CuSO_4(0.0100mol \cdot L^{-1}) \parallel CuSO_4(0.1000mol \cdot L^{-1}) | Cu(s)$

五、数据记录及处理

由测定的电池电动势数据，利用公式（45-1）计算银、铜、锌的电极电势。

六、思考题

1. 在用电位差计测量电动势过程中，数字式电位差计上的平衡指示不为零，可能是什么原因？

2. 盐桥有什么作用？应选择什么样的电解质作盐桥？

实验四十六　过氧化氢的催化分解

一、实验目的

1. 测定过氧化氢催化分解的反应速率常数。

2. 熟悉一级反应的特点，了解反应物的浓度、温度和催化剂等因素对反应速率的影响。

3. 学会用图解法求出一级反应的速率常数并计算反应的活化能。

二、实验原理

凡是反应速率只与反应物浓度的一次方成正比的反应称为一级反应。实验证明，过氧化氢的反应机理为一级反应。化学反应速率取决于反应物的浓度、温度、反应压力、催化剂、搅拌速度等许多因素。许多催化剂如 Pt、Ag、MnO_2、$FeCl_3$、$CuSO_4$、碘化物等都能加速 H_2O_2 分解。本实验中的 H_2O_2 分解反应是在 $FeCl_3$ 及 HCl 溶液中进行的，其中 Fe^{3+} 起催化作用，H^+ 起抑制作用。过氧化氢分解反应的化学计量方程式如下：

$$H_2O_2 \longrightarrow H_2O + \frac{1}{2}O_2$$

速率方程应遵循下式：

$$-\frac{dc_t}{dt} = k_1 c_t \tag{46-1}$$

式中，k_1 为反应速率常数；c_t 为时间 t 时的反应物浓度。将上式积分得：

$$\ln \frac{c_0}{c_t} = k_1 t \ \text{或} \ \ln c_t = -k_1 t + \ln c_0 \tag{46-2}$$

式中，c_0 为反应开始时 H_2O_2 的浓度；c_t 为时间 t 时的反应物浓度。

测定不同时间 t 时 H_2O_2 的浓度 c_t，根据上式可求得速率常数 k_1。在实验中 H_2O_2 浓度 c_t 用化学分析法测定。利用浓硫酸使反应溶液中 H_2O_2 分解反应终止后，再利用高锰酸钾溶液滴定求得浓度，滴定反应为：

$$5H_2O_2 + 2MnO_4^- + 6H^+ =\!=\!= 2Mn^{2+} + 5O_2\uparrow + 8H_2O$$

H_2O_2 的浓度可由下式求得：

$$c_{H_2O_2} = \frac{5c_{KMnO_4} V_{KMnO_4}}{2V_{H_2O_2}} \tag{46-3}$$

式中　$V_{H_2O_2}$——滴定时取液体积，mL；

　　　V_{KMnO_4}——滴定用去 $KMnO_4$ 溶液的体积，mL。

将式（46-3）代入式（46-2），当取样体积 $V_{H_2O_2}$ 及 $KMnO_4$ 溶液浓度恒定时，可得

$$\ln(V_{KMnO_4})_t = -k_1 t + \ln(V_{KMnO_4})_0 \tag{46-4}$$

在实验中只需测定不同时刻 t 所对应的滴定同样体积反应液消耗的 $KMnO_4$ 溶液体积 V_{KMnO_4}，按式（46-4）用作图法可求得 H_2O_2 分解反应速率常数 k_1 值。求出两个不同温度的 k 值后可按阿仑尼乌斯方程式求出活化能 E_a。

$$\ln \frac{k_2}{k_1} = \frac{E_a}{R}\left(\frac{1}{T_1} - \frac{1}{T_2}\right) \tag{46-5}$$

式中　T——反应温度，K；

　　　E_a——活化能，$J \cdot mol^{-1}$。

三、主要试剂与仪器

仪器：恒温水浴锅，移液管（5mL、10mL、50mL），锥形瓶（100mL），滴定管（50mL，酸式），秒表，量筒（10mL）。

试剂：过氧化氢（0.25%，新鲜配制），盐酸（0.02mol·L^{-1}），三氯化铁溶液

（0.02mol·L⁻¹）与盐酸（0.02mol·L⁻¹）混合液，高锰酸钾标准溶液（0.01mol·L⁻¹），硫酸（3mol·L⁻¹）。

四、实验步骤

（1）两次实验温差最好保持在10℃左右，一次可在室温下进行，另一次则在较室温高10℃的恒温槽中进行。

（2）用移液管取50mL、0.25% H_2O_2 溶液，置于100mL锥形瓶中，再移取10mL 0.02mol·L⁻¹三氯化铁溶液与0.02mol·L⁻¹盐酸混合液，置于另一个100mL锥形瓶中。

（3）洗净6个100mL锥形瓶，各放入5mL 3mol·L⁻¹硫酸溶液（起酸性介质及终止反应作用）。

（4）将步骤（2）的两个锥形瓶中的溶液混合均匀，用移液管取出10mL反应液样品放入锥形瓶中。当手松开移液管口，样品则从移液管流出时，启动秒表（从吸取样品到放入锥形瓶尽量快）。用 $KMnO_4$ 溶液滴定，终点为刚显粉红色，得 $t=0$ 时 V_{KMnO_4} 值。

（5）约5min，取第2个样品，当手松开移液管口，样品刚流出时，读下秒表指示的时间。用同样方法滴定样品，共取6个样品（每次取样间隔5min），可得到不同时刻 t 时的 V_{KMnO_4} 值。

（6）使水浴的温度保持与前次实验相差约10℃左右，重复上述实验。

五、数据记录及处理

以 $\ln V_{KMnO_4}$ 对 t 作图，由斜率求出各组数据的速率常数 k 值，并计算 E_a。

实验编号	第一次实验温度 T_1			第二次实验温度 T_2		
	时间/min	加入 V_{KMnO_4} 体积/mL	$\ln V_{KMnO_4}$	时间/min	加入 V_{KMnO_4} 体积/mL	$\ln V_{KMnO_4}$
1						
2						
3						
4						
5						
6						

六、思考题

反应速率常数与哪些因素有关？

实验四十七　溶胶电性的研究——电泳

一、实验目的

1. 观察胶体的电泳现象，确定胶粒电性。
2. 电泳法测 $Fe(OH)_3$ 溶胶的 ζ 电势。
3. 明确求算 ζ 公式中各物理量的意义。

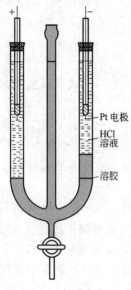

图 47-1　电泳管

二、实验原理

在胶体分散体系中，由于胶体本身的电离或胶粒对某些离子的选择性吸附，使胶粒表面带有一定的电荷。在外电场作用下，胶粒向异性电极定向移动，这种胶粒向正极或负极移动的现象称为电泳。电泳现象表明胶体粒子带电，胶粒周围的介质分布着反离子，反离子所带电荷与胶粒表观电荷符号相反、电量相等，整个溶胶体系保持电中性。由于静电吸引作用和热扩散运动两种效应的共同影响，使得反离子只有一部分紧密地吸附在胶核表面上（约为一两个分子层厚），称为紧密层。另一部分反离子形成扩散层，即在两相界面上形成了双电层结构。从紧密层的外界面到溶液本体间的电位差，称为电动电势或 ζ 电势，它要随紧密层内离子浓度的改变而变化。在溶胶中加入电解质后，由于电解质进入紧密层，使得与胶核表面反电性的离子增加了，因而 ζ 电势降低。

本实验用界面移动法测电泳速度，装置如图 47-1。实验中若溶胶和辅助液的电导率相等时，ζ 电势可由 Helmholtz 公式求得。

$$\zeta = \frac{\eta u}{\varepsilon_0 \varepsilon_r E}$$
$$E = U/L$$
$$u = S/t$$

式中　E——电势梯度，$V \cdot m^{-1}$；

　　　U——外加电压，V；

　　　L——两极间的距离，m；

　　　ε_0——真空的介电常数，$8.854 \times 10^{-12} F \cdot m^{-1}$；

　　　ε_r——介电常数［若分散介质为水时，$\varepsilon_r = 80 - 0.4(t - 20)$，$t$ 为水温，℃］；

　　　η——水黏度，$Pa \cdot s$，查附录 11；

　　　u——电泳速率，$m \cdot s^{-1}$；

　　　S——界面位移，m；

　　　t——电泳时间，s；

　　　ζ——电动电势，V。

三、主要试剂与仪器

仪器：直流稳压电源，铂电极，电泳仪，秒表。

试剂：$FeCl_3$（10%）溶液，稀盐酸溶液。

四、实验步骤

（1）用水解法制备 $Fe(OH)_3$ 溶胶　在 250mL 烧杯中，加入 100mL 蒸馏水，加热至沸，慢慢滴入 5mL 10% $FeCl_3$ 溶液，并不断搅拌，保持沸腾 3～5min，即可得到红棕色 $Fe(OH)_3$ 溶胶。

（2）配制 HCl 辅助液　用电导率仪测定 $Fe(OH)_3$ 溶胶的电导率，记下所测数据。另取约 150mL 蒸馏水放入 250mL 锥形瓶中，逐滴加入稀盐酸并不断搅拌，测定 HCl 水溶液的电导率，使之与 $Fe(OH)_3$ 溶胶的电导率恰好相等为止。

（3）装电泳管　使用前先洗净烘干，将所制得的 $Fe(OH)_3$ 溶胶从漏斗处慢慢倒入，至电泳管（U形管）底部适当的地方（6cm处左右即可），注意不要有气泡产生，再从侧管中装入 HCl 辅助液约 10cm 处，在两侧管插上铂电极，注意保持界面清晰（严防震动），并使两电极浸入液面下的深度相等，同时记下胶体液面的高度。见图 47-1。

（4）将两电极接上稳压电源，通电，电压 30V，记录时间。30min 后记录液面上升或下降距离，用细铁丝量取两极在 U 形管内导电的距离。此数值测定两次，取其平均值。

（5）测完后，关闭电源。将溶胶倒入指定瓶内，洗净玻璃仪器。

五、数据记录及处理

1. 根据电极符号及溶胶移动方向确定胶粒带电符号。
2. 计算各次电泳速度，取其平均值，并计算 ζ 电势，将实验记录和数据处理填入下表。

室温 _____ K 　　　大气压 _____ Pa

测定次数	两极间电压 U/V	两极间距离 L/m	电泳时间 t/s	界面位移 S/m	电泳速度 u/m·s^{-1}	ζ/V	ζ（平均值）

六、思考题

1. 电泳速度快慢与哪些因素有关？
2. 实验中所用的辅助液电导率为什么要与溶胶电导率相等？

实验四十八　凝固点降低法测摩尔质量

一、实验目的

1. 用凝固点降低法测定萘的摩尔质量。
2. 通过实验掌握凝固点降低法测定摩尔质量的原理，加深对稀溶液依数性的理解。

二、实验原理

稀溶液具有依数性，凝固点降低是依数性的一种表现。稀溶液的凝固点降低与溶液成分关系的公式为：

$$\Delta T_f = T_f^* - T_f = \frac{R(T_f^*)^2 M_A}{\Delta_{fus} H_{m,A}^\ominus} b_B = \frac{R(T_f^*)^2}{\Delta_{fus} H_{m,A}^\ominus} \times \frac{n_B}{n_A + n_B}$$

令 $K_f = \dfrac{R(T_f^*)^2 M_A}{\Delta_{fus} H_{m,A}^\ominus}$，$K_f$ 称为凝固点降低系数，其数值只与溶剂的性质有关，单位为 $K \cdot kg \cdot mol^{-1}$。稀溶液的凝固点降低公式为：

$$\Delta T_f = K_f \cdot b_B \tag{48-1}$$

式中，ΔT_f 为凝固点降低值；T_f^* 为纯溶剂 A 的凝固点；$\Delta_{fus} H_{m(A)}^\ominus$ 为纯溶剂 A 的摩尔凝固热；M_A 是溶剂 A 的摩尔质量；b_B 是溶质的质量摩尔浓度。部分溶剂的常数值见下表。

溶剂	水	醋酸	苯	环己烷	环己醇	萘
纯溶剂凝固点 T_f^* /K	273.15	289.75	278.65	279.65	297.05	383.5
凝固点降低常数 K_f/K·kg·mol^{-1}	1.86	3.90	5.13	20.0	39.3	6.9

若已知某种溶剂的凝固点降低系数 K_f，并测得该溶液的凝固点降低值 ΔT_f，以及溶剂和溶质的质量 m_A、m_B，由此可导出溶质 B 的摩尔质量的计算公式

$$\Delta T_f = K_f b_B = K_f m_B/(M_B m_A)$$

$$M_B = K_f m_B/(\Delta T_f m_A) \tag{48-2}$$

从相律看，溶剂与溶液的冷却曲线形状不同。对纯溶剂两相共存时，自由度 $f^* = 1 - 2 + 1 = 0$，冷却曲线形状如图 48-1(a) 所示，水平线段对应着纯溶剂的凝固点。对溶液两相共存时，自由度 $f^* = 2 - 2 + 1 = 1$，温度仍可下降，但由于溶剂凝固时放出凝固热而使温度回升，并且回升到最高点又开始下降，其冷却曲线如图 48-1(b) 所示，所以不出现水平线段。由于溶剂析出后，剩余溶液浓度逐渐增大，溶液的凝固点也要逐渐下降，在冷却曲线上得不到温度不变的水平线段。如果溶液的过冷程度不大，可以将温度回升的最高值作为溶液的凝固点；若过冷程度太大，则回升的最高温度不是原浓度溶液的凝固点，严格的做法应作冷却曲线，并按图 48-1(b) 中所示的方法加以校正。

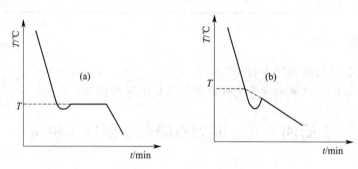

图 48-1　溶剂与溶液的冷却曲线

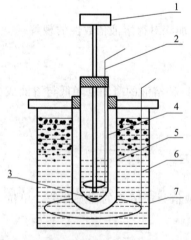

图 48-2　凝固点降低实验装置示意图
1—精密数字温差测量仪（传感器探头）；
2—内管搅棒；3—磁珠；4—凝固点管；
5—空气套管；6—搅棒；7—冰槽

三、仪器和试剂

凝固点测定装置（见图 48-2），数显贝克曼温度计，普通温度计，25mL 移液管，压片机；分析天平。

环己烷（A.R.）、萘（A.R.）、碎冰。

四、实验步骤

1. 仪器安装

按图 48-2 将凝固点测定装置安装、摆放好，并插好数显贝克曼温度计的感温探头，注意插入的深度要留有一点余地，防止搅拌时发生摩擦。

2. 调节冰水混合物的温度

取自来水注入冰浴槽中（水量以注满浴槽体积 2/3 为宜），调节水浴的温度为 2～3℃，在实验过程中不断搅拌并不断补充碎冰，使温度保持基本不变。

3. 开启温差测量仪

将温差测量仪探头插入冰水混合物中。插上电源插头，打开电源开关，预热 5min，然后按下"置零"键，数字显示为"0"左右。

4. 纯溶剂环己烷凝固点的测定

用移液管准确量取 25mL 环己烷加入凝固点管中，注意不要将环己烷溅到管壁上，塞紧软木塞，避免环己烷挥发，记下溶剂温度。

将装有环己烷的凝固点管直接浸入冰浴中，上下移动搅拌棒，使环己烷逐步冷却。当有固体析出时。迅速取出凝固点管，擦干管外冰水，插入空气套管中，开启搅拌按钮，开启贝克曼温度计的电源和读数按钮，降温，控制冷却速度，观察贝克曼温度计读数，直到温度稳定，即为环己烷的凝固点参考温度。

取出凝固点管，用手温热，同时搅拌，使环己烷晶体全部熔化，重新置凝固点管于冰浴中，使环己烷迅速冷却，当温度降至高于凝固点参考温度 0.5℃时，迅速取出凝固点管，擦干管外冰水，插入空气套管中，每秒搅拌一次，使环己烷温度均匀下降，当温度低于凝固点参考温度时，应急速搅拌（防止过冷超过 0.5℃），促使固体析出。温度开始回升时，减慢搅拌，连续记录温度回升后贝克曼温度计的读数，直至稳定，即为环己烷的凝固点。重复测定三次。要求环己烷凝固点的绝对平均误差小于 ±0.003℃。

5. 溶液凝固点的测定

取出凝固点管，使管中的环己烷熔化，从凝固点管的支管中加入事先压成片状的 0.2～0.3g 的萘，测定该溶液凝固点的方法与纯溶剂相同，先测近似凝固点，再精确测定。溶液凝固点是取过冷后温度回升所达到的最后温度，重复三次，要求绝对平均误差小于 ±0.003℃。

五、数据记录及处理

1. 用 $\rho(\text{kg·m}^{-3}) = 0.7971 \times 10^3 - 0.8879t$ 计算室温时环己烷的密度，然后算出所取环己烷的质量 m_A。

2. 由测定的纯溶剂、溶液的凝固点 T_f^*、T_f 计算萘的摩尔质量。

六、注意事项

1. 水浴温度不低于溶液凝固点 3℃为宜，而且应保持恒温。

2. 测定凝固点温度时注意防止过冷温度超过 0.5℃，可以采用加入少量溶剂的微小晶体为晶种的方法以促进晶体形成。

3. 保证溶剂、溶质的纯度。

七、思考题

1. 为什么会产生过冷现象？如何控制过冷程度？

2. 根据什么原则考虑加入溶质的量？太多太少影响如何？

3. 什么是凝固点？凝固点降低的公式在什么条件下才适用？

实验四十九　氢氧化铁溶胶的制备、纯化及聚沉值的测定

一、实验目的

1. 采用化学凝聚法制备 $Fe(OH)_3$ 溶胶。
2. 掌握溶胶的纯化方法。
3. 掌握不同价数的电解质对 $Fe(OH)_3$ 溶胶的聚沉能力及聚沉值的测定方法。

二、实验原理

憎液溶胶通常也简称为溶胶，它的分散相粒子是若干原子或者分子组成的不溶性聚集体，其大小在 $1\sim100nm$ 之间，是高分散多相体系。憎液溶胶因分散粒子小，表面能高，因而是热力学上不稳定、不可逆的系统。系统中应有适当的稳定剂存在才能使其具有足够的稳定性。

溶胶的制备方法大致可以分为两类：分散法和凝聚法。

分散法就是采用适当的方法将较大的固体颗粒分散成胶体颗粒大小。常用的方法有电弧法、机械作用法、超声波法等。

凝聚法分为化学凝聚法和物理凝聚法。化学凝聚法是实验室制备溶胶最常用的方法，即通过化学反应（如复分解反应、水解反应、氧化或还原反应等）先得到难溶物分子（或离子）的过饱和溶液，再使若干分子（或离子）互相结合成胶体颗粒大小的不溶性聚集体而制得溶胶。

本实验采用化学凝聚法制备 $Fe(OH)_3$ 溶胶。将 $FeCl_3$ 溶液滴加到沸腾的蒸馏水中，通过 $FeCl_3$ 的水解反应而制得 $Fe(OH)_3$ 溶胶。水解反应式为：

$$FeCl_3 + 3H_2O(热) =\!=\!= Fe(OH)_3(溶胶) + 3HCl$$

部分反应：　　　$Fe(OH)_3(溶胶) + HCl =\!=\!= FeOCl + 2H_2O$

再电离：　　　　　　$FeOCl =\!=\!= FeO^+ + Cl^-$

$Fe(OH)_3$ 胶核吸附 FeO^+ 而带正电，由于整个胶体体系是电中性的，溶液中存在与胶核所带电荷相反的离子即 Cl^-，胶核固相的表面电荷和液相中的反离子 Cl^- 会形成双电层，Cl^- 一方面受到固相表面电荷的静电吸引，另一方面由于离子本身的热运动而扩散开去，由于这两种相反作用的结果，造成反离子逐渐向外呈扩散状分布，紧靠固体表面附近的反离子的数目较多，且随着离固体表面距离的增大而减小，形成一个扩散双电层。扩散双电层由紧密层和扩散层两部分构成。胶核与紧密层一起称为胶粒，胶粒与扩散层一起构成胶团。

$Fe(OH)_3$ 溶胶的胶团结构化学式可表示为：

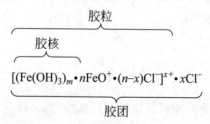

由化学凝聚法制备的溶胶系统中常常含有过量的电解质及其他杂质，导致溶胶系统不稳定，因此对所制得的溶胶必须进行纯化处理。半透膜渗析法是最常见的纯化方法。渗析时以

半透膜隔开胶体溶液和纯溶剂，胶体溶液中的杂质，如电解质及小分子能透过半透膜，进入溶剂中，而大部分胶粒却不透过。如果不断换溶剂，则可把胶体中的杂质除去。要提高渗析速度，可用热渗析或电渗析的方法。

溶胶的稳定性主要取决于胶粒表面电荷的多少，因此加入电解质后就能使溶胶聚沉，而起聚沉作用的主要是与胶粒带相反电荷的离子即反离子。一般来说，反离子的价数越高，聚沉能力越强。聚沉能力的大小通常用聚沉值表示，聚沉值是使一定量的溶胶在一定时间内完全聚沉所需电解质的最小浓度值，其单位用 mol·L^{-1} 表示。可表示为：

$$c' = \frac{c_{电解质} V_{电解质}}{V_{电解质} + V_{溶胶}} \tag{49-1}$$

聚沉值的大小表示了电解质对溶胶的聚沉能力，聚沉值越小，聚沉能力越大。

三、实验仪器与试剂

1. 实验仪器

电加热炉，滴液漏斗，集热式恒温加热磁力搅拌器，烧杯（500mL），胶头滴管，锥形瓶（250mL），玻璃棒，量筒（50mL、100mL），电吹风，细线绳，微型滴定管。

2. 实验试剂

10％FeCl$_3$溶液，6％火棉胶液，1％AgNO$_3$溶液，1％ KSCN 溶液，1mol·L^{-1} KCl 溶液，0.025mol·L^{-1} K$_2$SO$_4$ 溶液，0.015mol·L^{-1} K$_3$[Fe(CN)$_6$] 溶液。

四、实验步骤

1. 水解法制备 Fe(OH)$_3$ 溶胶

在 250mL 洁净烧杯中用量筒加入约 100mL 蒸馏水，用电加热炉加热至沸腾。在不断搅拌下逐滴加入 10％的 FeCl$_3$溶液 5mL，加完后继续煮沸 3～5min，即可制得红棕色 Fe(OH)$_3$溶胶，冷却后即可使用。

2. 制备半透膜

用洁净、干燥的量筒量取 20mL 6％的火棉胶液（它是硝化纤维素的乙醇、乙醚的混合溶液），必须远离火源，倒入内壁光滑、洁净干燥的 250mL 锥形瓶底中央，迅速小心转动锥形瓶，使火棉胶液在锥形瓶内壁形成一层均匀的薄膜。倒出多余的火棉胶液于回收瓶中，将锥形瓶倒置在烧杯中并不停地转动，让剩余的火棉胶液流尽并使乙醚挥发完全，此时用手指轻轻触及胶膜应无黏着感（若挥发太慢，可用电吹风机吹几分钟直至乙醚挥发完全），随即在锥形瓶内加满蒸馏水，浸泡薄膜 10min，将水倒出，用手指小心地在锥形瓶口剥开一部分胶膜，在胶膜和瓶壁之间的夹层中用洗瓶注入一定量的蒸馏水，边注水边小心转动，胶膜即可脱离锥形瓶壁。小心取出胶膜袋，用蒸馏水检查其是否有漏洞。若有小漏洞，则重新制备。将制备好且无漏洞的半透膜浸泡在蒸馏水中待用。

3. 半透膜渗析法纯化 Fe(OH)$_3$ 溶胶

将所得到的 Fe(OH)$_3$溶胶小心倾入预先准备好的胶膜袋中，用细线绳扎紧胶膜袋口，将胶膜袋小心浸入装有约 400mL 蒸馏水的 500mL 烧杯中（烧杯置于水浴锅中）。开动磁力搅拌器，水温保持在 50～60℃。每 20min 换一次水，每次换水前用洁净的胶头滴管取约 1mL 渗析液于一只小试管中，用另一洁净的胶头滴管向试管中滴加 1％ AgNO$_3$ 和 1％ KSCN 溶液，检查有无 Cl$^-$ 及 Fe^{3+}，直至无 Cl$^-$ 及 Fe^{3+} 检出为止。将纯化过的 Fe(OH)$_3$溶胶置于 250mL 清洁干燥的试剂瓶中，放置一段时间进行老化，老化后的 Fe(OH)$_3$ 可供电泳实验使用。

经纯化的溶胶在电泳实验前要求其电导率低于 80 μS·cm^{-1}。

4. 电解质的聚沉作用

用移液管在 3 只干净的锥形瓶中各注入 10mL 纯化好的 $Fe(OH)_3$ 溶胶，然后在每个试管中分别用滴定管逐滴滴加 0.015mol·L^{-1} $K_3[Fe(CN)_6]$ 溶液、0.025mol·L^{-1} K_2SO_4 溶液、1mol·L^{-1} KCl 溶液并摇动。每加一滴要充分摇动，至少 1min 内溶液不出现浑浊才可以加第二滴电解质溶液，在开始有明显聚沉物出现时，即停止滴加电解质，记下所用溶液的体积。

五、数据处理

1. 实验温度_____℃；大气压_____kPa。

电解质的聚沉作用实验数据记录表

电解质	KCl	K_2SO_4	$K_3[Fe(CN)_6]$
浓度 c/mol·L^{-1}			
滴加体积 V/L			
聚沉值 c'/mol·L^{-1}			

2. 由式(49-1)计算三种电解质聚沉值并比较这三种电解质聚沉值的大小。

六、思考题

1. 为什么所制得的溶胶必须经纯化处理？
2. 为什么制备溶胶时加热时间不能太长？

实验五十 乙酸乙酯皂化反应动力学

一、实验目的

1. 了解二级反应的特点，学会用图解法求算二级反应的反应速率常数。
2. 掌握用电导法测定乙酸乙酯皂化反应速率常数的方法。
3. 由不同温度下的反应速率常数求反应的活化能。
4. 掌握电导率仪的使用方法并了解其测量原理。

二、实验原理

乙酸乙酯在碱性水溶液中的水解反应即皂化反应是典型的二级反应，其反应式为：

$$CH_3COOC_2H_5 + NaOH \longrightarrow CH_3COONa + C_2H_5OH$$

$t=0$ 时	a	b	0	0
$t=t$ 时	$a-x$	$b-x$	x	x
$t=\infty$ 时	$\rightarrow 0$	$\rightarrow 0$	$x \rightarrow a$	$x \rightarrow b$

反应速率与 $CH_3COOC_2H_5$ 及 NaOH 的浓度成正比。用 a、b 分别表示 $CH_3COOC_2H_5$、

NaOH 的初始浓度，"x"表示在时间间隔 t 内反应了的 $CH_3COOC_2H_5$ 或氢氧化钠的浓度（亦为生成物浓度）。该二级反应的反应速率方程微分式可表示为：

$$\frac{\mathrm{d}x}{\mathrm{d}t}=k(a-x)(b-x) \tag{50-1}$$

k 为反应速率常数，当 $a=b$ 时，上式为：

$$\frac{\mathrm{d}x}{\mathrm{d}t}=k(a-x)^2 \tag{50-2}$$

反应开始时 $t=0$，反应物浓度为 a，将式（50-2）积分可得：

$$kt=\frac{x}{a(a-x)} \tag{50-3}$$

在一定温度下，由实验测得不同 t 时刻的 x 浓度值，由式（50-3）可计算出反应速率常数 k。

改变实验温度，求得不同温度下的 k 值，根据阿伦尼乌斯（Arrhenius）方程的不定积分式有：

$$\ln k=-\frac{E_a}{RT}+c \tag{50-4}$$

以 $\ln k$ 对 $1/T$ 作图得到一条直线，从直线斜率可以求得活化能 E_a。

也可以根据阿伦尼乌斯方程的定积分式求得活化能 E_a。

$$\ln\frac{k_2}{k_1}=\frac{E_a}{R}\left(\frac{1}{T_1}-\frac{1}{T_2}\right) \tag{50-5}$$

本实验根据在反应过程中，溶液的电导率 κ 与物质浓度之间的线性关系，采用电导法测定溶液的电导率 κ，从而间接测定反应过程中的物质浓度。

乙酸乙酯、乙醇是非电解质。在稀溶液中，强电解质电导率与浓度成正比，溶液的电导率是各离子电导率之和。反应前后 Na^+ 浓度不变，整个反应过程电导率的变化取决于 OH^- 与 CH_3COO^- 浓度的变化。而在相同条件下，溶液中 OH^- 的导电能力约为 CH_3COO^- 的五倍，随着反应的进行，OH^- 浓度降低，CH_3COO^- 浓度升高，溶液导电能力明显下降。

一定温度下，对于乙酸乙酯的皂化反应来说，反应开始时，溶液中只有 Na^+ 和 OH^-，假定开始时电导率为 κ_0，A_1、A_2 分别是与 NaOH、CH_3COONa 电导率有关的比例常数（与温度、溶剂等有关），则

$$t=0 \text{ 时，} \quad \kappa_0=A_1a \tag{50-6}$$

t 时刻溶液总电导率 κ_t 与物质浓度的关系为：

$$t=t, \quad \kappa_t=A_1(a-x)+A_2x \tag{50-7}$$

当反应完全时（此为一种假想状态），溶液中只有 Na^+ 和 CH_3COO^-，假定此时电导率为 κ_∞，A_2 是与 CH_3COONa 电导率有关的比例常数（与温度、溶剂等有关），则

$$t=\infty, \quad \kappa_\infty=A_2a \tag{50-8}$$

由式（50-6）减式（50-7），得：

$$\kappa_0-\kappa_t=(A_1-A_2)x \tag{50-9}$$

由式（50-7）减式（50-8），得：

$$\kappa_t-\kappa_\infty=(A_1-A_2)(a-x) \tag{50-10}$$

由式（50-9）除以式（50-10），得：

$$\frac{\kappa_0-\kappa_t}{\kappa_t-\kappa_\infty}=\frac{x}{a-x} \tag{50-11}$$

将式(50-11) 代入式(50-3) 得：

$$kat = \frac{\kappa_0 - \kappa_t}{\kappa_t - \kappa_\infty} \tag{50-12}$$

可以通过公式的形式变换避免测定 κ_∞，可改写式(50-12) 为：

$$\kappa_t = \frac{\kappa_0 - \kappa_t}{kat} + \kappa_\infty \tag{50-13}$$

以 κ_t 对 $\dfrac{\kappa_0 - \kappa_t}{t}$ 作图，斜率为 $\dfrac{1}{ka}$，由此可以求得反应速率常数 k。初始浓度 a 为实验中配制溶液时确定，通过实验可测得 κ_0、κ_t。

三、主要试剂与仪器

试剂：$0.020\,mol \cdot L^{-1}$ 的乙酸乙酯溶液，$0.020\,mol \cdot L^{-1}$ NaOH 溶液，电导水（或重蒸水）。

仪器：恒温水浴槽一套，DDSJ-308A 型数字电导率仪 1 台，秒表，移液管（10mL、25mL），磨口锥形瓶（100mL），电导电极，叉形电导池，碱式滴定管，容量瓶（100mL、50mL）。

四、实验步骤

1. 了解电导率仪的原理和使用方法，见 2.10 化学实验室常用仪器、设备的使用。

2. 实验装置如图 50-1 所示，叉形电导池如图 50-2 所示，将叉形电导池洗净烘干，调节恒温槽至 25℃。

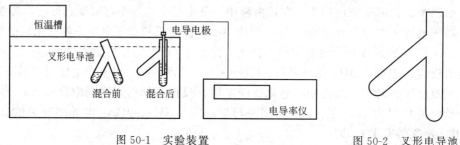

图 50-1　实验装置　　　　　　　　　　　　　　图 50-2　叉形电导池

3. κ_0 的测量：用移液管取 $0.020\,mol \cdot L^{-1}$ NaOH 溶液 25.00mL，加入洁净的 50mL 容量瓶中，用去离子水稀释至刻度，用于测量 κ_0。取此溶液一部分放入洁净干燥的叉形电导池直支管中，用部分溶液淋洗电导电极，将电导电极放入叉形电导池直支管中，溶液应能将铂电极完全淹没。将叉形电导池放入恒温槽中恒温。10min 后，读取记录电导率值。保留此叉形电导池中的溶液（加塞），用于后面 35℃时测量 κ_0。

4. κ_t 的测量：用移液管取 $0.020\,mol \cdot L^{-1}$ 乙酸乙酯溶液 10mL，加入洁净干燥的叉形电导池直支管中。取浓度相同的 NaOH 溶液 10mL，加入同一叉形电导池侧支管中，注意此时两种溶液不要互相污染。将洁净的电导电极放入叉形电导池直支管中，将叉形电导池放入恒温槽中恒温。10min 后，在恒温槽中将两支管中的溶液混合均匀，溶液应能将铂电极完全淹没，混合溶液的同时启动秒表开始计时，注意秒表一经启动，中间不要暂停。在第 3min 时读取溶液电导率值，以后每隔 3min 读取一次电导率值，测量持续 30min。

5. 调节恒温槽至 35℃。

6. 测量 35℃时的 κ_0：在放入电导电极到叉形电导池时，注意电导电极的洁净，可以用待测溶液淋洗电导电极。

7. 参照步骤 4 测量 35℃时 κ_t。

8. 测量完毕，洗净玻璃仪器，将电极用去离子水洗净，浸入去离子水中保存。

五、数据记录及处理

1. 将测量数据及计算值列入下表中。

$t/\min$	25℃		35℃	
	κ_t	$\dfrac{\kappa_0 - \kappa_t}{t}$	κ_t	$\dfrac{\kappa_0 - \kappa_t}{t}$
0				
3				
6				
...				

2. 以 κ_t 对 $\dfrac{\kappa_0 - \kappa_t}{t}$ 作图，得一直线，由斜率计算该温度下的反应速率常数 k。

3. 根据温度 T_1、T_2 下的 k_1 和 k_2，由阿伦尼乌斯公式计算反应的活化能 E_a。

六、思考题

1. 被测溶液的电导是哪些离子的贡献？反应进程中溶液的电导为什么发生变化？

2. 本实验为什么可用测定反应液的电导率变化来代替浓度的变化？为什么要求乙酸乙酯和 NaOH 溶液浓度必须足够稀？

3. 为什么本实验要求反应液一混合就立刻计时？

实验五十一 液体饱和蒸气压的测定

一、实验目的

1. 了解用静态法（亦称等位法）测定乙醇在不同温度下饱和蒸气压的原理，明确纯液体饱和蒸气压与温度的关系。

2. 掌握真空泵的使用方法。

3. 学会用图解法求所测温度范围内的平均摩尔汽化热及正常沸点。

二、实验原理

一定温度下，在一真空的密闭容器中，蒸气分子向液面凝结和液体分子从表面逃逸的速率相等时，液面上的蒸气压力就是液体在此温度时的饱和蒸气压。液体的饱和蒸气压与温度有一定关系，温度升高，饱和蒸气压增大。反之，温度降低时，饱和蒸气压减小。当蒸气压与外界压力相等时，液体便沸腾，外压不同时，液体的沸点也不同。把外压为 101325Pa 时的沸腾温度定为液体的正常沸点。液体的饱和蒸气压与温度的关系可用克劳修斯-克拉佩龙方程式来表示：

$$\frac{\mathrm{d}\ln p}{\mathrm{d}T}=\frac{\Delta_{\mathrm{vap}}H_{\mathrm{m}}}{RT^2} \tag{51-1}$$

式中　T——热力学温度，K；

　　　　p——纯液体在温度 T 时的饱和蒸气压，Pa；

$\Delta_{\mathrm{vap}}H_{\mathrm{m}}$——纯液体在温度 T 时的摩尔汽化热，kJ·mol^{-1}；

　　　　R——气体常数，8.3148×10^{-3} kJ·mol^{-1}·K^{-1}。

温度在较小范围内变化时，可把 $\Delta_{\mathrm{vap}}H_{\mathrm{m}}$ 视为常数，当作平均摩尔汽化热，将上式积分得：

$$\ln p=-\frac{\Delta_{\mathrm{vap}}H_{\mathrm{m}}}{R}\frac{1}{T}+C \tag{51-2}$$

式中　C——积分常数，与压力 p 的单位有关。

由式(51-2)可知，在一定温度范围内，测定不同温度下的饱和蒸气压，以 $\ln p$ 对 $1/T$ 作图，可得一直线，而由直线的斜率可求出实验温度范围的纯液体平均摩尔汽化热 $\Delta_{\mathrm{vap}}H_{\mathrm{m}}$。

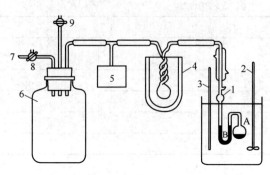

图 51-1　纯液体饱和蒸气压测定装置图
1—等位计；2—搅拌器；3—温度计；4—冷阱；
5—低真空测压仪；6—稳压瓶；7—接真空泵；
8,9—二通活塞

静态法测纯液体的饱和蒸气压是调节外压以平衡纯液体的蒸气压，求出外压就能直接得到该温度下的饱和蒸气压，其实验装置如图 51-1 所示（所有接口必须严格密封）。

三、主要试剂与仪器

仪器：恒温装置，真空泵及附件，气压计，等位计，数字式低真空测压仪。

试剂：乙醇（A.R.），甲基橙。

四、实验步骤

1. 装样

从等位计（图 51-2）R 处注入乙醇液体，使 A 球中装有 2/3 的液体，U 形 B 的双臂大部分有液体。

2. 检漏

将装有液体的等位计按图 51-1 接好，打开冷却水，关闭活塞 8、9（条件允许，也可用 1 个三通活塞来代替这两个二通活塞，以增加系统的封闭效果）。打开真空泵抽气系统，打开活塞 8，从低真空测压仪上显示压差为 4000～5300Pa（300～400mmHg），关闭活塞 8，注意观察压力测量仪数字的变化。如果系统漏气，则压力测量仪的显示数值逐渐变小，这时应分段认真检查，寻找出漏气部位，设法消除。

3. 排除 AB 弯管空间内的空气

AB 弯管空间内的压力包括两部分：一部分是待测液体的蒸气压；

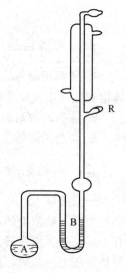

图 51-2　等位计结构

另一部分是空气的压力。测定时，必须将其中的空气排除后，才能保证 B 管液面上的压力为液体的蒸气压，排除方法为：调节恒温槽至所需温度后（一般比室温高 2℃ 左右），接通冷凝水，打开活塞 8 缓慢抽气降压至液体轻微沸腾，此时 A 球中液体内溶解的空气和 A、B 空间内的空气通过 B 管中的液体逸出。如此沸腾数分钟后，当气泡呈长柱状时，可认为空气被排除干净，关闭活塞 8，停止抽真空。

4. 饱和蒸气压的测定

当空气被排除干净，且体系温度恒定后，调节活塞 9，使空气缓慢进入测量系统（切不可太快，以免空气倒灌入 B 弯管中，如果发生空气倒灌，则须重新排气），以至 B 管中双臂液面等高，关闭活塞 9。待压力稳定后从低真空测压仪上读取数据（如果放入空气过多，B 管中双臂液面不等高，须抽气，再调平齐）。

然后，将恒温槽温度升高 3～5℃，因温度升高后，液体的饱和蒸气压增大，液体会不断沸腾。为了避免 B 管中液体大量蒸发，应随时打开活塞 9 缓缓放入少量空气，保持 B 管内液面平静，无气泡冒出。当体系温度恒定后，再次放入空气使 B 管液面等高，记录温度和压差。然后依次每升高 3～5℃ 测定一次压差，共测定 6 个不同温度时乙醇的蒸气压。在实验开始时，从气压计读取测定时的大气压。

5. 实验注意事项

(1) 整个实验过程中，应将等位计 A 球液面上方的空气排净。

(2) 抽气的速率要合适，防止等位计内液体沸腾过剧，致使下管内液体被抽尽。

(3) 蒸气压与温度有关，故测定过程中恒温槽的温度波动最好控制在 ±0.1K。

(4) 实验过程中需防止 B 管液体倒洒入 A 球内而带入空气，使实验数据偏大。

五、数据记录及处理

(1) 自行设计实验数据记录表，以保证既能正确记录全套原始数据，又可填入演算结果。

(2) 计算蒸气压 p 时，$p = p' - E$，式中 p' 为室内大气压（由气压计读出后，加以校正），E 为压力测量仪上的读数。

(3) 以蒸气压 p 对温度 T 作图，在图上均匀选取 8 个点，并列出相应表格，绘制成 $\ln p$-$1/T$ 图。

(4) 从直线 $\ln p$-$1/T$ 图上求出实验温度范围的平均摩尔汽化热及正常沸点。以最小二乘法计算乙醇饱和蒸气压和温度关系式（$\ln p = -B/T + A$）中的 A、B 值。

六、讨论

1. 测定蒸气压的方法除本实验介绍的静态法外，还有动态法、气体饱和法等，但静态法准确性较高。

2. 动态法是利用测定液体沸点求出蒸气压与温度的关系，即利用改变外压测得不同的沸腾温度，从而得到不同温度下的蒸气压，对于沸点较低的液体，用此法测定蒸气压与温度关系是比较好的。实验装置如图 51-3 所示。

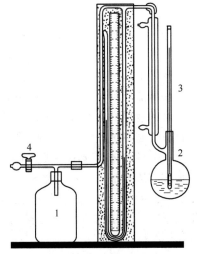

图 51-3 动态法蒸气压测定装置
1—缓冲瓶；2—圆底烧瓶；
3—温度计；4—活塞

实验步骤：测定时将待测液体倒入蒸馏瓶，并加入沸石少许。接通冷却水，打开活塞4，用真空泵抽气，使体系压力降到大约 $5.33 \times 10^4 Pa$，关闭活塞4，停止抽气。加热液体至沸腾，直至温度恒定不变。记录沸点、室温大气压 p' 和 U 形压力计两臂水银面高度差 Δh（也可用低真空测压仪代替）。该温度下液体蒸气压为 $p = p' - \Delta h$。停止加热，慢慢打开活塞4，使体系压力约增加 $4.0 \times 10^4 Pa$，再用上述方法测定沸点。以后体系每增加 $4.0 \times 10^4 Pa$ 压力，就测定一次沸点，直至体系内压力与大气压相等为止。

实验注意事项：① 温度计的水银球浸在液体中，对温度计读数需做校正。
② U 形压力计读数需做温度校正，校正至 $0℃$ 的读数。

3. 气体饱和法是利用一定体积的空气（或惰性气体）以缓慢的速率通过一个易挥发的欲测液体，空气被该液体蒸气饱和。分析混合气体中各组分的量以及总压，再按道尔顿分压定律求算混合气体中蒸气的分压，即是该液体的蒸气压。此法亦可测定固态易挥发物质如碘的蒸气压。它的缺点是通常不易达到真正的饱和状态，因此实验测量值偏低。故这种方法通常只用来求溶液蒸气压的相对降低。

七、思考题

1. 本实验方法能否用于测定溶液的蒸气压，为什么？
2. 温度愈高，测出的蒸气压误差愈大，为什么？

实验五十二　二组分合金相图的绘制

一、实验目的

1. 学会用热分析法测绘 Sn-Bi 二元合金相图。
2. 了解热分析法的测量技术及有关测量温度的方法。

二、实验原理

相图是多相（两相及两相以上）体系处于相平衡态时体系的某物理性质（最常见是温度）对体系的某一自变量（如组成）所做的图形。由于该图能反映出相平衡的情况（相的数目及性质等），故称为相图。二元或多元的相图常以组成为变量，其物理性质大多取温度。由于相图能反映出多相平衡体系在不同条件（如自变量不同）下相平衡的情况，故在研究多相体系的性质和多相体系平衡的演变（例如，冶金工业中钢铁、合金冶炼过程，化学工业中原料分离制备过程）等问题时都要用到。

有关各种体系和不同类型相图的解析及阐明在物理化学课程中占有重要地位。制作相图有很多方法，统称为物理化学分析。而对凝聚相研究（如固-液相、固-固相等），最常用的方法是借助相变过程中温度变化而获得的，观察相变热效应的变化情况，以确定体系的相变化关系，最常用的方法就是热分析及差热分析方法。本实验就是用热分析法绘制二元合金相图。

热分析法是先将体系加热熔融成一均匀液相，然后让体系缓慢冷却，并每隔一定时间（例如 30s 或 1min）读一次体系温度。将所得温度值对时间作图，可得一曲线，称为步冷曲线或冷却曲线。

步冷曲线基本类型可分为三种，如图 52-1 所示。一个系统若在步冷过程中相继发生几个相变过程，那么步冷曲线将是一个很复杂的形状，对此曲线要逐段分析，可大致看出都是由几个基本类型组合而成的。

图 52-1 中，步冷曲线 I 为单元体系步冷曲线。当冷却过程中无相变发生时，冷却速率是比较均匀的（ab 段）。从点 b 开始有固体析出，这时放出的凝固潜热与环境散热达到平衡，此时 f=0，温度不变。当液体全部结晶完全，温度才开始下降（cd 段）。固态下无相变，温度也均匀下降。

步冷曲线 II 为二元体系，ab 段与上述相同。当到点 b 时，有固相析出，此时固相与液相组成不同，但在整个相变过程中只有一个固相（固溶体）与液相平衡，自由度 f=1。由于有凝固潜热放出，故温度随时间变化比较缓慢，当到点 c 时，液相消失，只有一个固相（固溶体），若无相变，温度又均匀下降（cd 段）。

步冷曲线 III 仍为二元体系，ab 段与上述相同，到点 b 时，有固相析出，此时体系失去了一个自由度，继续冷却到点 c，除了一个固相还有另一个固相析出，此时体系又减少了一个自由度，f=0，冷却曲线上出现了一个水平台（cd 段）。当液相消失后，又增加了一个自由度，f=1，温度继续下降。若无相变，均匀冷却（de 段）。

对纯净金属或由纯净金属组成的合金，当冷却十分缓慢、又无振动时，有过冷现象出现。液体的温度可下降至比正常凝固点更低的温度才开始凝固，固相析出后又逐渐使温度上升到正常的凝固点。如图 52-2 中曲线 II 就表示纯金属有过冷现象时的步冷曲线、b' 为过冷温度，b″ 为正常相变温度；而曲线 I 为无过冷现象时的步冷曲线。

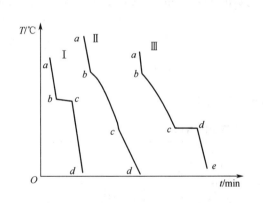

图 52-1　步冷曲线

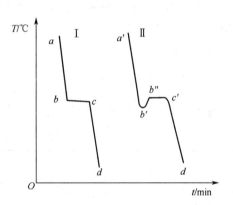

图 52-2　过冷步冷曲线

因物性的不同，二元合金相图有多种不同类型，Sn-Bi 合金相图是具有低共熔点、固态下部分互溶的二元相图．如图 52-3 所示。

对各种不同成分的合金进行测定，绘制步冷曲线，在步冷曲线上找出转折点和水平台的温度，然后在温度-成分坐标上确定相应成分的转折温度和水平台的温度，最后将转折点和恒温点分别连接起来，就得到了相图。

从相图的定义可知，用热分析法测绘相图要注意以下问题：

测量体系要尽量接近平衡态，故要求冷却时温度下降不能过快；如晶形转变时，相变热较小，此方法不宜采用；对样品的均匀性与纯度也要充分考虑，一定要防止样品的氧化和混有杂质，否则会变成另一多元体系（高温影响下特别容易出现此类现象）；为了保证样品均匀冷却，加热温度稍高一些为好；热电偶放入样品中的部位与深度要适当；测量仪器的热容

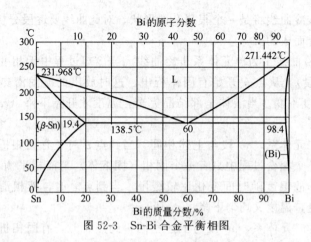

图 52-3　Sn-Bi 合金平衡相图

及热传导也会造成热损耗，其对精确测定也有较大影响，实验中必须注意，否则，会出现较大的误差，使测量结果失真。

本实验测定 Sn-Bi 二元体系的合金相图。两种金属的任何一种都能微溶于另一种金属中，是一个部分互溶的低共熔体系，但是，用一般的热分析法只能得到二元低共熔点相图，测不出固态晶形转变点。

三、主要试剂与仪器

仪器：小型电炉，冷却保温炉，样品坩埚（瓷坩埚），镍铬-镍硅热电偶，玻璃管，自耦变压器，记录仪，保温瓶。

试剂：纯 Bi，纯 Sn，石墨粉等。

四、实验步骤

首先按表 52-1 配制好样品，装在坩埚内熔融供实验用。

表 52-1　Sn-Bi 二元合金体系的组成

成　分	$w/\%$					
Sn	100	80	60	40	20	0
Bi	0	20	40	60	80	100

1. 准确称量按上述配方配好的各组样品各 50g，分别放入 20mL 瓷坩埚中，并加适量的石墨粉覆盖（为什么？），然后将瓷坩埚小心放入电炉内。

2. 使用记录仪记录数据，绘制步冷曲线（也可用台式记录仪绘制步冷曲线），给出标准相图。

按图 52-4 连接好线路。在接电源前，应将变压器先调回零点位置，然后再接上电源，并慢慢调至 100V，预热数分钟。再逐步调至 150V 左右，合金熔化片刻后，将变压器归零，去掉电源。用记录仪绘制步冷曲线。

五、数据记录及处理

（1）将步冷曲线转折点与标准相图的相变温度进行对比，评价实验结果，并根据实验结果讨论各步冷曲线的降温速率控制是否得当。

（2）分析比较质量分数为 0、20%、40%、60%、80%、100%时，步冷过程发生的相

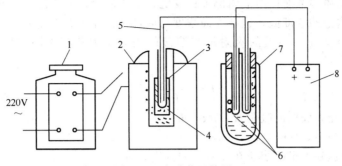

图 52-4　实验装置简图

1—自耦变压器（0.5～1kW）；2—电炉；3—石墨粉；4—坩埚；5—热电偶；

6—热电偶冷端；7—保温瓶；8—记录仪

变情况。

六、讨论

Sn-Bi 系相图是具有代表性的部分互溶固-液体系相图，这一体系也有着 3 个两相区和 1 条三相共存线。但是两侧各有一个固溶区，以 Sn 为主要成分的常称为 α 区，以 Bi 为主要成分的则称为 β 区。一个相图的完整测绘，除采用热分析方法外，常需借助其他技术。例如 $\alpha\beta$ 相的存在以及 BD、AC 线的确定，可用金相显微镜、X 射线衍射方法以及化学分析等手段共同解决。

七、思考题

1. 是否可用加热曲线来做相图？为什么？
2. 为什么要缓慢冷却合金作步冷曲线？
3. 为什么坩埚中严防混入杂质？

实验五十三　溶液表面张力的测定

一、实验目的

1. 掌握最大气泡法及扭力天平测定表面张力的原理，了解影响表面张力测定的因素。
2. 测定不同浓度正丁醇溶液的表面张力，计算吸附量。
3. 了解气液界面的吸附作用，计算表面层被吸附分子的截面积及吸附层的厚度。

二、实验原理

从热力学观点来看，液体表面缩小是一个自发过程，这是使体系总自由能减小的过程，欲使液体产生新的表面积 ΔA，就需对其做功，其大小应与 ΔA 成正比：

$$-W' = \sigma \cdot \Delta A \tag{53-1}$$

如果 ΔA 为 1m^2，则 $-W' = \sigma$ 是在恒温恒压下形成 1m^2 新表面所需的可逆功，所以 σ 称为比表面吉布斯自由能，其单位为 $\text{J} \cdot \text{m}^{-2}$。也可将 σ 看为作用在界面上每单位长度边缘上的力，称为表面张力，其单位是 $\text{N} \cdot \text{m}^{-1}$。

在定温下纯液体的表面张力为定值，当加入溶质形成溶液时，表面张力发生变化，其变化的大小决定于溶质的性质和加入量的多少。根据能量最低原理，溶质能降低溶剂的表面张力时，表面层中溶质的浓度比溶液内部大；反之，溶质使溶剂的表面张力升高时，它在表面层中的浓度比在内部的浓度低，这种表面浓度与内部浓度不同的现象叫做溶液的表面吸附。在指定的温度和压力下，溶质的吸附量与溶液的表面张力及溶液的浓度之间遵守吉布斯（Gibbs）吸附方程：

$$\Gamma = -\frac{G}{RT}\left(\frac{\mathrm{d}\sigma}{\mathrm{d}c}\right) \tag{53-2}$$

式中　Γ——溶质在表面层的吸附量，$\mathrm{mol\cdot m^{-2}}$；

σ——表面张力，$\mathrm{J\cdot m^{-2}}$；

c——吸附达到平衡时溶质在介质中的浓度，$\mathrm{mol\cdot L^{-1}}$。

当 $\left(\dfrac{\mathrm{d}\sigma}{\mathrm{d}c}\right)_T < 0$ 时，$\Gamma > 0$，称为正吸附；当 $\left(\dfrac{\mathrm{d}\sigma}{\mathrm{d}c}\right)_T > 0$ 时，$\Gamma < 0$，称为负吸附。引起溶剂表面张力显著降低的物质叫表面活性物质。吉布斯吸附等温式应用范围很广，但上述形式仅适用于稀溶液。

被吸附的表面活性物质分子在界面层中的排列，决定于它在液层中的浓度，如图 53-1 所示。

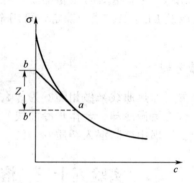

图 53-1　被吸附分子在界面上的排列　　　图 53-2　表面张力和浓度的关系图

图 53-1 中（a）和（b）是不饱和层中分子的排列，（c）是饱和层中分子的排列。

当界面上被吸附分子的浓度增大时，它的排列方式也会改变，最后，当浓度足够大时，被吸附分子盖住了所有界面的位置，形成饱和吸附层，分子排列方式如图 53-1(c) 所示。这样的吸附层是单分子层，随着表面活性物质的分子在界面上愈益紧密排列，则此界面的表面张力也就逐渐减小。如果在恒温下绘成曲线 $\sigma = f(c)$（表面张力等温线），当 c 增加时，σ 在开始时显著下降，而后下降逐渐缓慢下来，以致 σ 的变化很小，这时 σ 的数值恒定为某一常数（见图 53-2）。利用图解法进行计算十分方便，如图 53-2 所示，经过切点 a 作平行于横坐标的直线，交纵坐标于 b' 点。以 Z 表示切线和平行线在纵坐标上截距间的距离，显然 Z 的长度等于 $c\cdot\left(\dfrac{\mathrm{d}\sigma}{\mathrm{d}c}\right)_T$。即

$$\left(\frac{\mathrm{d}\sigma}{\mathrm{d}c}\right)_T = -\frac{Z}{c} \qquad Z = -\left(\frac{\mathrm{d}\sigma}{\mathrm{d}c}\right)_T\cdot c \qquad \Gamma = -\frac{c}{RT}\left(\frac{\mathrm{d}\sigma}{\mathrm{d}c}\right)_T = \frac{Z}{RT} \tag{53-3}$$

以不同的浓度对其相应的 Γ 可作出曲线，$\Gamma = f(c)$ 称为吸附等温线。

根据朗格缪尔（Langmuir）公式：

$$\Gamma = \Gamma_\infty \cdot \frac{Kc}{1+Kc} \qquad (53\text{-}4)$$

式中，Γ_∞ 为溶液单位表面上全盖满单分子吸附层的饱和吸附量；K 为吸附常数。

$$\frac{c}{\Gamma} = \frac{Kc+1}{K\Gamma_\infty} = \frac{c}{\Gamma_\infty} + \frac{1}{K\Gamma_\infty} \qquad (53\text{-}5)$$

以 $\frac{c}{\Gamma}$ 对 c 作图，得一直线，其斜率为 $\frac{1}{\Gamma_\infty}$。

由所求得的 Γ_∞ 代入 $A = \dfrac{1}{\Gamma_\infty L}$ 可求被吸附分子的截面积（L 为阿伏伽德罗常数）。

若已知溶质的密度 ρ，分子量 M，就可计算出吸附层厚度 δ：

$$\delta = \frac{\Gamma_\infty \cdot M}{\rho} \qquad (53\text{-}6)$$

测定溶液的表面张力有多种方法，较为常用的有最大气泡法和扭力天平法。下面分别叙述它们的测量方法。

（一）最大气泡法

1. 结构原理

最大气泡法的仪器装置如图 53-3 所示。

A 为表面张力仪，其中间玻璃管 F 下端有一段直径为 0.2～0.5mm 的毛细管，B 为充满水的抽气瓶，C 为 U 形压力计，内盛密度较小的水或酒精、甲苯等，作为工作介质，以测定微压差。

将待测表面张力的液体装于表面张力仪中，使 F 管的端面与液面相切，液面即沿毛细管上升，打开抽气瓶的活塞缓缓抽气，毛细管内液面上受到一个比 A 瓶中液面上大的压力，当此压力差——附加压力（$\Delta p = p_{大气} - p_{系统}$）在毛细管端面上产生的作用力稍大于毛细管口液体的表面张力

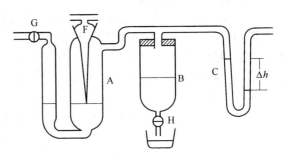

图 53-3　表面张力测定装置

时，气泡就从毛细管口脱出，此附加压力与表面张力成正比，与气泡的曲率半径成反比，其关系式为：

$$\Delta p = \frac{2\sigma}{r} \qquad (53\text{-}7)$$

式中，Δp 为附加压力；σ 为表面张力；r 为气泡的曲率半径。

如果毛细管半径很小，则形成的气泡基本上是球形的。当气泡开始形成时，表面几乎是平的，这时曲率半径最大；随着气泡的形成，曲率半径逐渐变小，直到形成半球形，这时曲率半径 r 和毛细管半径 R 相等，曲率半径达最小值，这时附加压力达最大值。气泡进一步长大，r 变大，附加压力则变小，直到气泡逸出。

根据上式，$R = r$ 时的最大附加压力为：

$$\Delta p_{最大} = \frac{2\sigma}{r} \quad 或 \quad \sigma = \frac{r}{2}\Delta p_{最大} \qquad (53\text{-}8)$$

实际测量时，使毛细管端刚与液面接触，则可忽略气泡鼓泡所需克服的静压力，这样就可直接用上式进行计算。

当用密度为 ρ 的液体作压力计介质时，测得与 $\Delta p_{最大}$ 相适应的最大压力差为

Δh 最大，则：

$$\sigma = \frac{r}{2} \rho g \, \Delta h \tag{53-9}$$

当将 $\frac{r}{2} \rho g$ 合并为常数 K 时，则上式变为：

$$\sigma = K \, \Delta h_{最大} \tag{53-10}$$

式中的仪器常数 K 可用已知表面张力的标准物质测得。

2. 主要试剂与仪器

仪器：最大泡压法表面张力仪，洗耳球，移液管（50mL、1mL），烧杯（500mL）。

试剂：正丁醇（化学纯），蒸馏水。

3. 实验步骤

（1）仪器准备与检漏

将表面张力仪容器和毛细管先用洗液洗净，再顺次用自来水和蒸馏水漂洗，烘干后按图 53-3 安好。

将水注入抽气管中。在 A 管中用移液管注入适量蒸馏水，用洗耳球由 G 处抽气，调节液面，使之恰好与细口管尖端相切。然后关紧 G 处活塞，再打开活塞 H，这时管 B 中水流出，使体系内的压力降低，当压力计中液面指示出若干厘米的压差时，关闭 H，停止抽气。若 2～3min 内，压力计液面高度差不变，则说明体系不漏气，可以进行实验。

（2）仪器常数的测量

打开 H 对体系抽气，调节抽气速度，使气泡由毛细管尖端成单泡逸出，且每个气泡形成的时间为 10～20s（数显微压差测量仪为 5～10s）。若形成时间太短，则吸附平衡来不及在气泡表面建立起来，测得的表面张力也不能反映该浓度之真正的表面张力值。当气泡刚脱离管端的一瞬间，压力计中液面差达到最大值，记录压力计两边最高和最低读数，连续读取三次，取其平均值。

再由手册中，查出实验温度时，水的表面张力 $\sigma_水$，则仪器常数

$$K = \frac{\sigma_水}{\Delta h_{最大}}$$

（3）表面张力随溶液浓度变化的测定

取两个 100mL 容量瓶，分别配制 0.80mol·L^{-1}、0.50mol·L^{-1} 正丁醇水溶液。然后取 6 个 50mL 容量瓶，用已配制的溶液，按逐次稀释方法配制 0.40mol·L^{-1}、0.30mol·L^{-1}、0.20mol·L^{-1}、0.10mol·L^{-1}、0.05mol·L^{-1}、0.02mol·L^{-1} 的正丁醇水溶液。在上述体系中，用移液管移入 0.02mol·L^{-1} 的正丁醇水溶液，然后调节液面与毛细管端相切，用测定仪器常数的方法测定压力计的压力差。然后由稀到浓依次加入 0.02mol·L^{-1}、0.05mol·L^{-1}、0.10mol·L^{-1}、0.20mol·L^{-1}、0.30mol·L^{-1}、0.40mol·L^{-1}、0.50mol·L^{-1}、0.80mol·L^{-1} 的正丁醇水溶液，每加一次测定一次压力差 $\Delta h_{最大}$。

4. 注意事项

（1）仪器系统不能漏气。

（2）所用毛细管必须干净、干燥，应保持垂直，其管口刚好与液面相切。

（3）读取压力计的压差时，应取气泡单个逸出时的最大压力差。

5. 数据处理

（1）计算仪器常数 K 和溶液表面张力 σ，绘制 σ-c 等温线。

（2）作切线求 Z，并求出 $\frac{c}{T}$。

（3）绘制 Γ-c，$\dfrac{c}{\Gamma}$-c 等温线，求 Γ_∞ 并计算 A 和 δ。

6. 思考题

（1）毛细管尖端为何必须调节的恰与液面相切？否则对实验有何影响？

（2）最大气泡法测定表面张力时为什么要读最大压力差？如果气泡逸出得很快，或几个气泡一起出，对实验结果有无影响？

（二）扭力天平法

1. 结构原理

拉环法是应用相当广泛的方法，它可以测定纯液体溶液的表面张力，也可测定液体的界面张力。将一个金属环（如铂丝环）放在液面（或界面）上与润湿该金属环的液体相接触，则把金属环从该液体拉出所需的拉力 P 由液体表面张力、环的内径及环的外径所决定。设环被拉起时带起一个液体圆柱（如图 53-4），则将环拉离液面所需总拉力 P 等于液柱的重力：

$$P = mg = 2\pi\sigma R' + 2\pi\sigma(R' + 2r) = 4\pi\sigma(R' + r) = 4\pi R\sigma \tag{53-11}$$

式中，m 为液柱质量；R' 为环的内半径；r 为环丝半径；R 为环的平均半径，即 $R = R' + r$；σ 为液体的表面张力。

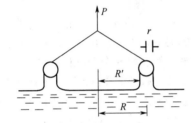 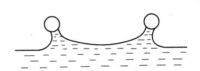

图 53-4　环法测表面张力的理想情况　　图 53-5　环法测表面张力的实际情况

实际上，式(53-11)是理想的情况，与实际不相符合，因为被环拉起的液体并非是圆柱形，而是如图 53-5 所示。实验证明，环所拉起的液体形态是 R^3/V（V 是圆环带起来的液体体积，可用 $P = mg = V\rho g$ 的关系求出，ρ 为液体的密度）和 R/r 的函数，同时也是表面张力的函数。因此式(53-11)必须乘上校正因子 F 才能得到正确结果。对于式(53-11)的校正方程为：

$$PF = 4\pi R\sigma \tag{53-12}$$

$$\sigma = \frac{PF}{4\pi R} \tag{53-13}$$

拉力 P 可通过扭力天平测出

$$W_{扭力} = \frac{\pi\alpha r\theta}{2Ld} \tag{53-14}$$

式中，r 为铂丝半径；L 为铂丝长度；α 为铂丝切变弹性系数；d 为力臂长度；θ 为扭转的角度。当 r、L、d 和 α 不变时，则：

$$W_{扭力} = K\theta = 4\pi\sigma R \tag{53-15}$$

式中，K 为常数；$W_{扭力}$ 仅与 θ 有关，所以 σ 与 θ 有关，测出 θ 即可求得 σ 值，该值为 $\sigma_{表观}$。所以，实际的表面张力为：

$$\sigma_{实际} = \sigma_{表观} F \tag{53-16}$$

校正因子 F 可由下式计算：

$$F = 0.7250 + \sqrt{\frac{0.01452\sigma_{表观}}{L^2\rho} + 0.04534 - 1.679\frac{r}{R}} \qquad (53\text{-}17)$$

式中，L 为铂环周长；ρ 为溶液密度；R 为铂环半径；r 为铂丝半径。

拉环法的优点是可以快速测定表面张力。缺点是因为拉环过程环经过移动，很难避免液面的振动，这就降低了准确度。另外环要放在液面上，如果偏差1°，将引起误差0.5%；如果偏差2.1°，误差达1.6%，因此环必须保持水平。拉环法要求接触角为零，即环必须完全被液体所润湿，否则结果偏低。

2. 主要试剂与仪器

仪器：扭力天平（图53-6），容量瓶（100mL 2 只，50mL 6 只），移液管（10mL 2 支、5mL 2 支）。

试剂：正丁醇（A.R.）。

3. 操作步骤

（1）取两个100mL 容量瓶，分别配制 0.80mol·L^{-1}、0.50mol·L^{-1} 正丁醇水溶液。然后取 6 个 50mL 容量瓶，用已配制的溶液，按逐次稀释方法配制 0.40mol·L^{-1}、0.30mol·L^{-1}、0.20 mol·L^{-1}、0.10mol·L^{-1}、0.05mol·L^{-1}、0.02mol·L^{-1} 的正丁醇水溶液。

（2）将仪器放在不受振动和平稳的地方，用横梁上的水准泡，调节螺旋7把仪器调到水平状态。

（3）用热洗液浸泡铂丝环和玻璃杯

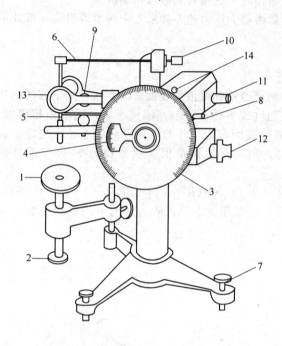

图 53-6　扭力天平结构图
1—样品座；2—调样品座螺丝；3—刻度盘；4—游标；
5,6—臂；7—调水平螺丝；8,9—制止器；
10—游码；11—微调蜗轮把手；12—蜗轮把手；
13—放大镜；14—水准仪

（或结晶皿），然后用蒸馏水洗净，烘干。铂丝环应十分平整，洗净后不许用手触摸。

（4）将铂丝环悬挂在吊杆臂的下端，旋转蜗轮把手12使刻度盘指"0"。然后，把臂的制止器8和9打开，使目镜中三线重合。如果不重合，则旋转微调蜗轮把手11进行调整。

（5）用少量待测正丁醇水溶液洗玻璃杯，然后注入该溶液（从最稀的溶液开始测量），将玻璃杯置于样品座1上。

（6）旋转2使样品座1升高，直到玻璃杯上液体刚好同铂丝环接触为止（注意：环与液面必须呈水平）。同时旋转蜗轮把手12来增加钢丝的扭力，同时用样品座下旋钮2降低样品座位置。此操作应协调并小心缓慢地进行，确保目镜中三线始终重合，直到铂丝环离开液面为止，此时刻度盘上的读数即为待测液的表面张力值。连续测量三次，取其平均值（注意：每次测定完后，反时针旋转12使指针反时针返回到零，否则扭力变化很大）。

（7）更换另一浓度的溶液，按上述方法测其表面张力。

（8）记录测定时的温度。

4. 数据处理

（1）将实验数据列表。

（2）根据式(53-17)求出校正因子 F，并求出各浓度正丁醇水溶液的 $\sigma_{实际}$。

（3）绘出 σ-c 图。在曲线上选取 6～8 个点作切线求出 Z 值。

（4）由 $\Gamma = ZRT$ 计算不同浓度溶液的 Γ 值，并作 Γ-c 图，求 Γ_∞ 并计算 S_0 和 δ。

5. 注意事项

（1）铂环易损坏变形，使用时要小心，切勿使其受力或碰撞。

（2）游标旋转至零时，应沿逆时针方向回转，切勿旋转 $360°$，使扭力丝受力，而损坏仪器。

（3）实验完毕，关闭仪器制止器，仔细清洗铂丝环和样品杯。

6. 思考题

（1）影响本实验的主要因素有哪些？

（2）使用扭力天平时应注意哪些问题？

（3）扭力天平的铂环清洁与否对测表面张力有何影响？

实验五十四　蔗糖的转化

一、实验目的

1. 测定蔗糖转化的反应级数、速率常数和半衰期。
2. 掌握测定原理和旋光仪的使用方法。

二、实验原理

蔗糖转化反应为：

$$C_{12}H_{22}O_{11} + H_2O \longrightarrow C_6H_{12}O_6 + C_6H_{12}O_6$$
$$\text{蔗糖} \qquad\qquad\qquad \text{葡萄糖} \quad\ \text{果糖}$$

为使水解反应加速，常以酸为催化剂，故反应在酸性介质中进行。由于反应中水是大量存在的，尽管有部分水分子参加了反应，但仍可近似认为整个反应中水的浓度是恒定的。而 H^+ 是催化剂，其浓度也保持不变。因此，蔗糖转化反应可视为一级反应。其动力学方程为

$$-\frac{dc}{dt} = kc \tag{54-1}$$

式中，k 为反应速率常数；c 为时间 t 时的反应物浓度。

将式（54-1）积分得：

$$\ln c = -kt + \ln c_0 \tag{54-2}$$

式中，c_0 为反应物的初始浓度。

当 $c = \frac{1}{2}c_0$ 时，t 可用 $t_{1/2}$ 表示，即为反应的半衰期。由式（54-2）可得：

$$t_{1/2} = \frac{\ln 2}{k} = \frac{0.693}{k} \tag{54-3}$$

蔗糖及水解产物均为旋光性物质。但它们的旋光能力不同，故可以利用体系在反应过程中旋光度的变化来衡量反应的进程。溶液的旋光度与溶液中所含旋光物质的种类、浓度、溶剂的性质、液层厚度、光源波长及温度等因素有关。

为了比较各种物质的旋光能力，引入比旋光度的概念。比旋光度可用下式表示：

$$[\alpha]_D^t = \frac{\alpha}{lc} \tag{54-4}$$

式中，t 为实验温度，℃；D 为光源波长；α 为旋光度；l 为液层厚度，m；c 为浓度，

$kg \cdot m^{-3}$。

由式（54-4）可知，当其他条件不变时，旋光度 α 与浓度 c 成正比。即：

$$\alpha = Kc \tag{54-5}$$

式中，K 是一个与物质旋光能力、液层厚度、溶剂性质、光源波长、温度等因素有关的常数。

在蔗糖的水解反应中，反应物蔗糖是右旋性物质，其比旋光度 $[\alpha]_D^{20} = 66.6°$。产物中葡萄糖也是右旋性物质，其比旋光度 $[\alpha]_D^{20} = 52.5°$；而产物中的果糖则是左旋性物质，其比旋光度 $[\alpha]_D^{20} = -91.9°$。因此，随着水解反应的进行，右旋角不断减小，最后经过零点变成左旋。旋光度与浓度成正比，并且溶液的旋光度为各组分的旋光度之和。若反应时间为 0、t、∞ 时溶液的旋光度分别用 α_0、α_t、α_∞ 表示，则：

$$\alpha_0 = K_{反} \, c_0 \, (表示蔗糖未转化) \tag{54-6}$$

$$\alpha_\infty = K_{生} \, c_0 \, (表示蔗糖已完全转化) \tag{54-7}$$

式（54-6）、式（54-7）中的 $K_{反}$ 和 $K_{生}$ 分别为对应反应物与产物的比例常数。

$$\alpha_t = K_{反} c + K_{生}(c_0 - c) \tag{54-8}$$

由式（54-6）、式（54-7）、式（54-8）三式联立可以解得：

$$c_0 = \frac{\alpha_0 - \alpha_\infty}{K_{反} - K_{生}} = K'(\alpha_0 - \alpha_\infty) \tag{54-9}$$

$$c = \frac{\alpha_t - \alpha_\infty}{K_{反} - K_{生}} = K'(\alpha_t - \alpha_\infty) \tag{54-10}$$

将式（54-9）、式（54-10）代入式（54-2）即得：

$$\ln(\alpha_t - \alpha_\infty) = -kt + \ln(\alpha_0 - \alpha_\infty) \tag{54-11}$$

由式（54-11）可见，以 $\ln(\alpha_t - \alpha_\infty)$ 对 t 作图为一直线，由该直线的斜率即可求得反应速率常数 k，进而可求得半衰期 $t_{1/2}$。

根据阿伦尼乌斯公式 $\ln \dfrac{k_2}{k_1} = \dfrac{E_a(T_2 - T_1)}{RT_1 T_2}$，可求出蔗糖转化反应的活化能 E_a。

三、主要试剂与仪器

仪器：旋光仪，旋光管，恒温槽，台秤，秒表，烧杯（100mL），移液管（25mL），带塞锥形瓶（100mL）。

试剂：HCl（3mol·L⁻¹），蔗糖（A. R.）。

试剂：HCl（$3mol \cdot L^{-1}$），蔗糖（A. R.）。

四、实验步骤

（1）将恒温槽调节到 $(25.0 \pm 0.1)℃$ 恒温，然后在旋光管中接上恒温水。

（2）旋光仪零点的校正　洗净旋光管，将管子一端的盖子旋紧，向管内注入蒸馏水，把玻璃片盖好，使管内无气泡（或小气泡）存在。再旋紧套盖，勿使漏水。用吸水纸擦净旋光管，再用擦镜纸将管两端的玻璃片擦净，放入旋光仪中盖上槽盖开启旋光仪，校正旋光仪零点。

（3）蔗糖水解过程中 α_t 的测定　用台秤称取 15g 蔗糖，放入 100mL 烧杯中，加入 75mL 蒸馏水配成溶液（若溶液浑浊则需过滤）。用移液管取 25mL 蔗糖溶液置于 100mL 带塞锥形瓶中。移取 25mL 3mol·L⁻¹HCl 溶液于另一只 100mL 带塞锥形瓶中。一起放入恒温槽内，恒温 10min。取出两只锥形瓶，将 HCl 迅速倒入蔗糖中，来回倒三次，使之充分混合。并且在加入 HCl 时开始计时，立即用少量混合液荡洗旋光管两次，将混合液装满旋光管（操作同装蒸馏水相同）。擦净后立刻置于旋光仪中，盖上槽盖。每隔一定时间，读取一次旋光度，开始时，可每 3min 读一次，30min 后，每 5min 读一次，测定 1h。

（4）α_∞ 的测定　将步骤（3）剩余的混合液置于近 60℃ 的水浴中，恒温至少 30min 以加速反应，然后冷却至实验温度，按上述操作，测定其旋光度，此值即为 α_∞。

（5）将恒温槽调节到（30.0±0.1）℃恒温，按实验步骤（3）、（4）测定 30.0℃ 时的 α_t 及 α_∞。

五、注意事项

1. 装样品时，旋光管管盖旋至不漏液体即可，不要用力过猛，以免压碎玻璃片。

2. 在测定 α_∞ 时，通过加热使反应速度加快，转化完全。但加热温度不要超过 60℃，加热过程中要防止水的挥发以致溶液浓度变化。

3. 由于酸对仪器有腐蚀，操作时应特别注意，避免酸液滴漏到仪器上。实验结束后必须将旋光管洗净。

4. 旋光仪中的钠光灯不宜长时间开启，测量间隔较长时应熄灭，以免损坏。

六、数据记录及处理

1. 设计实验数据表，记录温度、盐酸浓度、α_t、α_∞ 等数据，计算不同时刻时 $\ln(\alpha_t - \alpha_\infty)$。

2. 以 $\ln(\alpha_t - \alpha_\infty)$ 对 t 作图，由所得直线的斜率求出反应速率常数 k。

3. 计算蔗糖转化反应的半衰期 $t_{1/2}$。

4. 由两个温度下测得的 k 值计算反应的活化能。

七、思考题

1. 实验中，为什么用蒸馏水来校正旋光仪的零点？在蔗糖转化反应过程中，所测的旋光度 α_t 是否需要零点校正？为什么？

2. 蔗糖溶液为什么可粗略配制？

3. 蔗糖的转化速率常数 k 与哪些因素有关？

4. 试分析本实验误差来源，怎样减少实验误差？

实验五十五　电导及其应用

一、实验目的

1. 了解溶液电导的基本概念。
2. 学会电导（率）仪的使用方法。
3. 掌握溶液电导的测定及应用。

二、实验原理

1. 弱电解质电离常数的测定

AB 型弱电解质在溶液中电离达到平衡时，电离平衡常数 K_c 与原始浓度 c 和电离度 α 有以下关系：

$$K_c = \frac{c\alpha^2}{1-\alpha}$$

（55-1）

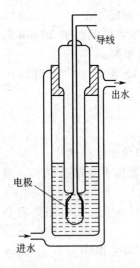

图 55-1　电导池

在一定温度下 K_c 是常数，因此可以通过测定 AB 型弱电解质在不同浓度时的 α 代入上式求出 K_c。

醋酸溶液的电离度可用电导法来测定，图 55-1 是用来测定溶液电导的电导池。

将电解质溶液注入电导池内，溶液电导（G）的大小与两电极之间的距离 l 成反比，与电极的面积 A 成正比：

$$G = \kappa \frac{A}{l} \tag{55-2}$$

式中，$\dfrac{A}{l}$ 为电导池常数，以 K_{cell} 表示；κ 为电导率，其物理意义是在两平行且相距 1m，面积均为 1m^2 的两电极间，电解质溶液的电导，称为该溶液的电导率，单位以 $\text{S}\cdot\text{m}^{-1}$ 表示。

由于电极的 l 和 A 不易精确测量，因此实验中用一种已知电导率值的溶液，先求出电导池常数 K_{cell}，然后把待测溶液注入该电导池测出其电导值，再根据式(55-2)求其电导率。

溶液的摩尔电导率是指把含有 1mol 电解质的溶液置于相距为 1m 的两平行板电极之间的电导。以 Λ_{m} 表示，其单位为 $\text{S}\cdot\text{m}^2\cdot\text{mol}^{-1}$。

摩尔电导率与电导率的关系：

$$\Lambda_{\text{m}} = \kappa / c \tag{55-3}$$

式中，c 为该溶液的浓度，单位为 $\text{mol}\cdot\text{m}^{-3}$。对于弱电解质溶液来说，可以认为：

$$\alpha = \Lambda_{\text{m}} / \Lambda_{\text{m}}^{\infty} \tag{55-4}$$

$\Lambda_{\text{m}}^{\infty}$ 是溶液在无限稀释时的摩尔电导率。

将式(55-4)代入式(55-1)可得：

$$K_c = \frac{c\Lambda_{\text{m}}^2}{\Lambda_{\text{m}}^{\infty}(\Lambda_{\text{m}}^{\infty} - \Lambda_{\text{m}})} \tag{55-5}$$

或

$$c\Lambda_{\text{m}} = (\Lambda_{\text{m}}^{\infty})^2 K_c \frac{1}{\Lambda_{\text{m}}} - \Lambda_{\text{m}}^{\infty} K_c \tag{55-6}$$

以 $c\Lambda_{\text{m}}$ 对 $1/\Lambda_{\text{m}}$ 作图，其直线的斜率为 $(\Lambda_{\text{m}}^{\infty})^2 K_c$，若已知 $\Lambda_{\text{m}}^{\infty}$ 值，可求算 K_c。

2. CaF_2（或 $BaSO_4$）饱和溶液溶度积（K_{sp}）的测定

利用电导法能方便地求出微溶盐的溶解度，进而得到其溶度积值。CaF_2 的溶解平衡可表示为：

$$CaF_2 \rightleftharpoons Ca^{2+} + 2F^-$$

$$K_{\text{sp}} = c(Ca^{2+}) \cdot [c(F^-)]^2 = 4c^3 \tag{55-7}$$

微溶盐的溶解度很小，饱和溶液的浓度则很低，所以式(55-3)中 Λ_{m} 可以认为就是 $\Lambda_{\text{m}}^{\infty}$（盐），$c$ 为饱和溶液中微溶盐的溶解度。

$$\Lambda_{\text{m}}^{\infty}(\text{盐}) = \frac{\kappa_{\text{盐}}}{c} \tag{55-8}$$

$\kappa_{\text{盐}}$ 是纯微溶盐的电导率。实验中所测定的饱和溶液的电导率值为盐与水的电导率之和。

$$\kappa_{\text{溶液}} = \kappa_{\text{H}_2\text{O}} + \kappa_{\text{盐}} \tag{55-9}$$

这样，可由测得的微溶盐饱和溶液的电导率利用式(55-9)求出 $\kappa_{\text{盐}}$，再利用式(55-8)求出溶解度，最后求出 K_{sp}。

三、主要试剂与仪器

仪器：电导（率）仪，超级恒温水浴，电导池，电导电极，容量瓶（100mL），移液管（25mL，50mL），洗瓶，洗耳球。

试剂：$KCl(10.0 mol \cdot m^{-3})$，$HAc(100.0 mol \cdot m^{-3})$，$CaF_2$（或 $BaSO_4$）（A. R.）。

四、实验步骤

1. HAc 电离常数的测定

（1）溶液配制　在 100mL 容量瓶中配制浓度为原始醋酸（$100.0 mol \cdot m^{-3}$）浓度 1/4、1/8、1/16、1/32、1/64 的溶液 5 份。

（2）将恒温槽温度调至（25.0 ± 0.1）℃或（30.0 ± 0.1）℃，按图 55-1 所示使恒温水流经电导池夹层。

（3）测定电导水的电导（率）　用电导水洗涤电导池和铂电极 2～3 次，然后注入电导水，恒温后测其电导（率）值，重复测定三次。

（4）测定电导池常数 K_{cell}　倾去电导池中蒸馏水。将电导池和铂黑电极用少量的 $10.00 mol \cdot m^{-3}$ KCl 溶液洗涤 2～3 次后，装入 $10.00 mol \cdot m^{-3}$ KCl 溶液，恒温后，用电导仪测其电导，重复测定三次。

（5）测定 HAc 溶液的电导（率）　倾去电导池中的液体，将电导池和铂黑电极用少量待测溶液洗涤 2～3 次，最后注入待测溶液。恒温约 10min，用电导（率）仪测其电导（率），每份溶液重复测定三次。按照浓度由小到大的顺序，测定 5 种不同浓度 HAc 溶液的电导（率）。

2. CaF_2（或 $BaSO_4$）饱和溶液溶度积 K_{sp} 的测定

取约 1g CaF_2（或 $BaSO_4$），加入约 80mL 电导水，煮沸 3～5min，静置片刻后倾掉上层清液。再加电导水、煮沸、再倾掉清液，连续进行五次，第四次和第五次的清液放入恒温筒中恒温，分别测其电导（率）。若两次测得的电导（率）值相等，则表明 CaF_2（或 $BaSO_4$、$PbSO_4$）中的杂质已清除干净，清液即为饱和 CaF_2（或 $BaSO_4$）溶液。

实验完毕后仍将电极浸在蒸馏水中。

五、注意事项

1. 电导池不用时，应将两铂黑电极浸在蒸馏水中，以免干燥致使表面发生改变。

2. 实验中温度要恒定，测量必须在同一温度下进行。恒温槽的温度要控制在（25.0 ± 0.1）℃或（30.0 ± 0.1）℃。

3. 测定前，必须将电导电极及电导池洗涤干净，以免影响测定结果。

六、数据记录及处理

1. 由 KCl 溶液电导率值计算电导池常数。

2. 将实验数据列表并计算醋酸溶液的电离常数。

HAc 原始浓度：＿＿＿＿＿＿＿＿＿

$c/mol \cdot m^{-3}$	G/S	$\kappa/S \cdot m^{-1}$	$\Lambda_m/S \cdot m^2 \cdot mol^{-1}$	$\Lambda_m^{-1}/S^{-1} \cdot m^{-2} \cdot mol$	$c\Lambda_m/S \cdot m^{-1}$	α	$K_c/mol \cdot m^{-3}$	$\overline{K}_c/mol \cdot m^{-3}$

3. 按公式（55-6）以 $c\Lambda_m$ 对 $1/\Lambda_m$ 作图应得一直线，直线的斜率为 $(\Lambda_m^{\infty})^2 K_c$，由此求

得 K_c，并与上述结果进行比较。

4. 计算 CaF_2（或 $BaSO_4$、$PbSO_4$）的 K_{sp}

G（电导水）：_____；κ（电导水）：_____。

G（溶液）/S	κ（溶液）/S·m^{-1}	G（盐）/S	κ（盐）/S·m^{-1}	c/mol·m^{-3}	K_{sp}/mol^3·m^{-9}

七、思考题

1. 为什么要测电导池常数？如何得到该常数？

2. 测电导时为什么要恒温？实验中测电导池常数和溶液电导时，温度是否要一致？

3. 实验中为何用镀铂黑电极？使用时注意事项有哪些？

实验五十六　碳钢阳极钝化曲线的测定

一、实验目的

1. 掌握用恒电流和恒电位法测定金属极化曲线的原理和方法。

2. 了解极化曲线的意义和应用。

二、实验原理

为了探索电极过程的机理及影响电极过程的各种因素，必须对电极过程进行研究，而在该研究过程中极化曲线的测定又是重要的方法之一。在研究可逆电池的电动势和电池反应时电极上几乎没有电流通过，每个电极或电池反应都是在无限接近于平衡下进行的，因此电极反应是可逆的。当有电流通过电池时，则电极的平衡状态被破坏，此时电极反应处于不可逆状态，随着电极上电流密度的增加，电极反应的不可逆程度也随之增大。在有电流通过电极时，由于电极反应的不可逆而使电极电位偏离平衡值的现象称作电极的极化。根据实验测出的数据来描述电流密度与电极电位之间关系的曲线称作极化曲线，如图 56-1 所示。

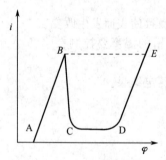

图 56-1　金属极化曲线

AB—活性溶解区；B—临界钝化点；BC—过渡钝化区；CD—稳定钝化区；DE—超（过）钝化区

金属的阳极过程是指金属作为阳极时，在一定的外电势下发生的阳极溶解过程，如下式所示：

$$M \longrightarrow M^{n+} + ne^-$$

此过程只有在电极电位大于其热力学电位时才能发生。阳极的溶解速度随电位变正而逐渐增大，这是正常的阳极溶出，但当阳极电位正到某一数值时，其溶解速度达到一最大值。此后阳极溶解速度随着电位变正，反而大幅度的降低，这种现象称为金属的钝化现象。

曲线表明，电位从 A 点开始上升（即电位向正方向移动），电流密度也随之增加，电位超过 B 点以后，电流密度迅速减至很小，这是因为在金属表面上生成了一层电阻高、耐腐蚀的钝化膜。到达 C 点以后，电位再继续上升，电流仍保持在一个基本不变的很小的数值上，电

位升到 D 点时，电流又随电位的上升而增大。

1. 影响金属钝化过程的几个因素

已对金属钝化现象进行了大量的研究工作。影响金属钝化过程及钝化性质的因素，可归纳为以下几点：

（1）溶液的组成。在中性溶液中，金属一般比较容易钝化，而在酸性或某些碱性的溶液中，则不易钝化；溶液中卤素离子（特别是 Cl^-）的存在，能明显地阻止金属的钝化；溶液中存在某些具有氧化性的阴离子（如 CrO_4^{2-}），则可以促进金属的钝化。

（2）金属的化学组成和结构。各种纯金属的钝化能力不尽相同，例如铁、镍、铬三种金属的钝化能力为铬＞镍＞铁。因此，添加铬、镍可以提高钢铁的钝化能力及钝化的稳定性。

（3）外界因素（如温度、搅拌等）。一般来说，温度升高以及搅拌加剧，可以推迟或防止钝化过程的发生，这与离子扩散有关。

2. 极化曲线的测量

（1）恒电位法　将研究电极上的电位维持在某一数值上，然后测量对应于该电位下的电流。由于电极表面状态在未建立稳定状态之前，电流会随时间而改变，故一般测出来的曲线为"暂态"极化曲线。在实际测量中，常采用的控制电位测量方法有下列两种。

静态法：将电极电位较长时间地维持在某一恒定值，同时测量电流随时间的变化，直到电流值基本上达到某一稳定值。如此每隔 $20 \sim 50 mV$ 逐点地测量各个电极电位下的稳定电流值，即可获得完整的极化曲线。

动态法：控制电极电位以较慢的速度连续地改变（扫描），并测量对应电位下的瞬时电流值，并以瞬时电流与对应的电极电位作图，获得整个的极化曲线。扫描速度（即电位变化的速度）应较慢，使所测得的极化曲线与采用静态法的接近。

比较上述两种测量方法，静态法测量结果虽较接近稳态值，但测量的时间较长，而动态法距稳态值相对较大，但测量的时间较短，所以在实际工作中，常采用动态法来进行测量。

（2）恒电流法　将研究电极的电流恒定在某定值下，测量其对应的电极电位，得到的极化曲线。恒电流法所得到的阳极极化曲线只能近似地估计被测电极的临界钝化电位和高铁（Ⅵ）及氧的析出电位，不能完全描绘出碳钢的溶解和钝化的实际过程。

三、主要试剂与仪器

仪器：恒电位仪，数字电压表，电磁搅拌器，饱和甘汞电极（参比电极），碳钢电极（研究、辅助电极），三室电解池（见图 56-2）。

试剂：$0.5 mol \cdot L^{-1} H_2SO_4 + 5.0 \times 10^{-3} mol \cdot L^{-1}$ KCl，碳酸铵溶液（$2 mol \cdot L^{-1}$），硫酸溶液（$0.5 mol \cdot L^{-1}$）。

四、实验步骤

（1）用金相砂纸将研究电极擦至镜面光亮，放在丙酮中除去油污，留下 $1 cm^2$ 面积，用石蜡涂抹剩余面积，备用。

（2）向小烧杯中注入 $0.5 mol \cdot L^{-1}$ 的硫酸溶液，以一铁板为阳极，研究电极为阴极，控制电流密度为 $5 mA \cdot cm^{-2}$，电解 $10 min$，以除去电极氧化膜，最后用蒸馏水

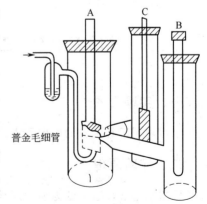

图 56-2　电解池结构示意图
A—研究电极；B—参比电极；
C—辅助电极

普金毛细管

洗净备用。

（3）将 $2mol \cdot L^{-1}$ 的 $(NH_4)_2CO_3$ 溶液倒入电解池内，按图 56-2 安装好电极并与恒电位仪接线柱相连，通电前在溶液中通 N_2 5～10min，以除去溶液中的氧。

（4）恒电位法测定阳极的极化曲线　开启恒电位仪，先测"参比"对"研究"电极的自腐电位（电压表数字应在 $-0.8V$ 左右方为合格，否则需要重新处理研究电极），然后恒定电位从自腐蚀电位开始进行阳极极化，每次向正方向改变 $20mV$，并测其相应的电流值，观察其变化规律及电极表面的现象。

（5）恒电流法测量阳极极化曲线　更换新的 $(NH_4)_2CO_3$ 溶液，电极处理同前。待自腐电位合格后，恒定电流值从 $0mA$ 开始，每次改变 $0.5mA$，并测其相应的电位值，直到所测电位突跃后，再测数个点为止。

五、数据记录及处理

1. 将实验数据列成表格。

2. 以电流密度为纵坐标，电极电位（相对于参比电极）为横坐标，绘出恒电位和恒电流阳极的极化曲线。

3. 讨论所得实验结果及曲线的意义，指出 $\varphi_{钝化}$ 及 $i_{钝化}$ 的值。

六、注意事项

1. 按照实验要求，严格进行电极处理。

2. 将研究电极置于电解槽时，要注意与普金毛细管之间的距离每次应保持一致。研究电极与普金毛细管应尽量靠近，但管口离电极表面的距离不能小于毛细管本身的直径。

3. 每次做完测试后，应在确认恒电位仪或电化学综合测试系统在非工作的状态下关闭电源，取出电极。

七、思考题

1. 比较恒电位法和恒电流法所得到的极化曲线有何异同？说明原因。

2. 测定阳极极化曲线为什么要用恒电位法。

3. 做好本实验的关键是什么？

实验五十七　乙酰水杨酸（阿司匹林）的制备

一、实验目的

学习阿司匹林制备的原理和方法。

二、实验原理

乙酰水杨酸，通常称为阿司匹林（Aspirin），是由水杨酸（邻羟基苯甲酸）和乙酸酐合成的。早在 18 世纪，人们就从柳树皮中提取了水杨酸，并注意到它可以用作止痛、退热和抗炎药，不过对肠胃刺激作用较大。19 世纪末，人们合成了可以替代水杨酸的有效药物——乙酰水杨酸。直到目前，阿司匹林仍然是一个广泛使用的具有解热、止痛、消炎等作用的药物。

主反应：

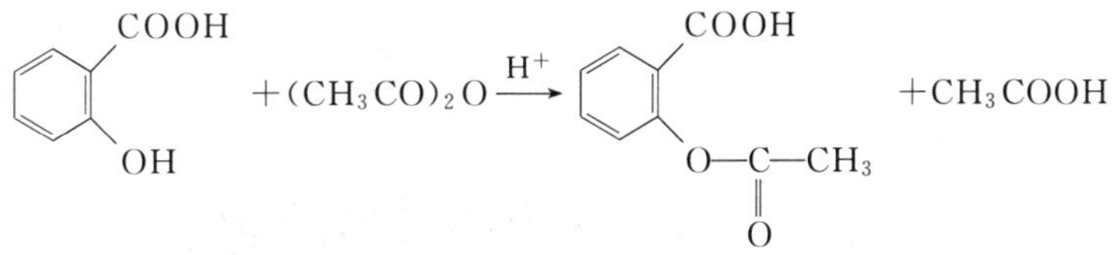

在生成乙酰水杨酸的同时，水杨酸分子之间可以发生缩合反应，生成少量聚合物：

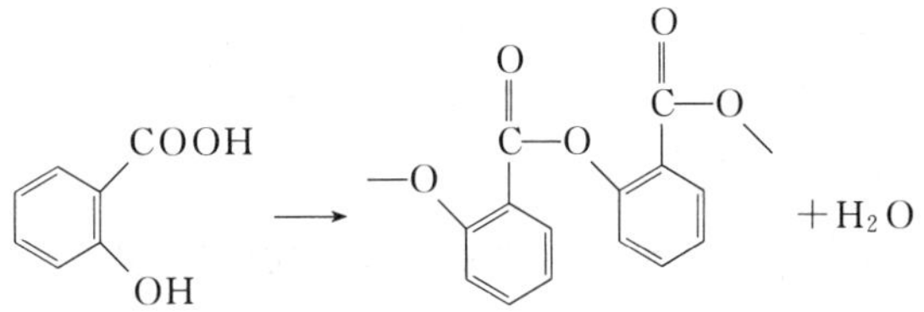

乙酰水杨酸能与碳酸氢钠反应生成水溶性钠盐，而副产品聚合物不能溶于碳酸氢钠，这种性质上的差别可用于阿司匹林的纯化。

由于乙酰化反应不完全或由于产物在分离步骤中发生水解，最终存在于产物中的杂质可能是水杨酸本身，但它多可在各步纯化和产物的重结晶过程中被除去。与大多数酚类化合物一样，水杨酸可与三氯化铁形成深色络合物；阿司匹林因酚羟基已被酰化，不再与三氯化铁发生颜色反应，因此水杨酸杂质很容易被检出。

三、主要试剂与仪器

仪器：50mL 烧瓶，冷凝管，水浴加热装置，抽滤装置，烧杯，表面皿。

试剂：水杨酸（C.P.），乙酸酐（C.P.），浓硫酸，浓盐酸，三氯化铁溶液（1%），饱和碳酸氢钠水溶液。

四、实验步骤

（1）乙酰化反应　在干燥的 50mL 烧瓶中，加入 3g(0.022mol) 干燥的水杨酸、4.5g(0.04mol) 新蒸的乙酸酐和 5 滴浓硫酸，充分摇动使水杨酸全部溶解。加上冷凝管，水浴加热回流 30min，控制水浴温度在 80～85℃。

（2）抽滤出粗产物　待烧瓶稍冷，在不断搅拌下将反应物倒入 50mL 水中，并用冷水冷却。抽滤，用适量冷水洗涤粗产物。

（3）粗产物重结晶　将抽滤后的粗产物转入 100mL 烧杯中，搅拌下加入 38mL 饱和碳酸氢钠水溶液，加完后继续搅拌几分钟，直至无二氧化碳产生。抽滤，滤出不溶的副产品——聚合物，并用 5～10mL 水冲洗漏斗，合并滤液，将其倒入盛有 7mL 浓盐酸和 15mL 水的烧杯中，搅拌均匀，即有乙酰水杨酸晶体析出，将烧杯用冷水冷却，使结晶完全。抽滤，用冷水洗涤结晶。将结晶转移至表面皿，干燥后称重（约 2.5～2.8g，产率 63%～71%）。

（4）检验纯度　取几粒结晶加入盛有 5mL 水的试管中溶解，加入 1～2 滴 1% 三氯化铁溶液，观察有无颜色变化，从而判断产物中有无未反应的水杨酸。

为了得到更纯的产品，可用乙酸乙酯进行重结晶。

五、思考题

1. 浓硫酸在反应中起什么作用？
2. 为何要对粗产物进行重结晶？

实验五十八　水中挥发酚的测定

一、实验目的

1. 了解酚污染对水环境的影响。
2. 掌握用萃取比色法和直接光度法测定酚的原理和操作技术。

二、实验原理

酚是苯的羟基衍生物，在炼油厂、炼焦厂、煤气发生站以及化学制药厂、有机化工厂、防腐厂等的工业废水中，都含有不同量的酚。酚是重要的化工原料，应该尽量回收利用。如果含酚废水未经回收和处理就排入水体或用于灌溉，会使水体产生酚臭味，使鱼类、贝类、海带、蔬菜、农作物受到毒害污染；如用这种水体作饮用水水源，当用氯消毒时，会生成氯酚，有强烈的酚臭味。酚中毒可导致肾炎、结膜炎、皮炎、头痛、呕吐、腹泻、肝大、黄疸、蛋白尿和血溶性贫血等症状。水体中酚的种类较多，部分酚可以挥发，有些酚难以挥发，本实验仅测定被蒸馏的挥发酚。

在 pH 为 10.0 ± 0.2 和氧化剂铁氰化钾存在的情况下，4-氨基安替比林可与挥发酚类生成橘红色的吲哚酚安替比林染料，在 510nm 处有最大吸收峰。若用氯仿萃取此染料，可以增加颜色的稳定性，提高灵敏度，在 460nm 处有最大吸收。该方法可测定苯酚及邻位、间位取代的酚，但不能测定对位有取代基的酚。

挥发酚应在取样后四小时内进行测定，否则需于每升水样中加 5mL 40% 的氢氧化钠溶液或 2g 固体氢氧化钠，这样可保存一天。氧化性、还原性物质，金属离子及芳香胺类化合物对于测定有干扰，预蒸馏可除去大多数干扰物。

三、主要试剂与仪器

仪器：分光光度计，1cm 及 3cm 比色皿，500mL 全玻璃蒸馏器，分液漏斗，容量瓶。

试剂：H_3PO_4 溶液，$100g \cdot L^{-1}$ $CuSO_4$ 溶液，pH＝9.8 的缓冲溶液，$0.02mol \cdot L^{-1}$ 溴酸钾-溴化钾溶液，$0.0250mol \cdot L^{-1}$ 硫代硫酸钠标准溶液，$20g \cdot L^{-1}$ 4-氨基安替比林溶液，$80g \cdot L^{-1}$ 铁氰化钾溶液，氯仿（C.P.），酚标准储备溶液，淀粉溶液，甲基橙指示剂。

四、操作步骤

1. 溶液的配制

(1) H_3PO_4 溶液：将 10mL 85% 的化学纯磷酸用蒸馏水稀释至 100mL。

(2) $100g \cdot L^{-1}$ $CuSO_4$ 溶液：称 10g 化学纯 $CuSO_4 \cdot 5H_2O$，溶于蒸馏水中，并稀释

至 100mL。

（3）pH＝9.8 的缓冲溶液：称取 20g 化学纯氯化铵，溶于 100mL 化学纯浓氨水中。

（4）0.02mol·L^{-1} 溴酸钾-溴化钾溶液：称取 3.2g 无水溴酸钾溶于水中，加入 10g 溴化钾，溶解后移入 1000mL 容量瓶中，稀释至刻度。

（5）0.0250mol·L^{-1} 硫代硫酸钠标准溶液：称取 6.2g 硫代硫酸钠，溶于 1L 煮沸后冷却的水中，加入 0.4g NaOH，储于棕色瓶内，使用时用碘酸钾进行标定。

标定方法：取分析纯碘酸钾，在 105℃ 下烘干半小时，冷却后，准确称取 2 份约 0.1500g 碘酸钾，分别放入 250mL 碘量瓶内，于每瓶中各加 100mL 蒸馏水使碘酸钾溶解。再加 3g 碘化钾及 10mL 冰醋酸，静置 5min。用待定的硫代硫酸钠溶液滴定至溶液呈淡黄色时，加入 1mL 5g·L^{-1} 的淀粉溶液，继续滴定至刚变无色时为止。记录用量，则

$$Na_2S_2O_3 \text{ 溶液的浓度 } c = \frac{KIO_3 \text{ 质量(g)} \times 1000 \times 6}{Na_2S_2O_3 \text{ 溶液的体积(mL)} \times 214}$$

（6）20g·L^{-1} 4-氨基安替比林溶液：称取 2.0g 4-氨基安替比林溶于水中，稀释到 100mL，最好用时现配制，该溶液储于棕色瓶内，在冰箱中可保存一周。

（7）80g·L^{-1} 铁氰化钾溶液：称取 8.0g 化学纯铁氰化钾溶于蒸馏水，并稀释至 100mL。

（8）酚标准储备溶液：取 1.0g 苯酚溶于煮沸后冷却的水中，稀释至 1L。

标定方法：取 10.00mL 酚标准储备液于 250mL 碘量瓶中，加入 100mL 0.02mol·L^{-1} 溴酸钾-溴化钾溶液，立即加入 5mL 浓盐酸，盖好瓶盖，摇匀，于暗处静置 10min，加入 1g 碘化钾摇匀，5min 后，用 0.0250mol·L^{-1} 硫代硫酸钠溶液滴定呈淡黄色，再加 1mL 淀粉溶液，继续滴定呈蓝色刚好消失，记录用量。

$$\text{酚标准储备液}(\mu g \cdot mL^{-1}) = \frac{(A-B) \times c}{V} \times \frac{94}{6} \times 1000$$

式中　A——空白溶液消耗硫代硫酸钠标准溶液的体积，mL；

　　　　B——加入酚标准储备液后消耗硫代硫酸钠标准溶液的体积，mL；

　　　　c——硫代硫酸钠标准溶液的浓度，mol·L^{-1}；

　　　　V——酚储备溶液体积，10.00mL。

所涉及的反应如下：

$$BrO_3^- + 5Br^- + 6H^+ =\!=\!= 3Br_2 + 3H_2O$$

$$Br_2 + 2I^- =\!=\!= I_2 + 2Br^-$$

$$I_2 + 2S_2O_3^{2-} =\!=\!= S_4O_6^- + 2I^-$$

$$3Br_2 + C_6H_5OH \longrightarrow C_6H_2Br_3OH + 3HBr$$

（9）酚标准中间液：将酚标准储备溶液稀释至浓度为 0.10g·L^{-1}。

（10）标准使用液：吸取 5.00mL 酚标准中间液于 500mL 容量瓶中，用煮沸后冷却的水稀释至刻度，此溶液含酚量为 1.00mg·L^{-1}，用前两小时配制。

（11）淀粉溶液：称取 1g 可溶性淀粉，以少量水调成糊状，加入刚煮沸的蒸馏水至 100mL，冷却后加入 0.1g 水杨酸保存。

2. 预蒸馏

量取 250mL 待测水样于预蒸馏瓶中，用磷酸溶液将 pH 调节到 4.0 以下（加两滴甲基

橙作指示剂，使水样由橘黄色变为橙红色）。加入 5.0mL $CuSO_4$ 溶液，加热蒸馏，用 250mL 容量瓶收集馏出液约 225mL 后，停止加热。液面静止后，往蒸馏器内加入 25mL 蒸馏水，继续蒸馏到馏出液 250mL 为止。

3. 萃取光度法

（1）将 250mL 馏出液转入 500mL 分液漏斗中。

（2）另取酚的标准使用液 0mL、0.5mL、1.0mL、2.0mL、4.0mL、6.0mL、8.0mL、10.0mL 及 15.0mL，用 250mL 煮沸后冷却的水稀释，移入 500mL 分液漏斗中。

（3）向各分液漏斗中加入 2.0mL 缓冲溶液，1.5mL $20g \cdot L^{-1}$ 的 4-氨基安替比林溶液，混匀。再加入 1.5mL $80g \cdot L^{-1}$ 的铁氰化钾溶液，再混匀，静止 10min，显色。

（4）分别加入 13.0mL 的氯仿，振摇 2min 萃取。静置分层后，将萃取液直接放入干燥的比色皿中。

（5）在 460nm 处，以氯仿为参比，用 3cm 比色皿测定各标准系列的吸光度，绘制标准曲线。同时测定样品的吸光度，从标准曲线上查出对应的含酚量（标准系列和样品的吸光度都应扣除试剂的空白值）。

4. 直接光度法

水样含酚量在 $0.1 \sim 5mg \cdot L^{-1}$ 时，可用此法。

（1）绘制标准曲线：在 50mL 比色管中分别加入 0mL、0.5mL、1.0mL、1.5mL、2.0mL、2.5mL 酚标准中间液，加入 0.5mL 缓冲溶液，1mL $20g \cdot L^{-1}$ 的 4-氨基安替比林溶液，混匀。加入 1mL $80g \cdot L^{-1}$ 的铁氰化钾溶液，用水稀释至 50mL，再混匀。放置 15min 后，在 510nm 处用 1cm 比色皿，以试剂空白为参比，测定吸光度，绘制标准曲线。

（2）水样测定：取馏出液（含酚量小于 0.25mg）或分别取适量馏出液用水稀释至 50mL，置于比色皿中，按标准系列的步骤操作，测其吸光度。

5. 计算

$$挥发酚类质量浓度（mg \cdot L^{-1}）= \frac{测得酚质量}{水样体积}$$

五、思考题

1. 对污染严重的水样，在蒸馏前应怎样消除氧化剂、硫化物及油类等干扰物？

2. 在预蒸馏的操作中加入 $CuSO_4$ 溶液的目的是什么？

3. 当预蒸馏两次后，馏出液仍浑浊如何处理？

4. 样品和标准溶液中加入缓冲液 4-氨基安替比林后，为什么一定要混匀才能加入铁氰化钾？如果错误操作会对结果产生何影响？

实验五十九　洗衣粉中活性组分与碱度的测定

一、实验目的

1. 培养独立解决实物分析的能力。

2. 提高运用定量化学分析的水平。

二、实验原理

众所周知，洗衣粉的组成比较复杂，其成分烷基苯磺酸钠具有良好的去污力、发泡力、乳化力，同时在酸性、碱性和硬水中都非常稳定，因而目前市场上绝大多数洗衣粉的主要活性成分是烷基苯磺酸钠。另外，在洗衣粉中还要添加许多其他物质，如加入一定量的碳酸钠等碱性物质，可以使洗衣粉遇到酸性污物时，仍具有较高的去污能力。所以，分析洗衣粉中烷基苯磺酸钠的含量以及碱性物质，是控制产品质量的重要步骤。

目前，对烷基苯磺酸钠的分析主要采用甲苯胺法。该方法的主要原理是：使烷基苯磺酸钠与盐酸对甲苯胺溶液混合，生成的复盐能溶于 CCl_4 中，再用 NaOH 标准溶液滴定。发生的反应如下：

$$RC_6H_4SO_3 \cdot Na + CH_3C_6H_4 \cdot NH_2 \cdot HCl \longrightarrow RC_6H_4SO_3H \cdot NH_2C_6H_4CH_3 + NaCl$$
$$RC_6H_4SO_3H \cdot NH_2C_6H_4 \cdot CH_3 + NaOH \longrightarrow RC_6H_4SO_3Na + CH_3C_6H_4NH_2 + H_2O$$

根据消耗标准碱液的体积和浓度，即可求得烷基苯磺酸钠的含量。在本实验中，要求以十二烷基苯磺酸钠来表示其含量。

在对洗衣粉中碱性物质的分析中，常用活性碱度和总碱度两个指标来表示碱性物质的含量。活性碱度仅指由于 NaOH（或 KOH）产生的碱度；总碱度包括由碳酸盐、碳酸氢盐、氢氧化钠及有机碱等所产生的碱度。这两个指标可通过酸碱滴定方法来实现。

三、主要试剂与仪器

仪器：分析天平，酸式及碱式滴定管，电炉，容量瓶，锥形瓶，烧杯，玻璃棒，分液漏斗，滴管，量筒，移液管。

试剂：盐酸对甲苯胺溶液，HCl 溶液（1∶1），NaOH(s)，CCl_4，乙醇（95%），pH 试纸，间甲酚紫指示剂（0.04%钠盐），甲基橙指示剂（0.1%），酚酞指示剂（0.1%），邻苯二甲酸氢钾（基准物）。

四、操作步骤

1. 配制溶液

（1）配制并标定 $0.1 \text{mol} \cdot \text{L}^{-1}$ 的 HCl 溶液和 $0.1 \text{mol} \cdot \text{L}^{-1}$ 的 NaOH 溶液。

（2）配制盐酸对甲苯胺溶液：粗称 10g 对甲苯胺，溶于 20mL 1∶1 盐酸溶液中，加水至 100mL，使 pH<2。若不易溶解，可适当加热。

2. 测定烷基苯磺酸钠的含量

准确称取洗衣粉样品 1.5～2g（准确至 0.0001g），分批加入 100mL 水中，温热搅拌促其溶解。转移至 250mL 容量瓶中，稀释至刻度，摇匀。因液体表面有泡沫，读数应以液面为准。

移取 25.00mL 洗衣粉样品溶液于 250mL 分液漏斗中，用 1∶1 盐酸调 pH≤3。加 25mL CCl_4 和 15mL 盐酸对甲苯胺溶液，剧烈振荡 2min（注意时常放气），静置 10min 使之分层。放出 CCl_4 层，注意切勿使水层放入。再以 15mL CCl_4 和 5mL 盐酸对甲苯胺溶液重复萃取两次。合并 3 次提取液于 250mL 锥形瓶中，加入 10mL 95% 乙醇增溶，再加入 0.04% 间甲酚紫指示剂 6 滴，以 $0.1 \text{mol} \cdot \text{L}^{-1}$ 的碱标准溶液滴定至溶液由黄色突变为紫蓝色，且 3s 内不变即为终点。重复两次，计算活性物的质量分数。

3. 活性碱度和总碱度的测定

吸取洗衣粉样液 25.00mL，加入 3 滴酚酞指示剂，用 0.1mol·L⁻¹ HCl 标准溶液滴定至浅粉色（20s 内不褪色），计算以 Na_2O 形式表示的活性碱度。平行测定两次。

于测定过活性碱度的溶液中再加入 3 滴甲基橙指示剂，继续滴定至橙色。平行测定两次，计算以 Na_2O 形式表示的总碱度。

实验六十　蔬菜中叶绿素的提取、分离和含量测定
（设计性实验）

一、实验目的

1. 利用化学手段提取和纯化新鲜蔬菜中的叶绿素，应用分光光度技术进行含量测定。

2. 通过独立完成文献查阅，使学生掌握天然产物的分离提取、鉴定和含量测定等实验技术，提高学生的综合实验能力。

二、实验内容和要求

1. 文献查阅

通过查阅有关文献资料，对蔬菜中叶绿素的提取、分离和含量测定确定分析方案并列出所需实验仪器、试剂和操作步骤。

2. 叶绿素的提取

根据所拟定的提取方案，在实验室内由学生自己准备所需的仪器和试剂等，经教师同意后方可进行实验。

3. 分离

对所提取的样品，根据拟定的分离方法，在实验室内由学生自己准备所需的仪器和试剂等，独立开展各项分离工作，包括装柱、洗脱剂的选择等。

4. 含量测定

应用分光光度法测定蔬菜中叶绿素的含量。

实验六十一　有机混合物的分离、提纯和鉴定
（设计性实验）

一、实验目的

1. 参考萃取、重结晶、分馏和鉴定等方法，分离并提纯苯甲醚、2,2,4-三甲基戊烷和苯甲酸组成的混合物并一一鉴定，计算回收率，写出实验报告。

2. 培养文献查阅、独立分析问题与解决问题的能力、实验动手能力等。

二、实验原理

分离通常指从混合物中把几种物质一一分开，要求方法简单易行、消耗少、回收率高。提纯又称精制或纯化，通常指把混合物中杂质除掉，鉴定是指确定分离出来的各种纯化合物是什么。

分离提纯有机化合物的方法很多，可分为物理方法和化学方法两大类，物理方法有过滤，蒸馏，分馏，重结晶，升华，层析，干燥等；化学方法有酸、碱萃取，沉淀反应等。在实际分离提纯过程中，往往是多种物理、化学方法交叉使用。

在分离提纯的过程中，要考虑各物质的回收率。回收率与操作、设计方案及所用试剂的量有关，也与分离规模有关（规模越小，回收率越低）。

三、提示

1. 查阅混合物各组分的某些物理常数（如溶解性、熔沸点、折射率、相对密度等）和化学特性（如沉淀反应、酸碱性质等），以设计合适的分离提纯和鉴定方案。

2. 分离提纯方案可以画表或绘图方式列出，确定所用的仪器、试剂（浓度和溶剂等），预测可能的现象。

3. 根据实验室条件，使用合适的鉴定方法，如色谱、测定熔沸点或折射率、光谱等。

附　　录

附录1　中华人民共和国法定计量单位

我国的法定计量单位（以下简称法定单位）包括：

1. 国际单位制的基本单位（见表1）；
2. 国家选定的非国际单位制单位（见表2）；
3. 国际单位制的辅助单位（见表3）；
4. 国际单位制中具有专门名称的导出单位（见表4）；
5. 由以上单位构成的组合形式的单位；
6. 由词头和以上单位所构成的十进倍数和分数单位（词头见表5）。

法定单位的定义、使用方法等，由国家计量局另行规定。

表1　国际单位制的基本单位

量的名称	单位名称	单位符号	量的名称	单位名称	单位符号
长度	米	m	热力学温度	开[尔文]	K
质量	千克(公斤)	kg	物质的量	摩[尔]	mol
时间	秒	s	发光强度	坎[德拉]	cd
电流	安[培]	A			

表2　国家选定的非国际单位制单位

量的名称	单位名称	单位符号	换算关系和说明
时间	分	min	$1min=60s$
	[小]时	h	$1h=60min=3600s$
	天(日)	d	$1d=24h=86400s$
[平面]角	[角]秒	(″)	$1''=(\pi/648000)rad$（π 为圆周率）
	[角]分	(′)	$1'=60''=(\pi/10800)rad$
	度	(°)	$1°=60'=(\pi/180)rad$
旋转速度	转每分	r/min	$1r/min=(1/60)r/s$
长度	海里	n mile	$1n\ mile=1852m$（只用于航程）
速度	节	kn	$1kn=1n\ mile/h=(1852/3600)m/s$ （只用于航程）
质量	吨	t	$1t=10^3kg$
	原子质量单位	u	$1u≈1.6605655×10^{-27}kg$
体积	升	L(l)	$1L=1dm^3=10^{-3}m^3$
能	电子伏	eV	$1eV≈1.6021892×10^{-19}J$
级差	分贝	dB	
线密度	特[克斯]	tex	$1tex=1g/km=10^{-6}kg/m$

表3　国际单位制的辅助单位

量的名称	单位名称	单位符号
平面角	弧度	rad
立体角	球面度	sr

表4　国际单位制中具有专门名称的导出单位

量的名称	单位名称	单位符号	其他表示示例	量的名称	单位名称	单位符号	其他表示示例
频率	赫[兹]	Hz	s^{-1}	磁通量	韦[伯]	Wb	V·s
力;重力	牛[顿]	N	$kg \cdot m/s^2$	磁通量密度;磁感应强度	特[斯拉]	T	Wb/m^2
压力,压强;应力	帕[斯卡]	Pa	N/m^2	电感	亨[利]	H	Wb/A
能量;功;热	焦[耳]	J	N·m	摄氏温度	摄氏度	℃	
功率;辐射通量	瓦[特]	W	J/s	光通量	流[明]	lm	cd·sr
电荷量	库[仑]	C	A·s	光照度	勒[克斯]	lx	lm/m^2
电位;电压;电动势	伏[特]	V	W/A	放射性活性	贝克[勒尔]	Bq	s^{-1}
电容	法[拉]	F	C/V	吸收剂量	戈[瑞]	Gy	J/kg
电阻	欧[姆]	Ω	V/A	剂量当量	希[沃特]	Sv	J/kg
电导	西[门子]	S	A/V				

表5　用于构成十进倍数和分数单位的词头

所表示的因数	词头名称	词头符号	所表示的因数	词头名称	词头符号
10^{18}	艾[可萨]	E	10^{-1}	分	d
10^{15}	拍[它]	P	10^{-2}	厘	c
10^{12}	太[拉]	T	10^{-3}	毫	m
10^{9}	吉[咖]	G	10^{-6}	微	μ
10^{6}	兆	M	10^{-9}	纳[诺]	n
10^{3}	千	k	10^{-12}	皮[可]	p
10^{2}	百	h	10^{-15}	飞[母托]	f
10^{1}	十	da	10^{-18}	阿[托]	a

说明：1. 周、月、年（年的符号为a），为一般常用时间单位。

2. [ ] 内的字，是在不致混淆的情况下，可以省略的字。

3. （ ）内的字为前者的同义语。

4. 角度单位度分秒的符号不处于数字后时，用括弧。

5. 升的符号中，小写字母 l 为备用符号。

6. r 为"转"的符号。

7. 人民生活和贸易中，质量习惯称为重量。

8. 公里为千米的俗称，符号为 km。

9. 10^4 称为万，10^8 称为亿，10^{12} 称为万亿，这类数词的使用不受词头名称的影响，但不应与词头混淆。

附录2　元素的原子量

原子序数	名称	符号	原子量	原子序数	名称	符号	原子量
1	氢	H	1.008	7	氮	N	14.01
2	氦	He	4.003	8	氧	O	16.00
3	锂	Li	6.941	9	氟	F	19.00
4	铍	Be	9.012	10	氖	Ne	20.18
5	硼	B	10.81	11	钠	Na	22.99
6	碳	C	12.01	12	镁	Mg	24.31

续表

原子序数	名称	符号	原子量	原子序数	名称	符号	原子量
13	铝	Al	26.98	62	钐	Sm	150.4
14	硅	Si	28.09	63	铕	Eu	152.0
15	磷	P	30.97	64	钆	Gd	157.3
16	硫	S	32.07	65	铽	Tb	158.9
17	氯	Cl	35.45	66	镝	Dy	162.5
18	氩	Ar	39.95	67	钬	Ho	164.9
19	钾	K	39.10	68	铒	Er	167.3
20	钙	Ca	40.08	69	铥	Tm	168.9
21	钪	Sc	44.96	70	镱	Yb	173.0
22	钛	Ti	47.88	71	镥	Lu	175.0
23	钒	V	50.94	72	铪	Hf	178.5
24	铬	Cr	52.00	73	钽	Ta	180.9
25	锰	Mn	54.94	74	钨	W	183.8
26	铁	Fe	55.85	75	铼	Re	186.2
27	钴	Co	58.93	76	锇	Os	190.2
28	镍	Ni	58.69	77	铱	Ir	192.2
29	铜	Cu	63.55	78	铂	Pt	195.1
30	锌	Zn	65.39	79	金	Au	197.0
31	镓	Ga	69.72	80	汞	Hg	200.6
32	锗	Ge	72.61	81	铊	Tl	204.4
33	砷	As	74.92	82	铅	Pb	207.2
34	硒	Se	78.96	83	铋	Bi	209.9
35	溴	Br	79.90	84	钋	Po	[209.0]
36	氪	Kr	83.80	85	砹	At	[210.0]
37	铷	Rb	85.47	86	氡	Rn	[222.0]
38	锶	Sr	87.62	87	钫	Fr	[223.0]
39	钇	Y	88.91	88	镭	Ra	[226.0]
40	锆	Zr	91.22	89	锕	Ac	[227.0]
41	铌	Nb	92.91	90	钍	Th	[232.0]
42	钼	Mo	95.94	91	镤	Pa	[231.0]
43	锝	Tc	[97.97]	92	铀	U	[238.0]
44	钌	Ru	101.1	93	镎	Np	[237.1]
45	铑	Rh	102.9	94	钚	Pu	[244.1]
46	钯	Pd	106.4	95	镅*	Am	[243.1]
47	银	Ag	107.9	96	锔*	Cm	[247.1]
48	镉	Cd	112.4	97	锫*	Bk	[247.1]
49	铟	In	114.8	98	锎*	Cf	[251.1]
50	锡	Sn	118.7	99	锿*	Es	[252.1]
51	锑	Sb	121.8	100	镄*	Fm	[257.1]
52	碲	Te	127.6	101	钔*	Md	[258.1]
53	碘	I	126.9	102	锘*	No	[259.1]
54	氙	Xe	131.3	103	铹*	Lr	[262.1]
55	铯	Cs	132.9	104	Unq*	Rf	[261.1]
56	钡	Ba	137.3	105	Unp*	Db	[262.1]
57	镧	La	138.9	106	Unh*	Sg	[263.1]
58	铈	Ce	140.1	107	Uns*	Bh	[264.1]
59	镨	Pr	140.9	108	Uno*	Hs	[265.1]
60	钕	Nd	144.2	109	Une*	Mt	[268]
61	钷	Pm	[144.9]				

注：1. 根据 IUPAC 1995 年提供的五位有效数字原子量数据截取。

2. 原子量加 ［ ］ 为放射性元素半衰期最长同位素的质量数。

3. 元素名称注有 * 的为人造元素。

附录 3　常用化合物的分子量

化合物	分子量	化合物	分子量	化合物	分子量
Ag_3AsO_4	462.52	CdS	144.47	$Fe(OH)_2$	106.87
AgBr	187.77	$Ce(SO_4)_2$	332.24	FeS	87.91
AgCl	143.32	$Ce(SO_4)_2 \cdot 4H_2O$	404.30	Fe_2S_3	207.87
AgCN	133.89	CH_3COOH	60.052	$FeSO_4$	151.90
AgSCN	165.95	CO_2	44.01	$FeSO_4 \cdot 7H_2O$	278.01
Ag_2CrO_4	331.73	$CoCl_2$	129.84	$FeSO_4 \cdot (NH_4)_2SO_4 \cdot 6H_2O$	392.125
AgI	234.77	$CoCl_2 \cdot 6H_2O$	237.93		
$AgNO_3$	169.87	$Co(NO_3)_2$	182.94	H_3AsO_3	125.94
$AlCl_3$	133.34	$Co(NO_3)_2 \cdot 6H_2O$	291.03	H_3AsO_4	141.94
$AlCl_3 \cdot 6H_2O$	241.43	CoS	90.99	H_3BO_3	61.88
$Al(NO_3)_3$	213.00	$CoSO_4$	154.99	HBr	80.912
$Al(NO_3)_3 \cdot 9H_2O$	375.13	$CoSO_4 \cdot 7H_2O$	281.10	HCN	27.026
Al_2O_3	101.96	$CO(NH_2)_2$	60.06	HCOOH	46.026
$Al(OH)_3$	78.00	$CrCl_3$	158.35	H_2CO_3	62.025
$Al_2(SO_4)_3$	342.14	$CrCl_3 \cdot 6H_2O$	266.45	$H_2C_2O_4$	90.035
$Al_2(SO_4)_3 \cdot 18H_2O$	666.41	$Cr(NO_3)_3$	238.01	$H_2C_2O_4 \cdot 2H_2O$	126.07
As_2O_3	197.84	Cr_2O_3	151.99	HCl	36.461
As_2O_5	229.84	CuCl	98.999	HF	20.006
As_2S_3	246.02	$CuCl_2$	134.45	HI	127.91
		$CuCl_2 \cdot 2H_2O$	170.48	HIO_3	175.91
$BaCO_3$	197.34	CuSCN	121.62	HNO_3	63.013
BaC_2O_4	225.35	CuI	190.45	HNO_2	47.013
$BaCl_2$	208.24	$Cu(NO_3)_2$	187.56	H_2O	18.015
$BaCl_2 \cdot 2H_2O$	244.27	$Cu(NO_3)_2 \cdot 3H_2O$	241.60	H_2O_2	34.015
$BaCrO_4$	253.32	CuO	79.545	H_3PO_4	97.995
BaO	153.33	Cu_2O	143.09	H_2S	34.08
$Ba(OH)_2$	171.34	CuS	95.61	H_2SO_3	82.07
$BaSO_4$	233.39	$CuSO_4$	159.60	H_2SO_4	98.07
$BiCl_3$	315.34	$CuSO_4 \cdot 5H_2O$	249.68	$Hg(CN)_2$	252.63
BiOCl	260.43			$HgCl_2$	271.50
		$FeCl_2$	126.75	Hg_2Cl_2	472.09
CaO	56.08	$FeCl_2 \cdot 4H_2O$	198.81	HgI_2	454.40
$CaCO_3$	100.09	$FeCl_3$	162.21	$Hg_2(NO_3)_2$	525.19
CaC_2O_4	128.10	$FeCl_3 \cdot 6H_2O$	270.30	$Hg_2(NO_3)_2 \cdot 2H_2O$	561.22
$CaCl_2$	110.99	$FeNH_4(SO_4)_2 \cdot 12H_2O$	482.18	$Hg(NO_3)_2$	324.60
$CaCl_2 \cdot 6H_2O$	219.08	$Fe(NO_3)_3$	241.86	HgO	216.59
$Ca(NO_3)_2 \cdot 4H_2O$	236.15	$Fe(NO_3)_3 \cdot 9H_2O$	404.00	HgS	232.65
$Ca(OH)_2$	74.09	FeO	71.846	$HgSO_4$	296.65
$Ca_3(PO_4)_2$	310.18	Fe_2O_3	159.69	Hg_2SO_4	497.24
$CaSO_4$	136.14	Fe_3O_4	231.54	$KAl(SO_4)_2 \cdot 12H_2O$	474.38
$CdCO_3$	172.42			KBr	119.00
$CdCl_2$	183.32			$KBrO_3$	167.00
				KCl	74.551

续表

化合物	分子量	化合物	分子量	化合物	分子量
$KClO_3$	122.55	NH_3	17.03	$PbCO_3$	267.20
$KClO_4$	138.55	NH_3COONH_4	77.083	PbC_2O_4	295.22
KCN	65.116	NH_4Cl	53.491	$PbCl_2$	278.10
$KSCN$	97.18	$(NH_4)_2CO_3$	96.086	$PbCrO_4$	323.20
K_2CO_3	138.21	$(NH_4)_2C_2O_4$	124.10	$Pb(CH_3COO)_2$	325.30
K_2CrO_4	194.19	$(NH_4)_2C_2O_4 \cdot H_2O$	142.11	$Pb(CH_3COO)_2 \cdot 3H_2O$	379.30
$K_2Cr_2O_7$	294.18	NH_4SCN	76.12	PbI_2	461.00
$K_3Fe(CN)_6$	329.25	NH_4HCO_3	79.055	$Pb(NO_3)_2$	331.20
$K_4Fe(CN)_6$	368.35	$(NH_4)_2MoO_4$	196.01	PbO	223.20
$KFe(SO_4)_2 \cdot 12H_2O$	503.24	NH_4NO_3	80.043	PbO_2	239.20
$KHC_2O_4 \cdot H_2O$	146.14	$(NH_4)_2HPO_4$	132.06	$Pb_3(PO_4)_2$	811.54
$KHC_2O_4 \cdot H_2C_2O_4 \cdot 2H_2O$	254.19	$(NH_4)_2S$	68.14	PbS	239.30
$KHC_4H_4O_6$	188.18	$(NH_4)_2SO_4$	132.13	$PbSO_4$	303.30
$KHSO_4$	136.16	NH_4VO_3	116.98		
KI	166.00	Na_3AsO_3	191.89	SO_3	80.06
KIO_3	214.00	$Na_2B_4O_7$	201.22	SO_2	64.06
$KIO_3 \cdot HIO_3$	389.91	$Na_2B_4O_7 \cdot 10H_2O$	381.37	$SbCl_3$	228.11
$KMnO_4$	158.03	$NaBiO_3$	279.97	$SbCl_5$	299.02
$KNaC_4H_4O_6 \cdot 4H_2O$	282.22	$NaCN$	49.007	Sb_2O_3	291.50
KNO_3	101.10	$NaSCN$	81.07	Sb_2S_3	339.68
KNO_2	85.104	Na_2CO_3	105.99	SiF_4	104.08
K_2O	94.196	$Na_2CO_3 \cdot 10H_2O$	286.14	SiO_2	60.084
KOH	56.106	$Na_2C_2O_4$	134.00	$SnCl_2$	189.60
K_2SO_4	172.25	CH_3COONa	82.034	$SnCl_2 \cdot 2H_2O$	225.63
		$CH_3COONa \cdot 3H_2O$	136.08	$SnCl_4$	260.50
$MgCO_3$	84.314	$NaCl$	58.443	$SnCl_4 \cdot 5H_2O$	350.58
$MgCl_2$	95.211	$NaClO$	74.442	SnO_2	150.69
$MgCl_2 \cdot 6H_2O$	203.30	$NaHCO_3$	84.007	SnS	150.75
MgC_2O_4	112.33	$Na_2HPO_4 \cdot 12H_2O$	358.14	$SrCO_3$	147.63
$Mg(NO_3)_2 \cdot 6H_2O$	256.41	$Na_2H_2Y \cdot 2H_2O$	372.24	SrC_2O_4	175.64
$MgNH_4PO_4$	137.32	$NaNO_2$	68.995	$SrCrO_4$	203.61
MgO	40.304	$NaNO_3$	84.995	$Sr(NO_3)_2$	211.63
$Mg(OH)_2$	58.32	Na_2O	61.979	$Sr(NO_3)_2 \cdot 4H_2O$	283.69
$Mg_2P_2O_7$	222.55	Na_2O_2	77.978	$SrSO_4$	183.69
$MgSO_4 \cdot 7H_2O$	246.47	$NaOH$	39.997		
$MnCO_3$	114.95	Na_3PO_4	163.94	$UO_2(CH_3COO)_2 \cdot 2H_2O$	424.15
$MnCl_2 \cdot 4H_2O$	197.91	Na_2S	78.04	$ZnCO_3$	125.39
$Mn(NO_3)_2 \cdot 6H_2O$	287.04	$Na_2S \cdot 9H_2O$	240.18	ZnC_2O_4	153.40
MnO	70.937	Na_2SO_3	126.04	$ZnCl_2$	136.29
MnO_2	86.937	Na_2SO_4	142.04	$Zn(CH_3COO)_2$	183.47
MnS	87.00	$Na_2S_2O_3$	158.10	$Zn(CH_3COO)_2 \cdot 2H_2O$	219.50
$MnSO_4$	151.00	$Na_2S_2O_3 \cdot 5H_2O$	248.17	$Zn(NO_3)_2$	189.39
$MnSO_4 \cdot 4H_2O$	223.06	$NiCl_2 \cdot 6H_2O$	237.69	$Zn(NO_3)_2 \cdot 6H_2O$	297.48
		NiO	74.69	ZnO	81.38
		$Ni(NO_3)_2 \cdot 6H_2O$	290.79		
NO	30.006	NiS	90.75	ZnS	97.44
NO_2	46.006	$NiSO_4 \cdot 7H_2O$	280.85		
		P_2O_5	141.94	$ZnSO_4 \cdot 7H_2O$	287.54

附录 4　配离子的稳定常数

（温度 293～298K，离子强度 $\mu \approx 0$）

配离子	稳定常数($K_稳$)	$\lg K_稳$	配离子	稳定常数($K_稳$)	$\lg K_稳$
$[Ag(NH_3)_2]^+$	1.11×10^7	7.05	$[Zn(CN)_4]^{2-}$	5.01×10^{16}	16.7
$[Cd(NH_3)_4]^{2+}$	1.32×10^7	7.12	$[Ag(Ac)_2]^-$	4.37	0.64
$[Co(NH_3)_6]^{2+}$	1.29×10^5	5.11	$[Cu(Ac)_4]^{2-}$	1.54×10^3	3.20
$[Co(NH_3)_6]^{3+}$	1.59×10^{35}	35.2	$[Pb(Ac)_4]^{2-}$	3.16×10^8	8.50
$[Cu(NH_3)_4]^{2+}$	2.09×10^{13}	13.32	$[Al(C_2O_4)_3]^{3-}$	2.00×10^{16}	16.30
$[Ni(NH_3)_6]^{2+}$	5.50×10^8	8.74	$[Fe(C_2O_4)_3]^{3-}$	1.58×10^{20}	20.20
$[Zn(NH_3)_4]^{2+}$	2.88×10^9	9.46	$[Fe(C_2O_4)_3]^{4-}$	1.66×10^5	5.22
$[Zn(OH)_4]^{2-}$	4.57×10^{17}	17.66	$[Zn(C_2O_4)_3]^{4-}$	1.41×10^8	8.15
$[CdI_4]^{2-}$	2.57×10^5	5.41	$[Cd(en)_3]^{2+}$	1.23×10^{12}	12.09
$[HgI_4]^{2-}$	6.76×10^{29}	29.83	$[Co(en)_3]^{2+}$	8.71×10^{13}	13.94
$[Ag(SCN)_2]^-$	3.72×10^7	7.57	$[Co(en)_3]^{3+}$	4.90×10^{48}	48.69
$[Co(SCN)_4]^{2-}$	1.00×10^3	3.00	$[Fe(en)_3]^{2+}$	5.01×10^9	9.70
$[Hg(SCN)_4]^{2-}$	1.70×10^{21}	21.23	$[Ni(en)_3]^{2+}$	2.14×10^{18}	18.33
$[Zn(SCN)_4]^{2-}$	41.7	1.62	$[Zn(en)_3]^{2+}$	1.29×10^{14}	14.11
$[AlF_6]^{3-}$	6.92×10^{19}	19.84	$[Al(edta)]^-$	1.29×10^{16}	16.11
$[AgCl_2]^-$	1.10×10^5	5.04	$[Ba(edta)]^{2-}$	6.03×10^7	7.78
$[CdCl_4]^{2-}$	6.31×10^2	2.80	$[Ca(edta)]^{2-}$	1.00×10^{11}	11.00
$[HgCl_4]^{2-}$	1.17×10^{15}	15.07	$[Cd(edta)]^{2-}$	2.51×10^{16}	16.40
$[PbCl_3]^-$	1.70×10^3	3.23	$[Co(edta)]^{2-}$	1.00×10^{36}	36
$[AgBr_2]^-$	2.14×10^7	7.33	$[Cu(edta)]^{2-}$	5.01×10^{18}	18.70
$[Ag(CN)_2]^-$	1.26×10^{21}	21.10	$[Fe(edta)]^{2-}$	2.14×10^{14}	14.33
$[Au(CN)_2]^-$	2.00×10^{38}	38.30	$[Fe(edta)]^-$	1.70×10^{24}	24.23
$[Cd(CN)_4]^{2-}$	6.03×10^{18}	18.78	$[Hg(edta)]^{2-}$	6.31×10^{21}	21.80
$[Cu(CN)_4]^{2-}$	2.00×10^{30}	30.30	$[Mg(edta)]^{2-}$	4.37×10^8	8.64
$[Fe(CN)_6]^{4-}$	1.00×10^{35}	35	$[Mn(edta)]^{2-}$	6.31×10^{13}	13.80
$[Fe(CN)_6]^{3-}$	1.00×10^{42}	42	$[Ni(edta)]^{2-}$	3.63×10^{18}	18.56
$[Hg(CN)_4]^{2-}$	2.51×10^{41}	41.4	$[Pb(edta)]^{2-}$	2.00×10^{18}	18.30
$[Ni(CN)_4]^{2-}$	2.00×10^{31}	31.3	$[Zn(edta)]^{2-}$	2.51×10^{16}	16.40

摘自 J A Dean Ed. Lange's Handbook of Chemistry. 13th. edition 1985.

注：en——乙二胺；edta——EDTA 的阴离子配位体。

附录 5　标准电极电势 $\varphi^\ominus$

（由小到大编排）

电对符号	电对平衡式	$\varphi^\ominus$/V
	氧化型$+n\mathrm{e}^-\rightleftharpoons$还原型	
Li^+/Li	$Li^+ + e^- \rightleftharpoons Li$	-3.045
K^+/K	$K^+ + e^- \rightleftharpoons K$	-2.925
Rb^+/Rb	$Rb^+ + e^- \rightleftharpoons Rb$	-2.93
Cs^+/Cs	$Cs^+ + e^- \rightleftharpoons Cs$	-2.92
Ra^{2+}/Ra	$Ra^{2+} + 2e^- \rightleftharpoons Ra$	-2.92

电对符号	电对平衡式	$\varphi^{\ominus}/V$
	氧化型$+ne^-\Longrightarrow$还原型	
Ba^{2+}/Ba	$Ba^{2+}+2e^-\Longrightarrow Ba$	-2.91
Sr^{2+}/Sr	$Sr^{2+}+2e^-\Longrightarrow Sr$	-2.89
Ca^{2+}/Ca	$Ca^{2+}+2e^-\Longrightarrow Ca$	-2.87
Na^+/Na	$Na^++e^-\Longrightarrow Na$	-2.714
La^{3+}/La	$La^{3+}+3e^-\Longrightarrow La$	-2.52
Mg^{2+}/Mg	$Mg^{2+}+2e^-\Longrightarrow Mg$	-2.37
Sc^{3+}/Sc	$Sc^{3+}+3e^-\Longrightarrow Sc$	-2.1
$[AlF_6]^{3-}/Al$	$[AlF_6]^{3-}+3e^-\Longrightarrow Al+6F^-$	-2.07
Be^{2+}/Be	$Be^{2+}+2e^-\Longrightarrow Be$	-1.85
Al^{3+}/Al	$Al^{3+}+3e^-\Longrightarrow Al$	-1.66
Ti^{2+}/Ti	$Ti^{2+}+2e^-\Longrightarrow Ti$	-1.63
Zr^{4+}/Zr	$Zr^{4+}+4e^-\Longrightarrow Zr$	-1.53
$[SiF_6]^{2-}/Si$	$[SiF_6]^{2-}+4e^-\Longrightarrow Si+6F^-$	-1.2
Mn^{2+}/Mn	$Mn^{2+}+2e^-\Longrightarrow Mn$	-1.17
SO_4^{2-}/SO_3^{2-}	$SO_4^{2-}+H_2O+2e^-\Longrightarrow SO_3^{2-}+2OH^-$	-0.93
H_3BO_3/B	$H_3BO_3+3H^++3e^-\Longrightarrow B+3H_2O$	-0.87
TiO_2/Ti	$TiO_2+4H^++4e^-\Longrightarrow Ti+2H_2O$	-0.86
SiO_2/Si	$SiO_2+4H^++4e^-\Longrightarrow Si+2H_2O$	-0.86
Zn^{2+}/Zn	$Zn^{2+}+2e^-\Longrightarrow Zn$	-0.763
Cr^{3+}/Cr	$Cr^{3+}+3e^-\Longrightarrow Cr$	-0.74
$SO_3^{2-}/S_2O_3^{2-}$	$2SO_3^{2-}+3H_2O+4e^-\Longrightarrow S_2O_3^{2-}+6OH^-$	-0.58
$Fe(OH)_3/Fe(OH)_2$	$Fe(OH)_3+e^-\Longrightarrow Fe(OH)_2+OH^-$	-0.56
Ga^{3+}/Ga	$Ga^{3+}+3e^-\Longrightarrow Ga$	-0.5^*
H_3PO_3/H_3PO_2	$H_3PO_3+2H^++2e^-\Longrightarrow H_3PO_2+H_2O$	-0.50
$CO_2/H_2C_2O_4$	$2CO_2+2H^++2e^-\Longrightarrow H_2C_2O_4$	-0.49
S/S^{2-}	$S+2e^-\Longrightarrow S^{2-}$	-0.48
Fe^{2+}/Fe	$Fe^{2+}+2e^-\Longrightarrow Fe$	-0.440
Cr^{3+}/Cr^{2+}	$Cr^{3+}+e^-\Longrightarrow Cr^{2+}$	-0.41
Cd^{2+}/Cd	$Cd^{2+}+2e^-\Longrightarrow Cd$	-4.03
Ti^{3+}/Ti^{2+}	$Ti^{3+}+e^-\Longrightarrow Ti^{2+}$	-0.37
PbI_2/Pb	$PbI_2+2e^-\Longrightarrow Pb+2I^-$	-0.364
Cu_2O/Cu	$Cu_2O+2H^++2e^-\Longrightarrow 2Cu+H_2O$	-0.36
$PbSO_4/Pb$	$PbSO_4+2e^-\Longrightarrow Pb+SO_4^{2-}$	-0.356
In^{3+}/In	$In^{3+}+3e^-\Longrightarrow In$	-0.34
Tl^+/Tl	$Tl^++e^-\Longrightarrow Tl$	-0.338
$[Ag(CN)_2]^-/Ag$	$[Ag(CN)_2]^-+e^-\Longrightarrow Ag+2CN^-$	-0.31
H_3PO_4/H_3PO_3	$H_3PO_4+2H^++2e^-\Longrightarrow H_3PO_3+H_2O$	-0.28
$PbBr_2/Pb$	$PbBr_2+2e^-\Longrightarrow Pb+2Br^-$	-0.274
Co^{2+}/Co	$Co^{2+}+2e^-\Longrightarrow Co$	-0.277
$PbCl_2/Pb$	$PbCl_2+2e^-\Longrightarrow Pb+2Cl^-$	-0.266
V^{3+}/V^{2+}	$V^{3+}+e^-\Longrightarrow V^{2+}$	-0.255
VO_2^+/V	$VO_2^++4H^++5e^-\Longrightarrow V+2H_2O$	-0.25
Ni^{2+}/Ni	$Ni^{2+}+2e^-\Longrightarrow Ni$	-0.246
Mo^{3+}/Mo	$Mo^{3+}+3e^-\Longrightarrow Mo$	-0.20
AgI/Ag	$AgI+e^-\Longrightarrow Ag+I^-$	-0.152
Sn^{2+}/Sn	$Sn^{2+}+2e^-\Longrightarrow Sn$	-0.136
Pb^{2+}/Pb	$Pb^{2+}+2e^-\Longrightarrow Pb$	-0.126
$[Cu(NH_3)_2]^+/Cu$	$[Cu(NH_3)_2]^++e^-\Longrightarrow Cu+2NH_3$	(-0.12)

续表

电对符号	电对平衡式	$\varphi^{\ominus}/V$
	氧化型$+ne^-\rightleftharpoons$还原型	
CrO_4^{2-}/CrO_2^-	$CrO_4^{2-}+2H_2O+3e^-\rightleftharpoons CrO_2^-+4OH^-$	-0.12
WO_3/W	$WO_3+6H^++6e^-\rightleftharpoons W+3H_2O$	-0.09
$Cu(OH)_2/Cu_2O$	$2Cu(OH)_2+2e^-\rightleftharpoons Cu_2O+2OH^-+H_2O$	-0.08
$MnO_2/Mn(OH)_2$	$MnO_2+2H_2O+2e^-\rightleftharpoons Mn(OH)_2+2OH^-$	-0.05
Hg_2I_2/Hg	$Hg_2I_2+2e^-\rightleftharpoons 2Hg+2I^-$	-0.04
H^+/H_2	$2H^++2e^-\rightleftharpoons H_2$	0(准确值)
NO_3^-/NO_2^-	$NO_3^-+H_2O+2e^-\rightleftharpoons NO_2^-+2OH^-$	0.01
$AgBr/Ag$	$AgBr+e^-\rightleftharpoons Ag+Br^-$	0.071
$S_4O_6^{2-}/S_2O_3^{2-}$	$S_4O_6^{2-}+2e^-\rightleftharpoons 2S_2O_3^{2-}$	0.08
$[Co(NH_3)_4]^{3+}/[Co(NH_3)_4]^{2+}$	$[Co(NH_3)_4]^{3+}+e^-\rightleftharpoons [Co(NH_3)_4]^{2+}$	0.01
TiO^{2+}/Ti^{3+}	$TiO^{2+}+2H^++e^-\rightleftharpoons Ti^{3+}+H_2O$	0.10
S/H_2S	$S+2H^++2e^-\rightleftharpoons H_2S$	0.141
Sn^{4+}/Sn^{2+}	$Sn^{4+}+2e^-\rightleftharpoons Sn^{2+}$	0.154
Cu^{2+}/Cu^+	$Cu^{2+}+e^-\rightleftharpoons Cu^+$	0.17
SO_4^{2-}/H_2SO_3	$SO_4^{2-}+4H^++2e^-\rightleftharpoons H_2SO_3+H_2O$	0.17
$[HgBr_4]^{2-}/Hg$	$[HgBr_4]^{2-}+2e^-\rightleftharpoons Hg+4Br^-$	0.21
$AgCl/Ag$	$AgCl+e^-\rightleftharpoons Ag+Cl^-$	0.222
$HAsO_2/As$	$HAsO_2+3H^++3e^-\rightleftharpoons As+2H_2O$	0.248
Hg_2Cl_2/Hg	$Hg_2Cl_2+2e^-\rightleftharpoons 2Hg+2Cl^-$	0.2676
PbO_2/PbO	$PbO_2+H_2O+2e^-\rightleftharpoons PbO+2OH^-$	0.28
BiO^+/Bi	$BiO^++2H^++3e^-\rightleftharpoons Bi+H_2O$	0.32
Cu^{2+}/Cu	$Cu^{2+}+2e^-\rightleftharpoons Cu$	0.337
$[Fe(CN)_6]^{3-}/[Fe(CN)_6]^{4-}$	$[Fe(CN)_6]^{3-}+e^-\rightleftharpoons [Fe(CN)_6]^{4-}$	0.36
$[Ag(NH_3)_2]^+/Ag$	$[Ag(NH_3)_2]^++e^-\rightleftharpoons Ag+2NH_3$	0.373
$H_2SO_3/S_2O_3^{2-}$	$2H_2SO_3+2H^++4e^-\rightleftharpoons S_2O_3^{2-}+3H_2O$	0.40
O_2/OH^-	$O_2+2H_2O+4e^-\rightleftharpoons 4OH^-$	0.41
Ag_2CrO_4/Ag	$Ag_2CrO_4+2e^-\rightleftharpoons 2Ag+CrO_4^{2-}$	0.447
H_2SO_3/S	$H_2SO_4+4H^++4e^-\rightleftharpoons S+3H_2O$	0.5
MnO_4^{2-}/MnO_2	$MnO_4^{2-}+2H_2O+2e^-\rightleftharpoons MnO_2+4OH^-$	约0.50
Cu^+/Cu	$Cu^++e^-\rightleftharpoons Cu$	0.521
I_3^-/I^-	$I_3^-+2e^-\rightleftharpoons 3I^-$	0.535
$H_3AsO_4/HAsO_2$	$H_3AsO_4+2H^++2e^-\rightleftharpoons HAsO_2+2H_2O$	0.581
MnO_4^-/MnO_2	$MnO_4^-+2H_2O+3e^-\rightleftharpoons MnO_2+4OH^-$	0.588
TeO_2/Te	$TeO_2+4H^++4e^-\rightleftharpoons Te+2H_2O$	0.59
$HgCl_2/Hg_2Cl_2$	$2HgCl_2+2e^-\rightleftharpoons Hg_2Cl_2+2Cl^-$	0.63
O_2/H_2O_2	$O_2+2H^++2e^-\rightleftharpoons H_2O_2$	0.682
$[PtCl_4]^{2-}/Pt$	$[PtCl_4]^{2-}+2e^-\rightleftharpoons Pt+4Cl^-$	0.73
Fe^{3+}/Fe^{2+}	$Fe^{3+}+e^-\rightleftharpoons Fe^{2+}$	0.771
Hg_2^{2+}/Hg	$Hg_2^{2+}+2e^-\rightleftharpoons 2Hg$	0.79
Ag^+/Ag	$Ag^++e^-\rightleftharpoons Ag$	0.799
NO_3^-/NO_2	$NO_3^-+2H^++e^-\rightleftharpoons NO_2+H_2O$	0.80
H_2O_2/OH^-	$H_2O_2+2e^-\rightleftharpoons 2OH^-$	0.88
ClO^-/Cl^-	$ClO^-+H_2O+2e^-\rightleftharpoons Cl^-+2OH^-$	0.89
Hg^{2+}/Hg_2^{2+}	$2Hg^{2+}+2e^-\rightleftharpoons Hg_2^{2+}$	0.920
NO_3^-/HNO_2	$NO_3^-+3H^++2e^-\rightleftharpoons HNO_2+H_2O$	0.94
NO_3^-/NO	$NO_3^-+4H^++3e^-\rightleftharpoons NO+2H_2O$	0.96
HNO_2/NO	$HNO_2+H^++e^-\rightleftharpoons NO+H_2O$	1.00
NO_2/NO	$NO_2+2H^++2e^-\rightleftharpoons NO+H_2O$	1.03

续表

电对符号	电对平衡式	$\varphi^{\ominus}/V$
	氧化型$+ne^-\rightleftharpoons$还原型	
Br_2/Br^-	$Br_2+2e^-\rightleftharpoons 2Br^-$	1.065
NO_2/HNO_2	$NO_2+H^++e^-\rightleftharpoons HNO_2$	1.07
$Cu^{2+}/[Cu(CN)_2]^-$	$Cu^{2+}+2CN^-+e^-\rightleftharpoons [Cu(CN)_2]^-$	约1.12
ClO_3^-/ClO_2	$ClO_3^-+2H^++e^-\rightleftharpoons ClO_2+H_2O$	1.15
ClO_4^-/ClO_3^-	$ClO_4^-+2H^++2e^-\rightleftharpoons ClO_3^-+H_2O$	1.19
IO_3^-/I_2	$2IO_3^-+12H^++10e^-\rightleftharpoons I_2+6H_2O$	1.20
O_2/H_2O	$O_2+4H^++4e^-\rightleftharpoons 2H_2O$	1.229
MnO_2/Mn^{2+}	$MnO_2+4H^++4e^-\rightleftharpoons Mn^{2+}+2H_2O$	1.23
O_3/OH^-	$O_3+H_2O+2e^-\rightleftharpoons O_2+2OH^-$	1.24
$ClO_2/HClO_2$	$ClO_2+H^++e^-\rightleftharpoons HClO_2$	1.275
$Cr_2O_7^{2-}/Cr^{3+}$	$Cr_2O_7^{2-}+14H^++6e^-\rightleftharpoons 2Cr^{3+}+7H_2O$	1.33
Cl_2/Cl^-	$Cl_2+2e^-\rightleftharpoons 2Cl^-$	1.360
BrO_3^-/Br^-	$BrO_3^-+6H^++6e^-\rightleftharpoons Br^-+3H_2O$	1.44
HIO/I_2	$2HIO+2H^++2e^-\rightleftharpoons I_2+2H_2O$	1.45
PbO_2/Pb^{2+}	$PbO_2+4H^++2e^-\rightleftharpoons Pb^{2+}+2H_2O$	1.455
Mn^{3+}/Mn^{2+}	$Mn^{3+}+e^-\rightleftharpoons Mn^{2+}$	1.488
Au^{3+}/Au	$Au^{3+}+3e^-\rightleftharpoons Au$	1.50
MnO_4^-/Mn^{2+}	$MnO_4^-+8H^++5e^-\rightleftharpoons Mn^{2+}+4H_2O$	1.51
BrO_3/Br_2	$2BrO_3^-+12H^++10e^-\rightleftharpoons Br_2+6H_2O$	1.52
$HBrO/Br_2$	$2HBrO+2H^++2e^-\rightleftharpoons Br_2+2H_2O$	1.60
H_5IO_6/IO_3^-	$H_5IO_6+H^++2e^-\rightleftharpoons IO_3^-+3H_2O$	1.60
$HClO/Cl_2$	$2HClO+2H^++2e^-\rightleftharpoons Cl_2+2H_2O$	1.63
$HClO_2/HClO$	$HClO_2+2H^++2e^-\rightleftharpoons HClO+H_2O$	1.64
NiO_2/Ni^{2+}	$NiO_2+4H^++2e^-\rightleftharpoons Ni_2+2H_2O$	1.68
MnO_4^-/MnO_2	$MnO_4^-+4H^++3e^-\rightleftharpoons MnO_2+2H_2O$	1.70
H_2O_2/H_2O	$H_2O_2+2H^++2e^-\rightleftharpoons 2H_2O$	1.77
Co^{3+}/Co^{2+}	$Co^{3+}+e^-\rightleftharpoons Co^{2+}$	1.842
Ag^{2+}/Ag^+	$Ag^{2+}+e^-\rightleftharpoons Ag^+$	2.00
$S_2O_8^{2-}/SO_4^{2-}$	$S_2O_8^{2-}+2e^-\rightleftharpoons 2SO_4^{2-}$	2.01
O_3/H_2O	$O_3+2H^++2e^-\rightleftharpoons O_2+H_2O$	2.07
F_2/F^-	$F_2+2e^-\rightleftharpoons 2F^-$	2.87
F_2/HF	$F_2+2H^++2e^-\rightleftharpoons 2HF$	3.06

附录6　弱酸和弱碱的解离常数

酸

名　称	温度/℃	解离常数 K_a	pK_a
砷酸 H_3AsO_4	18	$K_{a1}=5.6\times10^{-3}$	2.25
		$K_{a2}=1.7\times10^{-7}$	6.77
		$K_{a3}=3.0\times10^{-12}$	11.50
硼酸 H_3BO_3	20	$K_a=5.7\times10^{-10}$	9.24
氢氰酸 HCN	25	$K_a=6.2\times10^{-10}$	9.21
碳酸 H_2CO_3	25	$K_{a1}=4.2\times10^{-7}$	6.38
		$K_{a2}=5.6\times10^{-11}$	10.25

续表

名　称	温度/℃	解离常数 K_a	pK_a
铬酸 H_2CrO_4	25	$K_{a1}=1.8\times10^{-1}$	0.74
		$K_{a2}=3.2\times10^{-7}$	6.49
氢氟酸 HF	25	$K_a=3.5\times10^{-4}$	3.46
亚硝酸 HNO_2	25	$K_a=4.6\times10^{-4}$	3.37
磷酸 H_3PO_4	25	$K_{a1}=7.6\times10^{-3}$	2.12
		$K_{a2}=6.3\times10^{-8}$	7.20
		$K_{a3}=4.4\times10^{-13}$	12.36
硫化氢 H_2S	25	$K_{a1}=1.3\times10^{-7}$	6.89
		$K_{a2}=7.1\times10^{-15}$	14.15
亚硫酸 H_2SO_3	18	$K_{a1}=1.5\times10^{-2}$	1.82
		$K_{a2}=1.0\times10^{-7}$	7.00
硫酸 H_2SO_4	25	$K_{a2}=1.0\times10^{-2}$	1.99
甲酸 HCOOH	20	$K_a=1.8\times10^{-4}$	3.74
醋酸 CH_3COOH	20	$K_a=1.8\times10^{-5}$	4.74
一氯乙酸 $CH_2ClCOOH$	25	$K_a=1.4\times10^{-3}$	2.86
二氯乙酸 $CHCl_2COOH$	25	$K_a=5.0\times10^{-2}$	1.30
三氯乙酸 CCl_3COOH	25	$K_a=0.23$	0.64
草酸 $H_2C_2O_4$	25	$K_{a1}=5.9\times10^{-2}$	1.23
		$K_{a2}=6.4\times10^{-5}$	4.19
琥珀酸 $(CH_2COOH)_2$	25	$K_{a1}=6.4\times10^{-5}$	4.19
		$K_{a2}=2.7\times10^{-6}$	5.57
酒石酸 CH(OH)COOH 　　　　　｜ 　　　　CH(OH)COOH	25	$K_{a1}=9.1\times10^{-4}$	3.04
		$K_{a2}=4.3\times10^{-5}$	4.37
柠檬酸 CH_2COOH 　　　　｜ 　　　C(OH)COOH 　　　　｜ 　　　CH_2COOH	18	$K_{a1}=7.4\times10^{-4}$	3.13
		$K_{a2}=1.7\times10^{-5}$	4.76
		$K_{a3}=4.0\times10^{-7}$	6.40
苯酚 C_6H_5OH	20	$K_a=1.1\times10^{-10}$	9.95
苯甲酸 C_6H_5COOH	25	$K_a=6.2\times10^{-5}$	4.21
水杨酸 $C_6H_4(OH)COOH$	18	$K_{a1}=1.07\times10^{-3}$	2.97
		$K_{a2}=4\times10^{-14}$	13.40
邻苯二甲酸 $C_6H_4(COOH)_2$	25	$K_{a1}=1.3\times10^{-3}$	2.89
		$K_{a2}=2.9\times10^{-6}$	5.54

碱

名　称	温度/℃	解离常数 K_b	pK_b
氨水 $NH_3\cdot H_2O$	25	$K_b=1.8\times10^{-5}$	4.74
羟胺 NH_2OH	20	$K_b=9.1\times10^{-9}$	8.04
苯胺 $C_6H_5NH_2$	25	$K_b=4.6\times10^{-10}$	9.34
乙二胺 $H_2NCH_2CH_2NH_2$	25	$K_{b1}=8.5\times10^{-5}$	4.07
		$K_{b2}=7.1\times10^{-8}$	7.15
六亚甲基四胺 $(CH_2)_6N_4$	25	$K_b=1.4\times10^{-9}$	8.85
吡啶	25	$K_b=1.7\times10^{-9}$	8.77

附录 7 难溶电解质的溶度积（298.2K）

化学式	$K_{sp}^{\ominus}$	化学式	$K_{sp}^{\ominus}$	化学式	$K_{sp}^{\ominus}$
醋酸盐		$AgCl$	1.80×10^{-10}	PbS	3.00×10^{-27}
$Ag(CH_3COO)$	2.00×10^{-3}	Hg_2Cl_2	1.43×10^{-18}	CuS	6×10^{-36}
$Hg_2(CH_3COO)_2$	2.00×10^{-15}	铬酸盐		氢氧化物	
砷酸盐		$CaCrO_4$	6×10^{-4}	$Be(OH)_2$	4×10^{-15}
Ag_3AsO_4	1.12×10^{-22}	$SrCrO_4$	2.2×10^{-9}	$Zn(OH)_2$	2.10×10^{-16}
溴化物		Hg_2CrO_4	2.0×10^{-9}	$Mn(OH)_2$	1.90×10^{-13}
$PbBr_2$	3.9×10^{-5}	$BaCrO_4$	1.17×10^{-10}	$Cd(OH)_2$	5.9×10^{-15}
$CuBr$	5.2×10^{-9}	Ag_2CrO_4	1.12×10^{-12}	$Pb(OH)_2$	8.1×10^{-17}
$AgBr$	4.9×10^{-13}	$PbCrO_4$	1.8×10^{-14}	$Fe(OH)_2$	8×10^{-16}
Hg_2Br_2	5.8×10^{-23}	氰化物		$Ni(OH)_2$（新沉淀）	5.48×10^{-16}
碳酸盐		$AgCN$	2.3×10^{-16}	$Co(OH)_2$	6.00×10^{-15}
$MgCO_3$	1×10^{-5}	氟化物		$SbO(OH)_2$	1×10^{-17}
$NiCO_3$	1.3×10^{-7}	BaF_2	1.05×10^{-6}	$Cu(OH)_2$	2.00×10^{-19}
$CaCO_3$	3.36×10^{-9}	MgF_2	7.10×10^{-9}	$Hg(OH)_2$	4×10^{-26}
$BaCO_3$	4.90×10^{-9}	SrF_2	2.5×10^{-9}	$Sn(OH)_2$	6×10^{-27}
$SrCO_3$	9.3×10^{-10}	CaF_2	3.48×10^{-11}	$Cr(OH)_3$	1.00×10^{-31}
$MnCO_3$	5.0×10^{-10}	ThF_4	4×10^{-20}	$Al(OH)_3$	4.60×10^{-33}
$CuCO_3$	1.46×10^{-13}	磷酸盐		$Fe(OH)_3$	2.79×10^{-39}
$CoCO_3$	1.0×10^{-10}	Li_3PO_4	3×10^{-13}	$Sn(OH)_4$	10^{-56}
$FeCO_3$	3.13×10^{-11}	$Mg(NH_4)PO_4$	3×10^{-13}	$Ba(OH)_2$	2.00×10^{-18}
$ZnCO_3$	1.7×10^{-11}	$AlPO_4$	5.8×10^{-19}	$Sr(OH)_2$	6.4×10^{-3}
Ag_2CO_3	8.1×10^{-12}	$Mn_3(PO_4)_2$	1×10^{-22}	$Ca(OH)_2$	5.07×10^{-6}
$CaCO_3$	3.0×10^{-14}	$Ba_3(PO_4)_2$	3×10^{-23}	Ag_2O	2×10^{-8}
$PbCO_3$	7.40×10^{-14}	$BiPO_4$	1.3×10^{-23}	$Mg(OH)_2$	1.80×10^{-11}
碘化物		$Ca_3(PO_4)_2$	1×10^{-26}	$BiO(OH)_2$	1×10^{-12}
PbI_2	6.5×10^{-9}	$Sr_3(PO_4)_2$	4×10^{-28}	亚硝酸盐	
CuI	1.1×10^{-12}	$Mg_3(PO_4)_2$	1.04×10^{-24}	$AgNO_2$	6.0×10^{-4}
AgI	8.51×10^{-17}	$Pb_3(PO_4)_2$	2.0×10^{-44}	草酸盐	
HgI_2	3×10^{-25}	硫化物		MgC_2O_4	8.50×10^{-5}
Hg_2I_2	5.2×10^{-29}	MnS	3.00×10^{-13}	CoC_2O_4	4×10^{-6}
硫酸盐		FeS	6.0×10^{-18}	FeC_2O_4	2×10^{-7}
$CaSO_4$	4.93×10^{-5}	NiS	3×10^{-19}	NiC_2O_4	1×10^{-7}
Ag_2SO_4	1.58×10^{-5}	ZnS	1.6×10^{-24}	CuC_2O_4	3×10^{-8}
Hg_2SO_4	2.40×10^{-7}	CoS	2×10^{-25}	BaC_2O_4	1.60×10^{-7}
$SrSO_4$	3.0×10^{-7}	Cu_2S	3×10^{-48}	CdC_2O_4	1.51×10^{-8}
$PbSO_4$	2.53×10^{-8}	Ag_2S	6.0×10^{-50}	ZnC_2O_4	2×10^{-9}
$BaSO_4$	1.07×10^{-10}	HgS	4×10^{-53}	$Ag_2C_2O_4$	1.00×10^{-11}
氯化物		Fe_2S_3	1×10^{-39}	PbC_2O_4	3.0×10^{-11}
$PbCl_2$	1.70×10^{-5}	SnS	1.00×10^{-25}	$Hg_2C_2O_4$	1.00×10^{-13}
$CuCl$	1.10×10^{-7}	CdS	8.9×10^{-27}	MnC_2O_4	1×10^{-19}

附录 8 物质的溶解性

化合物	Ag^+	Hg_2^{2+}	Pb^{2+}	Hg^{2+}	Bi^{3+}	Cu^{2+}	Cd^{2+}
碳酸盐,CO_3^{2-}	HNO_3	HNO_3	HNO_3	HCl	HCl	HCl	HCl
草酸盐,$C_2O_4^{2-}$	HNO_3	HNO_3	HNO_3	HCl	HCl	HCl	HCl
氟化物,F^-	水	水	水,略溶 HNO_3	水	HCl	水,略溶 HCl	水,略溶 HCl
亚硫酸盐,SO_3^{2-}	HNO_3	HNO_3	HNO_3	HCl	—	HCl	HCl
亚砷酸盐,AsO_3^{2-}	HNO_3	HNO_3	HNO_3	HCl	HCl	HCl	HCl
砷酸盐,AsO_4^{2-}	HNO_3	HNO_3	HNO_3	HCl	HCl	HCl	HCl
磷酸盐,PO_4^{3-}	HNO_3	HNO_3	HNO_3	HCl	HCl	HCl	HCl
硼酸盐,BO_2^-	HNO_3	—	HNO_3	—	HCl	HCl	HCl
硅酸盐,SiO_3^{2-}	HNO_3		HNO_3	HCl	HCl	HCl	HCl
酒石酸盐,$C_4H_4O_6^{2-}$	HNO_3	水,略溶 HNO_3	HNO_3	HCl	HCl	水	HCl
硫酸盐,SO_4^{2-}	水,略溶	水,略溶	不溶	水,略溶	水,略溶	水	水
铬酸盐,CrO_4^{2-}	HNO_3	HNO_3	HNO_3	HCl	HCl	水	HCl
硫化物,S^{2-}	HNO_3	王水	HNO_3	王水	HNO_3	HNO_3	HNO_3
氰化物,CN^-	不溶	—	HNO_3	水		HCl	HCl
亚铁氰化物 $Fe(CN)_6^{4-}$	不溶	—	不溶	—		不溶	不溶
铁氰化物,$Fe(CN)_6^{3-}$	不溶	—	不溶	不溶		不溶	不溶
硫代硫酸盐,$S_2O_3^{2-}$	HNO_3	—	HNO_3	—		—	水
硫氰酸盐,SCN^-	不溶	HNO_3	HNO_3	水	—	HNO_3	HCl
碘化物,I^-	不溶	HNO_3	水,略溶 HNO_3	HCl	HCl	水,略溶	水
溴化物,Br^-	不溶	HNO_3	不溶	水	水解,HCl	水	水
氯化物,Cl^-	不溶	HNO_3	沸水	水	水解,HCl	水	水
醋酸盐,$C_2H_3O_2^-$	水,略溶	水	水	水	水	水	水
亚硝酸盐,NO_2^-	热水	水	水	水	—	水	水
硝酸盐,NO_3^-	水	水,略溶 HNO_3	水	水	水,略溶 HNO_3	水	水
氧化物,(O_2^-)	HNO_3	HNO_3	HNO_3	HCl	HNO_3	HCl	HCl
氢氧化物,OH^-	HNO_3	—	HNO_3	—	HCl	HCl	HCl

化合物	Sb^{3+}	Sn^{2+}	Sn^{4+}	Al^{3+}	Cr^{3+}	As^{3+}
碳酸盐,CO_3^{2-}	—	—		—	—	—
草酸盐,$C_2O_4^{2-}$	HCl	HCl	水	HCl	HCl	—
氟化物,F^-	水,略溶 HCl	水	水	水	水	—
亚硫酸盐,SO_3^{2-}	—	HCl	—	HCl	—	—
亚砷酸盐,AsO_3^{2-}	—	HCl	—	—	—	—
砷酸盐,AsO_3^{2-}	—	HCl	HCl	HCl	HCl	—
磷酸盐,PO_4^{3-}	HCl	HCl	HCl	HCl	HCl	—
硼酸盐,BO_2^-		HCl		HCl	HCl	
硅酸盐,SiO_3^{2-} (4)				HCl	HCl	
酒石酸盐,$C_4H_4O_6^{2-}$	HCl	HCl	水	水	水	
硫酸盐,SO_4^{2-}	HCl	水	—	水	水	
铬酸盐,CrO_4^{2-}	—	HCl	—	—	HCl	
硫化物,S^{2-}	浓 HCl	浓 HCl	浓 HCl	水解,HCl	水解,HCl	HNO_3
氰化物,CN^-					HCl	

续表

化合物	Sb^{3+}	Sn^{2+}	Sn^{4+}	Al^{3+}	Cr^{3+}	As^{3+}
亚铁氰化物 $Fe(CN)_6^{4-}$	—	—	不溶	—	—	—
铁氰化物,$Fe(CN)_6^{3-}$	—	不溶	—	—	—	—
硫代硫酸盐,$S_2O_3^{2-}$	—	水	水	水	—	—
硫氰酸盐,SCN^-	—	—	水	水	水	—
碘化物,I^-	水解,HCl	水	水解,HCl	水	水	水
溴化物,Br^-	水解,HCl	水解,HCl	水解,HCl	水	水	水解,HCl
氯化物,Cl^-	水解,HCl	水解,HCl	水解,HCl	水	水	水解,HCl
醋酸盐,$C_2H_3O_2^-$	—	水	水	水	水	—
亚硝酸盐,NO_2^-	—	—	—	—	—	—
硝酸盐,NO_3^-	—	—	—	水	水	—
氧化物,(O^{2-})	HCl	HCl	HCl,略溶	HCl	HCl	HCl
氢氧化物,OH^-	HCl	HCl	不溶	HCl	HCl	—

化合物	Fe^{3+}	Fe^{2+}	Mn^{2+}	Ni^{2+}	Co^{2+}	Zn^{2+}	Ba^{2+}
碳酸盐,CO_3^{2-}	—	HCl	HCl	HCl	HCl	HCl	HCl
草酸盐,$C_2O_4^{2-}$ (3)	HCl	HCl	HCl	HCl	HCl	HCl	HCl
氟化物,F^-	水,略溶 HCl	水,略溶 HCl	HCl	HCl	HCl	HCl	水,略溶 HCl
亚硫酸盐,SO_3^{2-}	—	HCl	HCl	HCl	HCl	HCl	HCl
亚砷酸盐,AsO_3^{3-}	HCl	HCl	HCl	HCl	HCl	HCl	HCl
砷酸盐,AsO_4^{2-}	HCl	HCl	HCl	HCl	HCl	HCl	HCl
磷酸盐,PO_4^{3-}	HCl	HCl	HCl	HCl	HCl	HCl	HCl
硼酸盐,BO_2^-	HCl	HCl	HCl	HCl	HCl	HCl	HCl
硅酸盐,SiO_3^{2-} (4)	HCl	HCl	HCl	HCl	HCl	HCl	HCl
酒石酸盐,$C_4H_4O_6^{2-}$	水	HCl	水,略溶 HCl	HCl	水	HCl	HCl
硫酸盐,SO_4^{2-}	水	水	水	水	水	水	不溶
铬酸盐,CrO_4^{2-}	水	—	水,略溶 HCl	HCl	HCl	水	HCl
硫化物,S^{2-}	HCl	HCl	HCl	HNO_3	HNO_3	HCl	水
氰化物,CN^-	—	不溶	HCl	HNO_3	HNO_3	HCl	水,略溶 HCl
亚铁氰化物 $Fe(CN)_6^{4-}$	不溶	不溶	HCl	不溶	不溶	不溶	水
铁氰化物,$Fe(CN)_6^{3-}$	水	不溶	不溶	不溶	不溶	HCl	水
硫代硫酸盐,$S_2O_3^{2-}$	—	水	水	水	水	水	HCl
硫氰酸盐,SCN^-	水	水	水	水	水	水	水
碘化物,I^-	水	水	水	水	水	水	水
溴化物,Br^-	水	水	水	水	水	水	水
氯化物,Cl^-	水	水	水	水	水	水	水
醋酸盐,$C_2H_3O_2^-$	水	水	水	水	水	水	水
亚硝酸盐,NO_2^-	水	—	水	水	水	水	水
硝酸盐,NO_3^-	水	水	水	水	水	水	水
氧化物,(O^{2-})	HCl	HCl	HCl	HCl	HCl	HCl	HCl
氢氧化物,OH^-	HCl	HCl	HCl	HCl	HCl	HCl	水

续表

化合物	Sr^{2+}	Ca^{2+}	Mg^{2+}	K^+	Na^+	NH_4^+
碳酸盐,CO_3^{2-}	HCl	HCl	水,HCl略溶	水	水	水
草酸盐,$C_2O_4^{2-}$	HCl	HCl	水	水	水	水
氟化物,F^-	HCl	不溶	HCl	水	水	水
亚硫酸盐,SO_3^{2-}	HCl	HCl	水	水	水	水
亚砷酸盐,AsO_3^{3-}	HCl	HCl	HCl	水	水	水
砷酸盐,AsO_4^{2-}	HCl	HCl	HCl	水	水	水
磷酸盐,PO_4^{3-}	HCl	HCl	HCl	水	水	水
硼酸盐,BO_2^-	水,HCl略溶	水,HCl略溶	HCl	水	水	水
硅酸盐,SiO_3^{2-}（4）	HCl	HCl	HCl	水	水	水
酒石酸盐,$C_4H_4O_6^{2-}$	HCl	HCl	水	水	水	水
硫酸盐,SO_4^{2-}	不溶	水,微溶	水	水	水	水
铬酸盐,CrO_4^{2-}	水,略溶	水	水	水	水	水
硫化物,S^{2-}	水	水	水	水	水	水
氰化物,CN^-	水	水	水	水	水	水
亚铁氰化物,$Fe(CN)_6^{4-}$	水	水	水	水	水	水
铁氰化物,$Fe(CN)_6^{3-}$	水	水	水	水	水	水
硫代硫酸盐,$S_2O_3^{2-}$	水	水	水	水	水	水
硫氰酸盐,SCN^-	水	水	水	水	水	水
碘化物,I^-	水	水	水	水	水	水
溴化物,Br^-	水	水	水	水	水	水
氯化物,Cl^-	水	水	水	水	水	水
醋酸盐,$C_2H_3O_2^-$	水	水	水	水	水	水
亚硝酸盐,NO_2^-	水	水	水	水	水	水
硝酸盐,NO_3^-	水	水	水	水	水	水
氧化物,(O_2^-)	HCl	水,HCl略溶	HCl	水	水	—
氢氧化物,OH^-	水,HCl略溶	水,HCl略溶	HCl	水	水	水

附录 9　水的饱和蒸气压

温度/℃	饱和蒸气压/kPa	温度/℃	饱和蒸气压/kPa	温度/℃	饱和蒸气压/kPa	温度/℃	饱和蒸气压/kPa
0	0.610	16	1.824	32	4.754	48	11.160
1	0.657	17	1.937	33	5.030	49	11.735
2	0.706	18	2.064	34	5.319	50	12.333
3	0.758	19	2.197	35	5.623	51	12.959
4	0.813	20	2.338	36	5.941	52	13.612
5	0.872	21	2.486	37	6.275	53	14.292
6	0.925	22	2.644	38	6.625	54	14.999
7	1.002	23	2.809	39	6.991	55	15.732
8	1.073	24	2.948	40	7.375	56	16.55
9	1.148	25	3.168	41	7.778	57	17.305
10	1.228	26	3.361	42	8.199	58	18.145
11	1.312	27	3.565	43	8.639	59	19.011
12	1.403	28	3.780	44	9.100	60	19.918
13	1.497	29	4.005	45	9.583	61	20.851
14	1.599	30	4.242	46	10.086	62	21.838
15	1.705	31	4.493	47	10.612	63	22.851

温度/℃	饱和蒸气压/kPa	温度/℃	饱和蒸气压/kPa	温度/℃	饱和蒸气压/kPa	温度/℃	饱和蒸气压/kPa
64	23.904	73	35.423	82	51.315	91	72.806
65	24.998	74	36.956	83	53.409	92	75.592
66	26.144	75	38.543	84	55.568	93	78.472
67	27.331	76	40.183	85	57.808	94	81.445
68	28.557	77	41.876	86	60.114	95	84.512
69	29.824	78	43.636	87	62.487	96	87.671
70	31.157	79	45.462	88	64.940	97	90.938
71	32.517	80	47.342	89	67.473	98	94.297
72	33.943	81	49.288	90	70.100	99	97.750

附录 10　水的表面张力

温度/℃	表面张力/10^{-3}N·m^{-1}	温度/℃	表面张力/10^{-3}N·m^{-1}	温度/℃	表面张力/10^{-3}N·m^{-1}
5	74.92	17	73.19	25	71.97
10	74.22	18	73.05	26	71.82
11	74.07	19	72.90	27	71.66
12	73.93	20	72.75	28	71.50
13	73.78	21	72.59	29	71.35
14	73.64	22	72.44	30	71.18
15	73.49	23	72.28	31	70.38
16	73.34	24	72.13	32	69.56

附录 11　水的绝对黏度

单位：mPa·s

温度/℃	0	1	2	3	4	5	6	7	8	9
0	1.787	1.728	1.671	1.618	1.567	1.519	1.472	1.428	1.386	1.346
10	1.307	1.271	1.235	1.202	1.269	1.139	1.109	1.081	1.053	1.027
20	1.002	0.9779	0.9548	0.9325	0.9111	0.8904	0.8705	0.8513	0.8327	0.8148
30	0.7975	0.7808	0.7674	0.7491	0.7340	0.7194	0.7052	0.6915	0.6788	0.6654
40	0.6529	0.6408	0.6291	0.6178	0.6067	0.5960	0.5856	0.5755	0.5656	0.5561

附录 12　水的密度

温度/K	密度/g·cm^{-3}	温度/K	密度/g·cm^{-3}	温度/K	密度/g·cm^{-3}
273.2	0.999841	274.2	0.999900	275.2	0.999941
273.4	0.999854	274.4	0.999909	275.4	0.999947
273.6	0.999866	274.6	0.999918	275.6	0.999953
273.8	0.999878	274.8	0.999927	275.8	0.999958
274.0	0.999889	275.0	0.999934	276.0	0.999962

续表

温度/K	密度/g·cm^{-3}	温度/K	密度/g·cm^{-3}	温度/K	密度/g·cm^{-3}
276.2	0.999965	285.2	0.999498	294.2	0.997992
276.4	0.999968	285.4	0.999475	294.4	0.997948
276.6	0.999970	285.6	0.999451	294.6	0.997904
276.8	0.999972	285.8	0.999427	294.8	0.997860
277.0	0.999973	286.0	0.999402	295.0	0.997815
277.2	0.999973	286.2	0.999377	295.2	0.997770
277.4	0.999973	286.4	0.999352	295.4	0.997724
277.6	0.999972	286.6	0.999326	295.6	0.997678
277.8	0.999970	286.8	0.999299	295.8	0.997632
278.0	0.999968	287.0	0.999272	296.0	0.997585
278.2	0.999965	287.2	0.999244	296.2	0.997538
278.4	0.999961	287.4	0.999216	296.4	0.997490
278.6	0.999957	287.6	0.999188	296.6	0.997442
278.8	0.999952	287.8	0.999159	296.8	0.997394
279.0	0.999947	288.0	0.999129	297.0	0.997345
279.2	0.999941	288.2	0.999099	297.2	0.997296
279.4	0.999935	288.4	0.999069	297.4	0.997246
279.6	0.999927	288.6	0.999038	297.6	0.997196
279.8	0.999920	288.8	0.999007	297.8	0.997146
280.0	0.999911	289.0	0.998975	298.0	0.997095
280.2	0.999902	289.2	0.998943	298.2	0.997044
280.4	0.999893	289.4	0.998910	298.4	0.996992
280.6	0.999883	289.6	0.998877	298.6	0.996941
280.8	0.999872	289.8	0.998843	298.8	0.996888
281.0	0.999861	290.0	0.998809	299.0	0.996836
281.2	0.999849	290.2	0.998774	299.2	0.996783
281.4	0.999837	290.4	0.998739	299.4	0.996829
281.6	0.999824	290.6	0.998704	299.6	0.996676
281.8	0.999810	290.8	0.998668	299.8	0.996621
282.0	0.999796	291.0	0.998632	300.0	0.996567
282.2	0.999781	291.2	0.998595	300.2	0.996512
282.4	0.999766	291.4	0.998558	300.4	0.996457
282.6	0.999751	291.6	0.998520	300.6	0.996401
282.8	0.999734	291.8	0.998482	300.8	0.996345
283.0	0.999717	292.0	0.998444	301.0	0.996289
283.2	0.999700	292.2	0.998405	301.2	0.996232
283.4	0.999682	292.4	0.998365	301.4	0.996175
283.6	0.999664	292.6	0.998325	301.6	0.996118
283.8	0.999645	292.8	0.998285	301.8	0.996060
284.0	0.999625	293.0	0.998244	302.0	0.996002
284.2	0.999605	293.2	0.998203	302.2	0.995944
284.4	0.999585	293.4	0.998162	302.4	0.995885
284.6	0.999564	293.6	0.998120	302.6	0.995826
284.8	0.999542	293.8	0.998078	302.8	0.995766
285.0	0.999520	294.0	0.998035	303.0	0.995706

注：摘自 J A Lange's Handbook of Chemistry. 10-127. 第 11 版 (1973)。

温度（K）由 273.2＋t 得到。

附录 13　常用溶剂的物理常数

溶剂	沸点(101kPa)/℃	熔点/℃	摩尔质量/g·mol⁻¹	密度(20℃)/g·cm⁻³	介电常数	溶解度①/(g/100g 水)	闪点/℃
乙醚	35	−116	74	0.71	4.3	6.0	−45
戊烷	36	−130	72	0.63	1.8	不溶	−40
二氯甲烷	40	−95	85	1.33	8.9	1.30	无
二硫化碳	46	−111	76	1.26	2.6	0.29(20℃)	−30
丙酮	56	−95	58	0.79	20.7	∞	−18
氯仿	61	−64	119	1.49	4.8	0.28	无
甲醇	65	−98	32	0.79	32.7	∞	12
四氢呋喃	66	−109	72	0.89	7.6	∞	−14
己烷	69	−95	86	0.66	1.9	不溶	−26
三氟乙酸	72	−15	114	1.49	39.5	∞	无
四氯化碳	77	−23	154	1.59	2.2	0.08	无
乙酸乙酯	77	−84	88	0.90	6.0	8.1	−4
乙醇	78	−114	46	0.79	24.6	∞	13
环己烷	81	6.5	84	0.78	2.0	0.01	−17
苯	80	5.5	78	0.88	2.3	0.18	−11
丁酮	80	−87	72	0.80	18.5	24.0(20℃)	−1
乙腈	82	−44	41	0.78	37.5	∞	6
异丙醇	82	−88	60	0.79	19.9	∞	12
正丁醇	82	26	74	0.78(30℃)	12.5	∞	11
乙二醇二甲醚	83	−58	90	0.86	7.2	∞	1
三乙胺	90	−115	101	0.73	2.4	∞	−7
丙醇	97	−126	60	0.80	20.3	∞	25
甲基环己烷	101	−127	98	0.77	2.0	0.01	−6
甲酸	101	8	46	1.22	58.5	∞	—
硝基甲烷	101	−29	61	1.14	35.9	11.1	−41
1,4-二氧六环	101	12	88	1.03	2.2	∞	12
甲苯	111	−95	92	0.87	2.4	0.05	4
吡啶	115	−42	79	0.98	12.4	∞	23
正丁醇	118	−89	74	0.81	17.5	7.45	29
乙酸	118	17	60	1.05	6.2	∞	40
乙二醇单甲醚	125	−85	76	0.96	16.9	∞	42
吗啉	129	−3	87	1.00	7.4	∞	38
氯苯	132	−46	113	1.11	5.6	0.05(30℃)	29
乙酐	140	−73	102	1.08	20.7	反应	53
二甲苯(混合体)	138~142	13	106	0.86	2	0.02	17

续表

溶剂	沸点(101kPa)/℃	熔点/℃	摩尔质量/g·mol⁻¹	密度(20℃)/g·cm⁻³	介电常数	溶解度①/(g/100g 水)	闪点/℃
二丁醚	142	−95	130	0.77	3.1	0.03(20℃)	38
均四氯乙烷	146	−44	168	1.59	8.2	0.29(20℃)	无
苯甲醚	154	−38	108	0.99	4.3	1.04	—
二甲基甲酰胺	153	−60	73	0.95	36.7	∞	67
二甘醇二甲醚	160	—	134	0.94	—	∞	63
1,3,5-三甲基苯	165	−45	120	0.87	2.3	0.03(20℃)	—
二甲亚砜	189	18	78	1.10	46.7	25.3	95
二甘醇单醚	194	−76	120	1.02	—	∞	93
乙二醇	197	−16 −13	62	1.11	37.7	∞	116
N-甲基-2-吡咯烷酮	202	−24	99	1.03	32.0	∞	96
硝基苯	211	6	123	1.20	34.8	0.19(20℃)	88
甲酰胺	210	3	45	1.13	111	∞	154
六甲基磷酰三胺	233	7	179	1.03	30	∞	—
喹啉	237	−15	129	1.09	9.0	0.6(20℃)	—
二甘醇	245	−7	106	1.11	31.7	∞	143
二苯醚	258	27	170	1.07	3.7(>27℃)	0.39	205
三甘醇	288	−4	150	1.12	23.7	∞	166
四亚甲基砜	287	28	120	1.26(30℃)	43	∞(30℃)	177
甘油	290	18	92	1.26	42.5	∞	177
三乙醇胺	335	22	149	1.12(30℃)	29.4	∞	179
邻苯二甲酸二丁酯	340	−35	278	1.05	6.4	不溶	171

① 除另作注明外，皆为25℃的溶解度，溶解度<0.01 作为不溶解。

附录 14　不同温度下液体的密度

单位：g·cm⁻³

温度/℃	水	乙醇	苯	甲苯	汞	丙酮	环己烷	乙酸乙酯	丁醇
5	0.99999	0.80207	—	—	13.58383	0.80696	—	0.9186	0.8204
6	0.99997	0.80123	—	—	13.581	—	0.7906	—	—
7	0.99993	0.80039	—	—	13.578	—	—	—	—
8	0.99988	0.79956	—	—	13.576	—	—	—	—
9	0.99981	0.79872	—	—	13.573	—	—	—	—
10	0.99973	0.79788	0.887	0.875	13.571	0.80139	—	0.9127	—
11	0.99963	0.79704	—	—	13.568	—	—	—	—
12	0.99953	0.79620	—	—	13.566	—	0.7850	—	—
13	0.99941	0.79535	—	—	13.563	—	—	—	—
14	0.99927	0.79451	—	—	13.561	—	—	—	0.8135
15	0.99913	0.79367	0.883	0.870	13.559	0.79579	—	—	—

续表

温度/℃	水	乙醇	苯	甲苯	汞	丙酮	环己烷	乙酸乙酯	丁醇
16	0.99897	0.79283	0.882	0.869	13.556	—	—	—	—
17	0.99880	0.79198	0.882	0.867	13.554	—	—	—	—
18	0.99863	0.79114	0.866	0.866	13.551	—	0.7836	—	—
19	0.99843	0.79029	0.881	0.865	13.549	—	—	—	—
20	0.99823	0.78945	0.879	0.846	13.546	0.79013	—	0.9008	—
21	0.99802	0.78860	0.879	0.863	13.544	—	—	—	—
22	0.99780	0.78775	0.878	0.862	13.541	—	—	—	0.8072
23	0.99757	0.78691	0.877	0.861	13.539	0.7736	—	—	—
24	0.99733	0.78606	0.876	0.860	13.536	—	—	—	—
25	0.99708	0.78522	0.875	0.859	13.534	0.78444	—	—	—
26	0.99681	0.78437	—	—	13.532	—	—	—	—
27	0.99654	0.78352	—	—	13.529	—	—	—	—
28	0.99626	0.78267	—	—	13.527	—	—	—	—
29	0.99598	0.78182	—	—	13.524	—	—	—	—
30	0.99568	0.78097	0.869	0.855	13.522	0.77855	0.7678	0.8888	0.8007

附录 15　常见离子及化合物的颜色

离子及化合物	颜色	离子及化合物	颜色	离子及化合物	颜色
Ag_2O	褐色	$K_3[CO(NO_2)_6]$	黄色	$[CuI_2]^-$	黄色
$AgCl$	白色	$BiOCl$	白色	$[Cu(NH_3)_4]^{2+}$	深蓝色
Ag_2CO_3	白色	BiI_3	白色	$K_2Na[Co(NO_2)_6]$	黄色
Ag_3PO_4	黄色	Bi_2S_3	黑色	$(NH_4)_2Na[Co(NO_2)_6]$	黄色
Ag_2CrO_4	砖红色	Bi_2O_3	黄色	CdO	棕灰色
$Ag_2C_2O_4$	白色	$Bi(OH)_3$	黄色	$Cd(OH)_2$	白色
$AgCN$	白色	$BiO(OH)$	灰黄色	$CdCO_3$	白色
$AgSCN$	白色	$Bi(OH)CO_3$	白色	CdS	黄色
$Ag_2S_2O_3$	白色	$NaBiO_3$	黄棕色	$[Cr(H_2O)_6]^{2+}$	天蓝色
$Ag_3[Fe(CN)_6]$	橙色	CaO	白色	$[Cr(H_2O)_6]^{3+}$	蓝紫色
$Ag_4[Fe(CN)_6]$	白色	$Ca(OH)_2$	白色	CrO_2^-	绿色
$AgBr$	淡黄色	$CaSO_4$	白色	CrO_4^{2-}	黄色
AgI	黄色	$CaCO_3$	白色	$Cr_2O_7^{2-}$	橙色
Ag_2S	黑色	$Ca_3(PO_4)_2$	白色	Cr_2O_3	绿色
Ag_2SO_4	白色	$CaHPO_4$	白色	CrO_3	橙红色
$Al(OH)_3$	白色	$CaSO_3$	白色	$Cr(OH)_3$	灰绿色
$BaSO_4$	白色	$[Co(H_2O)_6]^{2+}$	粉红色	$CrCl_3 \cdot 6H_2O$	绿色
$BaSO_3$	白色	$[Co(NH_3)_6]^{2+}$	黄色	$Cr_2(SO_4)_3 \cdot 6H_2O$	绿色
BaS_2O_3	白色	$[Co(NH_3)_6]^{3+}$	橙黄色	$Cr_2(SO_4)_3$	桃红色
$BaCO_3$	白色	$[Co(SCN)_4]^{2-}$	蓝色	$Cr_2(SO_4)_3 \cdot 18H_2O$	紫色
$Ba_3(PO_4)_2$	白色	CoO	灰绿色	CuO	黑色
$BaCrO_4$	黄色	Co_2O_3	黑色	Cu_2O	暗红色
BaC_2O_4	白色	$Co(OH)_2$	粉红色	$Cu(OH)_2$	淡蓝色
$CoCl_2 \cdot 2H_2O$	紫红色	$Co(OH)Cl$	蓝色	$CuOH$	黄色
$CoCl_2 \cdot 6H_2O$	粉红色	$Co(OH)_3$	褐棕色	$CuCl$	白色
CoS	黑色	$[Cu(H_2O)_4]^{2+}$	蓝色	CuI	白色
$CoSO_4 \cdot 7H_2O$	红色	$[CuCl_2]^-$	白色	CuS	黑色
$CoSiO_3$	紫色	$[CuCl_4]^{2-}$	黄色	$CuSO_4 \cdot 5H_2O$	蓝色

续表

离子及化合物	颜色	离子及化合物	颜色	离子及化合物	颜色
$Cu_2(OH)_2SO_4$	浅蓝色	$Mg(OH)_2$	白色	$Sb(OH)_3$	白色
$Cu_2(OH)_2CO_3$	蓝色	$[Ni(H_2O)_6]^{2+}$	亮绿色	$SbOCl$	白色
$Cu_2[Fe(CN)_6]$	红棕色	$[Ni(NH_3)_6]^{2+}$	蓝色	SbI_3	黄色
$Cu(SCN)_2$	黑绿色	NiO	暗绿色	$Na[Sb(OH)_6]$	白色
$[Fe(H_2O)_6]^{2+}$	浅绿色	NiS	黑色	$Sn(OH)Cl$	白色
$[Fe(H_2O)_6]^{3+}$	淡紫色	$NiSiO_3$	翠绿色	SnS	棕色
$[Fe(CN)_6]^{4-}$	黄色	$Ni(CN)_2$	浅绿色	SnS_2	黄色
$[Fe(CN)_6]^{3-}$	红棕色	$Ni(OH)_2$	淡绿色	$Sn(OH)_4$	白色
$[Fe(NCS)_n]^{3-n}$	血红色	$Ni(OH)_3$	黑色	TiO_2^{2+}	橙红色
FeO	黑色	Hg_2SO_4	白色	$[V(H_2O)_6]^{2+}$	蓝紫色
Fe_2O_3	砖红色	$Hg_2(OH)_2CO_3$	红褐色	$[Ti(H_2O)_6]$	紫色
$Fe(OH)_2$	白色	I_2	紫色	$TiCl_3·6H_2O$	紫或绿
$Fe(OH)_3$	红棕色	I_3^-(碘水)	棕黄色	VO^{2+}	蓝色
$Fe_2(SiO_3)_3$	棕红色	$\left[\begin{smallmatrix} & Hg & \\ O & & NH_2 \\ & Hg & \end{smallmatrix}\right]I$	红棕色	V_2O_5	红棕,橙
FeC_2O_4	淡黄色			$[V(H_2O)_6]^{3+}$	绿色
$Fe_3[Fe(CN)_6]_2$	蓝色			VO_2^+	黄色
$Fe_4[Fe(CN)_6]_3$	蓝色	PbI_2	黄色	ZnO	白色
HgO	红(黄)色	PbS	黑色	$Zn(OH)_2$	白色
Hg_2Cl_2	白黄色	$PbSO_4$	白色	ZnS	白色
Hg_2I_2	黄色	$PbCO_3$	白色	$Zn_2(OH)_2CO_3$	白色
HgS	红或黄	$PbCrO_4$	黄色	ZnC_2O_4	白色
$[Mn(H_2O)_6]^{2+}$	浅红色	PbC_2O_4	白色	$ZnSiO_3$	白色
MnO_4^{2-}	绿色	$PbMoO_4$	黄色	$Zn_2[Fe(CN)_6]$	白色
MnO_4^-	紫红色	PbO_2	棕褐色	$Zn_3[Fe(CN)_6]_2$	黄褐色
MnO_2	棕色	Pb_3O_4	红色	$NaAc·Zn(Ac)_2·3UO_2(Ac)_2·9H_2O$	黄色
$Mn(OH)_2$	白色	$Pb(OH)_2$	白色		
MnS	肉色	$PbCl_2$	白色	$Na_3[Fe(CN)_5NO]·2H_2O$	红色
$MnSiO_3$	肉色	$PbBr_2$	白色	$(NH_4)_3PO_4·12MoO_3·6H_2O$	黄色
$MgNH_4PO_4$	白色	Sb_2O_3	白色		
$MgCO_3$	白色	Sb_2O_5	淡黄色		

附录 16　常用基准物质

基准物	干燥后的组成	干燥温度/℃,干燥时间
$NaHCO_3$	Na_2CO_3	260~270,至恒重
$Na_2B_4O_7·10H_2O$	$Na_2B_4O_7·10H_2O$	NaCl-蔗糖饱和溶液干燥器中室温保存
$KHC_6H_4(COO)_2$	$KHC_6H_4(COO)_2$	105~110
$Na_2C_2O_4$	$Na_2C_2O_4$	105~110,2h
$K_2Cr_2O_7$	$K_2Cr_2O_7$	130~140,0.5~1h
$KBrO_3$	$KBrO_3$	120,1~2h
KIO_3	KIO_3	105~120
As_2O_3	As_2O_3	硫酸干燥器中,至恒重
$(NH_4)_2Fe(SO_4)_2·6H_2O$	$(NH_4)_2Fe(SO_4)_2·6H_2O$	室温空气
$NaCl$	$NaCl$	250~350,1~2h
$AgNO_3$	$AgNO_3$	120,2h
$CuSO_4·5H_2O$	$CuSO_4·5H_2O$	室温空气
$KHSO_4$	K_2SO_4	750℃以上灼烧
ZnO	ZnO	约800,灼烧至恒重
无水 Na_2CO_3	Na_2CO_3	260~270,0.5h
$CaCO_3$	$CaCO_3$	105~110

附录 17　常用试剂的配制

试剂	浓度	配制方法
$BiCl_3$	$0.1mol \cdot L^{-1}$	溶解 31.6g $BiCl_3$ 于 330mL $6mol \cdot L^{-1}$ HCl 中，加 H_2O 稀释至 1L
$SbCl_3$	$0.1mol \cdot L^{-1}$	溶解 22.8g $SbCl_3$ 于 330mL $6mol \cdot L^{-1}$ HCl 中，加 H_2O 稀释至 1L
$SnCl_2$	$0.1mol \cdot L^{-1}$	溶解 22.6g $SnCl_2 \cdot 2H_2O$ 于 330mL $6mol \cdot L^{-1}$ HCl 中，加 H_2O 稀释至 1L。加入数粒纯 Sn，以防氧化
$Hg(NO_3)_2$	$0.1mol \cdot L^{-1}$	溶解 33.4g $Hg(NO_3)_2 \cdot \frac{1}{2}H_2O$ 于 1L $0.6mol \cdot L^{-1}$ HNO_3 中
$Hg_2(NO_3)_2$	$0.1mol \cdot L^{-1}$	溶解 56.1g $Hg_2(NO_3)_2 \cdot 2H_2O$ 于 1L $0.6mol \cdot L^{-1}$ HNO_3 中，并加入少许金属 Hg
$(NH_4)_2CO_3$	$1mol \cdot L^{-1}$	溶解 95g 研细的 $(NH_4)_2CO_3$ 于 1L $2mol \cdot L^{-1}$ $NH_3 \cdot H_2O$ 中
$(NH_4)_2SO_4$	饱和	溶解 50g $(NH_4)_2SO_3$ 于 100mL 热 H_2O 中，冷却后过滤
$FeSO_4$	$0.5mol \cdot L^{-1}$	溶解 69.5g $FeSO_4 \cdot 7H_2O$ 于适量 H_2O 中，加入 5mL $18mol \cdot L^{-1}$ H_2SO_4，再用 H_2O 稀释至 1L，置入小铁钉数枚
$FeCl_3$	$0.5mol \cdot L^{-1}$	称取 135.2g $FeCl_3 \cdot 6H_2O$ 溶于 100mL $6mol \cdot L^{-1}$ HCl 中，加 H_2O 稀释至 1L
$CrCl_3$	$0.1mol \cdot L^{-1}$	称取 26.7g $CrCl_3 \cdot 6H_2O$ 溶于 30mL $6mol \cdot L^{-1}$ HCl 中，加 H_2O 稀释至 1L
KI	10%	溶解 100g KI 于 1L H_2O 中，储于棕色瓶中
KNO_3	1%	溶解 10g KNO_3 于 1L H_2O 中
醋酸铀酰锌		(1)10g $UO_2(Ac)_2 \cdot 2H_2O$ 和 6mL $6mol \cdot L^{-1}$ HAc 溶于 50mL H_2O 中 (2)30g $Zn(Ac)_2 \cdot 2H_2O$ 和 3mL $6mol \cdot L^{-1}$ HCl 溶于 50mL H_2O 中，将(1)、(2)两种溶液混合，24h 后取清液使用
$Na_3[CO(NO_2)_6]$		溶解 230g $NaNO_2$ 于 500mL H_2O 中，加入 165mL $6mol \cdot L^{-1}$ HAc 和 30g $Co(NO_3)_2 \cdot 6H_2O$，放置 24h，取其清液，稀释至 1L，并保存在棕色瓶中。此溶液应呈橙色，若变成红色，表示已分解，应重新配制
Na_2S	$2mol \cdot L^{-1}$	溶解 240g $Na_2S \cdot 9H_2O$ 和 40g NaOH 于 H_2O 中，稀释至 1L
$(NH_4)_6Mo_7O_{24} \cdot 4H_2O$	$0.1mol \cdot L^{-1}$	溶解 124g $(NH_4)_6Mo_7O_{24} \cdot 4H_2O$ 于 1L H_2O 中，将所得溶液倒入 1L $6mol \cdot L^{-1}$ HNO_3 中，放置 24h，取其澄清液
$(NH_4)_2S$	$3mol \cdot L^{-1}$	取一定量 $NH_3 \cdot H_2O$，将其均分为两份，往其中一份通 H_2S 至饱和，而后与另一份 $NH_3 \cdot H_2O$ 混合
$K_3[Fe(CN)_6]$		取 $K_3[Fe(CN)_6]$ 约 0.7~1g 溶解于 H_2O，稀释至 100mL（使用前临时配制）
铬黑 T		将铬黑 T 和烘干的 NaCl 按 1:100 的比例研细，均匀混合，储于棕色瓶中
二苯胺		将 1g 二苯胺在搅拌下溶于 100mL 密度 $1.84g \cdot cm^{-3}$ H_2SO_4 或 100mL 密度 $1.70g \cdot cm^{-3}$ H_3PO_4 中（该溶液可保存较长时间）
Mg 试剂		溶解 0.01g Mg 试剂于 1L $1mol \cdot L^{-1}$ NaOH 溶液中
Ca 指示剂		0.2g Ca 指示剂溶于 100mL H_2O 中
Al 试剂		1g Al 试剂溶于 1L H_2O 中
$Mg-NH_4^+$ 试剂		将 100g $MgCl_2 \cdot 6H_2O$ 和 100g NH_4Cl 溶于 H_2O 中，加 50mL 浓 $NH_3 \cdot H_2O$，用 H_2O 稀释至 1L
奈氏试剂		溶解 115g HgI_2 和 80g KI 于 H_2O 中，稀释至 500mL，加入 500mL $6mol \cdot L^{-1}$ NaOH 溶液，静置后，取其清液，保存在棕色瓶中
格里斯试剂		(1)在加热下溶解 0.5g 对氨基苯磺酸于 50mL 30% HAc 中，储于暗处保存 (2)将 0.4g α-萘胺与 100mL H_2O 混合煮沸，在从蓝色渣滓中倾出的无色溶解中加入 6mL 80% HAc 使用前将(1)、(2)两液等体积混合
打萨宗(二苯缩氨硫脲)		溶解 0.1g 打萨宗于 1L CCl_4 或 $CHCl_3$ 中
对氨基苯磺酸	$0.34mol \cdot L^{-1}$	0.5g 对氨基苯磺酸溶于 150mL $2mol \cdot L^{-1}$ HAc 溶液中
α-萘胺	$0.12mol \cdot L^{-1}$	0.3g α-萘胺加 20mL H_2O，加热煮沸，在所得溶液中加入 150mL $2mol \cdot L^{-1}$ HAc

续表

试剂	浓度	配 制 方 法
丁二酮肟		1g 丁二酮肟溶于 100mL 95% C_2H_5OH 中
盐桥	3%	用饱和 KCl 水配制 3% 琼脂胶加热至溶
Cl_2 水		在 H_2O 中通入 Cl_2 直至饱和,该溶液使用时临时配制
Br_2 水		在 H_2O 中滴入液 Br_2 至饱和
I_2 液	$0.01mol \cdot L^{-1}$	溶解 1.3g I_2 和 5g KI 于尽可能少量的 H_2O 中,加 H_2O 稀释至 1L
品红溶液		0.1 H_2O 溶液
淀粉溶液	1%	将 1g 淀粉和少量冷 H_2O 调成糊状,倒入 100mL 沸 H_2O 中,煮沸后冷却即可
斐林溶液		Ⅰ液:将 34.64g $CuSO_4 \cdot H_2O$ 溶于 H_2O 中,稀释至 500mL。 Ⅱ液:将 173g 酒石酸钾钠·4H_2O 和 50g NaOH 溶于 H_2O 中,稀释至 500mL。 用时将Ⅰ和Ⅱ等体积相混合
2,4-二硝基苯肼		将 0.25g 2,4-二硝基苯肼溶于 HCl 溶液(42mL 浓 HCl 加 50mL H_2O),加热溶解,冷却后稀释至 250mL
米伦试剂		将 2g(0.15mL)Hg 溶于 3mL 浓 HNO_3(密度 1.4),稀释至 10mL
苯肼试剂		(1)溶 4mL 苯肼于 4mL 冰 HAc,加 H_2O 36mL,再加入 0.5g 活性炭过滤(如无色可不脱色),装入有色瓶中,防止皮肤触及,因很毒,如触及应先用 5% HAc 冲洗后再用肥皂洗。 (2)溶 5g 盐酸苯肼于 100mL H_2O 中,必要时可微热助溶,如果溶液呈深蓝色,加活性炭共热过滤,然后加入 9g NaAc 晶体(或相应量的无水 NaAc),搅拌使溶,储存于有色瓶中。此试剂中,苯肼盐酸与 NaAc 经复分解反应生成苯肼醋酸盐,后者是弱酸与弱碱形成的盐,在水溶液中易经水解作用,与苯肼建立平衡。如果苯肼试剂久置变质,可改将 2 份盐酸苯肼与 3 份 NaAc 晶体混合研匀后,临用时取适量混合物,溶于 H_2O 便可供用
CuCl-NH_3 液		(1)5g CuCl 溶于 100mL 浓 $NH_3 \cdot H_2O$ 中,用 H_2O 稀释至 250mL。过滤,除去不溶性杂质。温热滤液,慢慢加入羟胺盐酸盐,直至蓝色消失为止。 (2)1g CuCl 置于一大试管,加 1~2mL 浓 $NH_3 \cdot H_2O$ 和 10mL H_2O,用力摇动后静置,倾出溶液并加入一根铜丝,储存备用
C_6H_5OH 溶液		50g C_6H_5OH 溶于 500mL 5% NaOH 溶液中
β-萘酚溶液		50g β-萘酚溶于 500mL 5% NaOH 溶液中
蛋白质溶液		25mL 蛋清,加 100~150mL 蒸馏水,搅拌,混匀后,用 3~4 层纱布过滤
α-萘酚乙醇溶液		10g α-萘酚溶于 100mL 95% C_2H_5OH 中,再用 95% C_2H_5OH 稀释至 500mL,储存于棕色瓶中。一般是用前新配
茚三酮乙醇溶液	0.1%	0.4g 茚三酮溶于 500mL 95% C_2H_5OH 中,用时新配

附录 18　常用指示剂及试纸的制备

表 1　酸碱指示剂 (18~25℃)

指示剂名称	pH 变色范围	颜色变化	溶液配制方法
甲基紫(第一变色范围)	0.1~0.5	黄-绿	0.1%或 0.05%水溶液
苦味酸	0.0~1.3	无色-黄	0.1%水溶液
甲基绿	0.1~2.0	黄-绿-浅蓝	0.05%水溶液
孔雀绿(第一变色范围)	0.1~2.0	黄-浅蓝-绿	0.1%水溶液

续表

指示剂名称	pH 变色范围	颜色变化	溶液配制方法
甲酚红(第一变色范围)	0.2~1.8	红-黄	0.04g 指示剂溶于 100mL 质量分数 $w=0.50$ 的 C_2H_5OH 中
甲基紫(第二变色范围)	1.0~1.5	绿-蓝	0.1%水溶液
百分酚蓝(麝香草酚蓝)(第一变色范围)	1.2~2.8	红-黄	0.1g 指示剂溶于 100mL 质量分数 $w=0.20$ 的 C_2H_5OH 中
甲基紫(第三变色范围)	2.0~3.0	蓝-紫	0.1%水溶液
茜素黄 R(第一变色范围)	1.9~3.3	红-黄	0.1%水溶液
二甲基黄	2.9~4.0	红-黄	0.1g 或 0.01g 指示剂溶于 100mL 质量分数 $w=0.90$ 的 C_2H_5OH 中
甲基橙	3.1~4.4	红-橙黄	0.1%水溶液
溴酚蓝	3.0~4.6	黄-蓝	0.1g 指示剂溶于 100mL 质量分数 $w=0.20$ 的 C_2H_5OH 中
刚果红	3.0~5.2	蓝紫-红	0.1%水溶液
茜素红 S(第一变色范围)	3.7~5.2	黄-紫	0.1%水溶液
溴甲酚绿	3.8~5.4	黄-蓝	0.1g 指示剂溶于 100mL 质量分数 $w=0.20$ 的 C_2H_5OH 中
甲基红	4.4~6.2	红-黄	0.1g 或 0.2g 指示剂溶于 100mL 质量分数 $w=0.60$ 的 C_2H_5OH 中
溴酚红	5.0~6.8	黄-红	0.1g 或 0.04g 指示剂溶于 100mL 质量分数 $w=0.20$ 的 C_2H_5OH 中
溴甲酚紫	5.2~6.8	黄-紫红	0.1g 指示剂溶于 100mL 质量分数 $w=0.20$ 的 C_2H_5OH 中
溴百里酚蓝	6.0~7.6	黄-蓝	0.05g 指示剂溶于 100mL 质量分数 $w=0.20$ 的 C_2H_5OH 中
中性红	6.8~8.0	红-亮黄	0.1g 指示剂溶于 100mL 质量分数 $w=0.60$ 的 C_2H_5OH 中
酚红	6.8~8.0	黄-红	0.1g 指示剂溶于 100mL 质量分数 $w=0.20$ 的 C_2H_5OH 中
甲酚红	7.2~8.8	亮黄-紫红	0.1g 指示剂溶于 100mL 质量分数 $w=0.50$ 的 C_2H_5OH 中
百里酚蓝(麝香草酚蓝)(第二变色范围)	8.0~9.0	黄-蓝	参看第一变色范围
酚酞	8.2~10.0	无色-紫红	0.1g 指示剂溶于 100mL 质量分数 $w=0.60$ 的 C_2H_5OH 中
百里酚酞	9.4~10.6	无色-蓝	0.1g 指示剂溶于 100mL 质量分数 $w=0.90$ 的 C_2H_5OH 中
茜素红 S(第二变色范围)	10.0~12.0	紫-淡黄	参看第一变色范围
茜素黄 R(第二变色范围)	10.1~12.1	黄-淡紫	0.1%水溶液
孔雀绿(第二变色范围)	11.5~13.2	蓝绿-无色	参看第一变色范围
达旦黄	12.0~13.0	黄-红	溶于 H_2O、C_2H_5OH

表 2　混合酸碱指示剂

指示剂溶液的组成	变色点 pH	颜色		备注
		酸色	碱色	
一份质量分数为 0.001 甲基黄乙醇溶液 一份质量分数为 0.001 亚甲基蓝乙醇溶液	3.3	蓝紫	绿	pH 3.2 蓝紫 pH 3.4 绿

指示剂溶液的组成	变色点 pH	颜色		备注
		酸色	碱色	
一份质量分数为 0.001 甲基橙水溶液 一份质量分数为 0.0025 靛蓝（二磺酸）水溶液	4.1	紫	黄绿	
一份质量分数为 0.001 溴百里酚绿钠盐水溶液 一份质量分数为 0.002 甲基橙水溶液	4.3	黄	蓝绿	pH 3.5 黄 pH 4.0 黄绿 pH 4.3 绿
三份质量分数为 0.001 溴甲酚绿乙醇溶液 一份质量分数为 0.002 甲基红乙醇溶液	5.1	酒红	绿	
一份质量分数为 0.002 甲基红乙醇溶液 一份质量分数为 0.001 亚甲基蓝乙醇溶液	5.4	红紫	绿	pH 5.2 红紫 pH 5.4 暗蓝 pH 5.6 绿
一份质量分数为 0.001 溴甲酚绿钠盐水溶液 一份质量分数为 0.001 氯酚红钠盐水溶液	6.1	黄绿	蓝紫	pH 5.4 蓝绿 pH 5.8 蓝 pH 6.2 蓝紫
一份质量分数为 0.001 溴甲酚紫钠盐水溶液 一份质量分数为 0.001 溴百里酚蓝钠盐水溶液	6.7	黄	蓝紫	pH 6.2 黄紫 pH 6.6 紫 pH 6.8 蓝紫
一份质量分数为 0.001 中性红乙醇溶液 一份质量分数为 0.001 亚甲基蓝乙醇溶液	7.0	蓝紫	绿	pH 7.0 蓝紫
一份质量分数为 0.001 溴百里酚蓝钠盐水溶液 一份质量分数为 0.001 酚红钠盐水溶液	7.5	黄	绿	pH 7.2 暗绿 pH 7.4 淡紫 pH 7.6 深紫
一份质量分数为 0.001 甲酚红钠盐水溶液 三份质量分数为 0.001 百里酚蓝钠盐水溶液	8.3	黄	紫	pH 8.2 玫瑰 pH 8.4 紫

表3　金属离子指示剂

指示剂名称	离解平衡和颜色变化	溶液配制方法
铬黑 T[①]（EBT）	$H_2In^- \underset{紫红}{\overset{pK_{a2}=6.3}{\rightleftharpoons}} HIn^{2-} \underset{蓝}{\overset{pK_{a3}=11.6}{\rightleftharpoons}} In^{3-}$ 橙	0.5% 水溶液
二甲酚橙（XO）	$H_2In^{4-} \underset{黄}{\overset{pK_{a5}=6.3}{\rightleftharpoons}} HIn^{5-}$ 红	0.2% 水溶液
K-B 指示剂[①]	$H_2In \underset{红}{\overset{pK_{a1}=8}{\rightleftharpoons}} HIn \underset{蓝}{\overset{pK_{a2}=13}{\rightleftharpoons}} In^{2-}$ 紫红 （酸性铬蓝 K）	0.2g 酸性铬蓝 K 与 0.4g 萘酚绿 B 溶于 100mL 水中
钙指示剂[①]	$H_2In^- \underset{酒红}{\overset{pK_{a2}=7.4}{\rightleftharpoons}} HIn^{2-} \underset{蓝}{\overset{pK_{a3}=13.5}{\rightleftharpoons}} In^{3-}$ 酒红	0.5% C_2H_5OH 溶液
吡啶偶氮萘酚（PAN）	$H_2In^+ \underset{黄绿}{\overset{pK_{a1}=1.9}{\rightleftharpoons}} HIn \underset{黄}{\overset{pK_{a2}=12.2}{\rightleftharpoons}} In$ 淡红	0.1% C_2H_5OH 溶液
Cu-PAN（CuY-PAN 溶液）	$\underset{浅绿}{CuY+PAN} + M^{n+} = \underset{无色}{MY} + \underset{红}{Cu-PAN}$	将 0.05mol·L⁻¹ Cu²⁺ 溶液 10mL、pH 5~6 的 HAc 缓冲溶液 5mL、PAN 指示剂 1 滴混合，加热至 60℃左右，用 EDTA 滴至绿色，得到约 0.025mol·L⁻¹ 的 CuY 溶液。使用时取 2~3mL 于试液中，再加数滴 PAN 溶液

续表

指示剂名称	离解平衡和颜色变化	溶液配制方法
磺基水杨酸	$H_2In \underset{}{\overset{pK_{a2}=2.7}{\rightleftharpoons}} HIn^{-} \underset{}{\overset{pK_{a3}=13.1}{\rightleftharpoons}} In^{2-}$ （无色）	1%水溶液
钙镁试剂（Calmagite）	$H_2In^{-} \underset{红}{\overset{pK_{a2}=8.1}{\rightleftharpoons}} HIn^{2-} \underset{蓝}{\overset{pK_{a3}=12.4}{\rightleftharpoons}} In^{3-}$ 红　　　　　　蓝　　　　　　红橙	0.5%水溶液

① EBT、钙指示剂、K-B 指示剂等在水溶液中稳定性较差，可以配成指示剂与 NaCl 之比为 1:100 或 1:200 的固体粉末。

表4　氧化还原指示剂

指示剂名称	$\varphi^{\ominus}/V$ $[H^{+}]=1mol\cdot L^{-1}$	颜色变化		溶液配制方法
		氧化态	还原态	
中性红	0.24	红	无色	0.05% $C_2H_5OH(w=0.60)$ 溶液
亚甲基蓝	0.36	蓝	无色	0.05%水溶液
变胺蓝	0.59(pH=2)	无色	蓝	0.05%水溶液
二苯胺	0.76	紫	无色	1%浓 H_2SO_4 溶液
二苯胺磺酸钠	0.85	紫红	无色	0.5%水溶液
N-邻苯氨基苯甲酸	1.08	紫红	无色	0.1g 指示剂加 20mL 质量分数为 0.05 Na_2CO_3 溶液，用水稀释至 100mL
邻二氮菲-Fe(Ⅱ)	1.06	浅蓝	红	1.485g 邻二氮菲加 0.695g $FeSO_4\cdot 7H_2O$，溶于 100mL 水中(0.025mol·L^{-1})
5-硝基邻二氮菲-Fe(Ⅱ)	1.25	浅蓝	紫红	1.608g 5-硝基邻二氮菲加 0.695g $FeSO_4\cdot 7H_2O$，溶于 100mL 水中(0.025mol·L^{-1})

表5　沉淀滴定吸附指示剂

指示剂	被测离子	滴定剂	滴定条件	溶液配制方法
荧光黄	Cl^{-}	Ag^{+}	pH 7~10(一般 7~8)	0.2% C_2H_5OH 溶液
二氯荧光黄	Cl^{-}	Ag^{+}	pH 4~10(一般 5~8)	0.1%水溶液
曙红	Br^{-},I^{-},SCN^{-}	Ag^{+}	pH 2~10(一般 3~8)	0.5%水溶液
溴甲酚绿	SCN^{-}	Ag^{+}	pH 4~5	0.1%水溶液
甲基紫	Ag^{+}	Cl^{-}	酸性溶液	0.1%水溶液
罗丹明 6G	Ag^{+}	Br^{-}	酸性溶液	0.5%水溶液
钍试剂	SO_4^{2-}	Ba^{2+}	pH 1.5~3.5	0.5%水溶液
溴酚蓝	Hg_2^{2+}	$Cl^{-}、Br^{-}$	酸性溶液	0.1%水溶液

表6　常用试纸的制备

试纸名称及颜色	制备方法	用途
石蕊试纸（红色或蓝色）	用热的酒精处理市售石蕊以除去夹杂的红色素。倾去浸液，1 份残渣与 6 份 H_2O 浸渍并不断摇荡，滤去不溶物，将滤液分成两份，1 份加稀 H_3PO_4 或 H_2SO_4 至变红，另 1 份加稀 NaOH 至变蓝，然后将滤纸条分别浸入这两种溶液中，取出后在避光且没有酸、碱蒸气的房中晾干	红色试纸在碱性溶液中变蓝色；蓝色试纸在酸性溶液中变红色
酚酞试纸（白色）	将 1g 酚酞溶于 100mL 95%乙醇溶液中，振摇溶液，同时加入 100mL H_2O，将滤纸条浸入，取出置于无 NH_3 蒸气处晾干	在碱性溶液中变成深红色

续表

试纸名称及颜色	制 备 方 法	用途
刚果红试纸(红色)	将 0.5g 刚果红溶于 1 LH_2O 中,加 5 滴 HAc,滤纸条在温热溶液中浸湿后,取出晾干	与无机酸及 HCOOH、$ClCH_2COOH$、HOOCCOOH 等有机酸作用变蓝
淀粉-KI 试纸(白色)	将 3g 淀粉与 25mL H_2O 搅和,倾入 225mL 沸 H_2O 中,加 1g KI 及 1g $Na_2CO_3 \cdot 10H_2O$ 用 H_2O 稀释至 500mL,将滤纸条浸入,取出晾干	用以检出氧化剂(特别是卤素),作用时变蓝色
$Pb(Ac)_2$ 试纸(白色)	将滤纸浸入 3% $Pb(Ac)_2$ 溶液中,取出后在无 H_2S 处晾干	用以检出痕量的 H_2S,作用时变黑

附录 19　常用缓冲溶液及洗涤剂

(一)常用缓冲溶液 *

缓冲溶液组成	pK_a	缓冲溶液 pH	缓冲溶液配制方法
H_2NCH_2COOH-HCl	2.35 (pK_{a1})	2.3	取 150g H_2NCH_2COOH 溶于 500mL H_2O 中,加 80mL 浓 HCl 稀释至 1L
H_3PO_4-柠檬酸盐	—	2.5	取 113g $Na_2HPO_4 \cdot 12H_2O$ 溶于 200mL H_2O 中,加 387g 柠檬酸溶解,过滤后稀释至 1L
$ClCH_2COOH$-NaOH	2.86	2.8	取 200g $ClCH_2COOH$ 溶于 200mL H_2O 中,加 40g NaOH 溶解后,稀释至 1L
邻苯二甲酸氢钾-HCl	2.95 (pK_{a1})	2.9	取 500g 邻苯二甲酸氢钾溶于 500mL H_2O 中,加 80mL 浓 HCl,稀释至 1L
HCOOH-NaOH	3.76	3.7	取 95h HCOOH 和 40g NaOH 于 500mL H_2O 中,溶解,稀释至 1L
NH_4Ac-HAc	—	4.5	取 77g NH_4Ac 溶于 200mL H_2O 中,加 59mL 冰 HAc,稀释至 1L
NaAc-HAc	4.74	4.7	取 83g 无水 NaAc 溶于 H_2O 中,加 60mL 冰 HAc,稀释至 1L
NaAc-HAc	4.74	5.0	取 160g 无水 NaAc 溶于 H_2O 中,加 60mL 冰 HAc,稀释至 1L
NH_4Ac-HAc	—	5.0	取 250g NH_4Ac 溶于 H_2O 中,加 25mL 冰 HAc,稀释至 1L
六亚甲基四胺-HCl	5.15	5.4	取 40g 六亚甲基四胺溶于 200mL H_2O 中,加 10mL 浓 HCl,稀释至 1L
NH_4Ac-HAc	—	6.0	取 600g NH_4Ac 溶于 H_2O 中,加 20mL 冰 HAc,稀释至 1L
NaAc-H_3PO_4 盐	—	8.0	取 50g 无水 NaAc 和 50g $Na_2HPO_4 \cdot 12H_2O$ 溶于 H_2O 中,稀释至 1L
三羟甲基氨基甲烷-HCl	8.21	8.2	取 25g 三羟甲基氨基甲烷溶于 H_2O 中,加 8mL 浓 HCl,稀释至 1L
NH_3-NH_4Cl	9.26	9.2	取 54g NH_4Cl 溶于 H_2O 中,加 63mL 浓 $NH_3 \cdot H_2O$,稀释至 1L
NH_3-NH_4Cl	9.26	9.5	取 54g NH_4Cl 溶于 H_2O 中,加 126mL 浓 $NH_3 \cdot H_2O$,稀释至 1L
NH_3-NH_4Cl	9.26	10.0	取 54g NH_4Cl 溶于 H_2O 中,加 350mL 浓 $NH_3 \cdot H_2O$,稀释至 1L

注:1. 缓冲溶液配制后用 pH 试纸检查。如 pH 不对,可用共轭酸或碱调节。pH 欲调节精确时,可用 pH 计调节。
2. 若需增加或减少缓冲溶液的缓冲容量时,可相应增加或减少共轭酸碱对物质的量,再调节之。

（二）常用洗涤剂

名称	配制方法	备注
合成洗涤剂[①]	将合成洗涤剂粉用热 H_2O 搅拌配成浓溶液	用于一般的洗涤
皂角水	将皂角捣碎，用 H_2O 熬成溶液	用于一般的洗涤
H_2CrO_4 洗液	取 20g $K_2Cr_2O_7$（LR）于 500mL 烧杯中，加 40mL H_2O，加热溶解，冷后，缓缓加入 320mL 粗浓 H_2SO_4 即成（注意边加边搅），储于磨口细口瓶中	用于洗涤油污及有机物，使用时防止被 H_2O 稀释。用后倒回原瓶，可反复使用，直至溶液变为绿色[②]
$KMnO_4$ 碱性洗液	取 4g $KMnO_4$（LR），溶于少量 H_2O 中，缓缓加入 100mL 100% NaOH 溶液	用于洗涤油污及有机物，洗后玻璃壁上附着的 MnO_2 沉淀，可用粗亚铁或 Na_2SO_3 溶液洗去
碱性酒精溶液	30%～40% NaOH 酒精溶液	用于洗涤油污
酒精-浓 HNO_3 洗液		用于沾有有机物或油污的结构较复杂的仪器，洗涤时先加少量酒精于脏仪器中，再加少量 HNO_3，即产生大量棕色 NO_2，将有机物氧化而破坏

① 即可用肥皂水。

② 已还原为绿色的铬酸洗液，可加入固体 $KMnO_4$ 使其再生，这样，实际消耗的是 $KMnO_4$，可减少 Cr 对环境的污染。

附录 20　常用缓冲溶液的 pH 范围

缓冲溶液	pK	pH 有效范围
盐酸-邻苯二甲酸氢钾［HCl-$C_6H_4(COO)_2$HK］	3.1	2.2～4.0
柠檬酸-氢氧化钠［$C_3H_5(COOH)_3$-NaOH］	2.9,4.1,5.8	2.2～6.5
甲酸-氢氧化钠（HCOOH-NaOH）	3.8	2.8～4.6
乙酸-乙酸钠（CH_3COOH-CH_3COONa）	4.8	3.6～5.6
邻苯二甲酸氢钾-氢氧化钾［$C_6H_4(COO)_2$HK-KOH］	5.4	4.0～6.2
琥珀酸氢钠-琥珀酸钠 $\left(\begin{array}{cc}CH_2COOH & CH_2COONa \\ | & | \\ CH_2COONa & CH_2COONa\end{array}\right)$	5.5	4.8～6.3
柠檬酸氢二钠-氢氧化钠［$C_3H_4(COO)_3$HNa$_2$-NaOH］	5.8	5.0～6.3
磷酸二氢钾-氢氧化钠（KH_2PO_4-NaOH）	7.2	5.8～8.0
磷酸二氢钾-硼砂（KH_2PO_4-NaB_4O_7）	7.2	5.8～9.2
磷酸二氢钾-磷酸氢二钾（KH_2PO_4-K_2HPO_4）	7.2	5.9～8.0
硼酸-硼砂（H_3BO_3-$Na_2B_4O_7$）	9.2	7.2～9.2
硼酸-氢氧化钠（H_3BO_3-NaOH）	9.2	8.0～10.0
氯化铵-氨水（NH_4Cl-$NH_3 \cdot H_2O$）	9.3	8.3～10.3
碳酸氢钠-碳酸钠（$NaHCO_3$-Na_2CO_3）	10.3	9.2～11.0
磷酸氢二钠-氢氧化钠（Na_2HPO_4-NaOH）	12.4	11.0～12.0

附录 21　生活饮用水卫生标准（GB 5749—2006）

表 1　水质常规指标及限值

指　　标	限　　值
1. 微生物指标[①]	
总大肠杆菌群[MPN·(100mL)$^{-1}$或 CFU·(100mL)$^{-1}$]	不得检出
耐热大肠菌群[MPN·(100mL)$^{-1}$或 CFU·(100mL)$^{-1}$]	不得检出
大肠埃希氏菌[MPN·(100mL)$^{-1}$或 CFU·(100mL)$^{-1}$]	不得检出
菌落总数(CFU·mL^{-1})	100
2. 毒理指标	
砷/mg·L^{-1}	0.01
镉/mg·L^{-1}	0.005
铬(六价)/mg·L^{-1}	0.05
铅/mg·L^{-1}	0.01
汞/mg·L^{-1}	0.001
硒/mg·L^{-1}	0.01
氰化物/mg·L^{-1}	0.05
氟化物/mg·L^{-1}	1.0
硝酸盐(以 N 计)/mg·L^{-1}	10 地下水源限制时为 20
三氯甲烷/mg·L^{-1}	0.06
四氯化碳/mg·L^{-1}	0.002
溴酸盐(使用臭氧时)/mg·L^{-1}	0.01
甲醛(使用臭氧时)/mg·L^{-1}	0.9
亚氯酸盐(使用二氧化氯消毒时)/mg·L^{-1}	0.7
氯酸盐(使用复合二氧化氯消毒时)/mg·L^{-1}	0.7
3. 感官性状和一般化学指标	
色度(铂-钴色度单位)	15
浑浊度(NTU—散射浊度单位)	1 水源与净水条件限制时为 3
嗅和味	无异臭、异味
肉眼可见物	无
pH	不小于 6.5 且不大于 8.5
铝/mg·L^{-1}	0.2
铁/mg·L^{-1}	0.3
锰/mg·L^{-1}	0.1
铜/mg·L^{-1}	1.0
锌/mg·L^{-1}	1.0
氯化物/mg·L^{-1}	250

续表

指　标	限　值
3. 感官性状和一般化学指标	
硫酸盐/mg·L^{-1}	250
溶解性总固体/mg·L^{-1}	1000
总硬度(以 CaCO$_3$ 计)/mg·L^{-1}	450
耗氧量(COD$_{Mn}$法,以 O$_2$ 计)/mg·L^{-1}(高锰酸钾指数①)	3 水源限制,原水耗氧量＞6 时为 5
挥发性酚类(以苯酚计)/mg·L^{-1}	0.002
阴离子合成洗涤剂/mg·L^{-1}	0.3
4. 放射性指标②	**指导值**
总 α 放射性(Bq·L^{-1})	0.5
总 β 放射性(Bq·L^{-1})	1

① MPN 表示最可能数；CFU 表示菌落形成单位。当水样检出总大肠菌群时，应进一步检验大肠埃希氏菌或耐热大肠菌群；水样未检出总大肠菌群，不必检验大肠埃希氏菌或耐热大肠菌群。

② 放射性指标超过指导值，应进行核素分析和评价，判定能否饮用。

表 2　饮用水中消毒剂常规指标及要求

消毒剂名称	与水接触时间	出厂水中限值/mg·L^{-1}	出厂水中余量/mg·L^{-1}	管网末梢水中余量/mg·L^{-1}
氯气及游离氯制剂(游离氯)	≥30min	4	≥0.3	≥0.05
一氯胺(总氯)	≥120min	3	≥0.5	≥0.05
臭氧(O$_3$)	≥12min	0.3	—	0.02 如加氯,总氯≥0.05
二氧化氯(ClO$_2$)	≥30min	0.8	≥0.1	≥0.02

表 3　水质非常规指标及限值

指　标	限　值
1. 微生物指标	
贾第鞭毛虫[个·(10L)$^{-1}$]	<1
隐孢子虫[个·(10L)$^{-1}$]	<1
2. 毒理指标	
锑/mg·L^{-1}	0.005
钡/mg·L^{-1}	0.7
铍/mg·L^{-1}	0.002
硼/mg·L^{-1}	0.5
钼/mg·L^{-1}	0.07
镍/mg·L^{-1}	0.02
银/mg·L^{-1}	0.05
铊/mg·L^{-1}	0.0001
氯化氰(以 CN$^-$ 计)/mg·L^{-1}	0.07

指　标	限　值
一氯二溴甲烷/mg·L⁻¹	0.1
二氯一溴甲烷/mg·L⁻¹	0.06
二氯乙酸/mg·L⁻¹	0.05
1,2-二氯乙烷/mg·L⁻¹	0.03
二氯甲烷/mg·L⁻¹	0.02
三卤甲烷(三氯甲烷、一氯二溴甲烷、二氯一溴甲烷、三溴甲烷的总和)	该类化合物中各种化合物的实测浓度与其各自限值的比值之和不超过 1
1,1,1-三氯乙烷/mg·L⁻¹	2
三氯乙酸/mg·L⁻¹	0.1
三氯乙醛/mg·L⁻¹	0.01
2,4,6-三氯酚/mg·L⁻¹	0.2
三溴甲烷/mg·L⁻¹	0.1
七氯/mg·L⁻¹	0.0004
马拉硫磷/mg·L⁻¹	0.25
五氯酚/mg·L⁻¹	0.009
六六六(总量)/mg·L⁻¹	0.005
六氯苯/mg·L⁻¹	0.001
乐果/mg·L⁻¹	0.08
对硫磷/mg·L⁻¹	0.003
灭草松/mg·L⁻¹	0.3
甲基对硫磷/mg·L⁻¹	0.02
百菌清/mg·L⁻¹	0.01
呋喃丹/mg·L⁻¹	0.007
林丹/mg·L⁻¹	0.002
毒死蜱/mg·L⁻¹	0.03
草甘膦/mg·L⁻¹	0.7
敌敌畏/mg·L⁻¹	0.001
莠去津/mg·L⁻¹	0.002
溴氰菊酯/mg·L⁻¹	0.02
2,4-滴/mg·L⁻¹	0.03
敌敌涕/mg·L⁻¹	0.001
乙苯/mg·L⁻¹	0.3
二甲苯(总量)/mg·L⁻¹	0.5
1,1-二氯乙烯/mg·L⁻¹	0.03
1,2-二氯乙烯/mg·L⁻¹	0.05
1,2-二氯苯/mg·L⁻¹	1
1,4-二氯苯/mg·L⁻¹	0.3
三氯乙烯/mg·L⁻¹	0.07

续表

指　　标	限　　值
三氯苯（总量）/mg·L^{-1}	0.02
六氯丁二烯/mg·L^{-1}	0.0006
丙烯酰胺/mg·L^{-1}	0.0005
四氯乙烯/mg·L^{-1}	0.04
甲苯/mg·L^{-1}	0.7
邻苯二甲酸二(2-乙基己)酯/mg·L^{-1}	0.008
环氧氯丙烷/mg·L^{-1}	0.0004
苯/mg·L^{-1}	0.01
苯乙烯/mg·L^{-1}	0.02
苯并[a]芘/mg·L^{-1}	0.00001
氯乙烯/mg·L^{-1}	0.005
氯苯/mg·L^{-1}	0.3
微囊藻毒素-LR/mg·L^{-1}	0.001
3. 感官性状和一般化学指标	
氨氮（以 N 计）/mg·L^{-1}	0.5
硫化物/mg·L^{-1}	0.02
钠/mg·L^{-1}	200

表 4　农村小型集中式供水和分散式供水部分水质指标及限值

指　　标	限　　值
1. 微生物指标	
群落总数/CFU·mL^{-1}	500
2. 毒理指标	
砷/mg·L^{-1}	0.05
氟化物/mg·L^{-1}	1.2
硝酸盐/mg·L^{-1}	20
3. 感官性状和一般化学指标	
色度（铂钴色度单位）	20
浑浊度（NTU-散射浊度单位）	3 水源与净水技术条件限制时为 5
pH	不小于 6.5 且不大于 9.5
溶解性总固体/mg·L^{-1}	1500
总硬度（以 CaCO$_3$ 计）/mg·L^{-1}	550
耗氧量（COD$_{Mn}$法，以 O$_2$ 计）/mg·L^{-1}	5
铁/mg·L^{-1}	0.5
锰/mg·L^{-1}	0.3
氯化物/mg·L^{-1}	300
硫酸盐/mg·L^{-1}	300

参 考 文 献

［1］ 郭伟强主编．大学化学基础实验．北京：科学出版社，2014.
［2］ 中山大学等校编．无机化学实验．北京：高等教育出版社，2004.
［3］ 高丽华主编．基础化学实验．北京：化学工业出版社，2004.
［4］ 山东大学，山东师范大学等高校合编．基础化学实验．北京：化学工业出版社，2004.
［5］ 赵剑英主编．有机化学实验．第 3 版．北京：化学工业出版社，2019.
［6］ 安从俊主编．物理化学实验．武汉：华中科技大学出版社，2011.
［7］ 顾文秀，高海燕主编．物理化学实验．北京：化学工业出版社，2019.
［8］ 侯炜，戴莹莹主编．物理化学实验．北京：北京理工大学出版社，2016.
［9］ 洪建和，王君霞，付凤英编．物理化学实验．武汉：中国地质大学出版社，2016.
［10］ 庞素娟，吴洪达主编．物理化学实验．武汉：华中科技大学出版社，2009.

元素周期表

IUPAC 2013

图例说明

95 — 原子序数
Am — 元素符号(红色的为放射性元素)
镅 — 元素名称(注▴的为人造元素)
5f⁷7s² — 价层电子构型
243.06138(2) — 以 ¹²C=12 为基准的原子量(注+的是半衰期最长同位素的原子量)

$$^{95}_{+3} \text{Am 镅} \quad 5f^7 7s^2 \quad 243.06138(2)^+$$

氧(化态为单质的氧化态为0,未列入):常见的为红色

区域分类:
- s区元素
- p区元素
- d区元素
- ds区元素
- f区元素
- 稀有气体

周期/族	IA	IIA	IIIB	IVB	VB	VIB	VIIB		VIIIB(VIII)		IB	IIB	IIIA	IVA	VA	VIA	VIIA	VIIIA(0)
1	1 H 氢 1s¹ 1.008																	2 He 氦 1s² 4.002602(2)
2	3 Li 锂 2s¹ 6.94	4 Be 铍 2s² 9.0121831(5)											5 B 硼 2s²2p¹ 10.81	6 C 碳 2s²2p² 12.011	7 N 氮 2s²2p³ 14.007	8 O 氧 2s²2p⁴ 15.999	9 F 氟 2s²2p⁵ 18.998403163(6)	10 Ne 氖 2s²2p⁶ 20.1797(6)
3	11 Na 钠 3s¹ 22.98976928(2)	12 Mg 镁 3s² 24.305											13 Al 铝 3s²3p¹ 26.9815385(7)	14 Si 硅 3s²3p² 28.085	15 P 磷 3s²3p³ 30.973761998(5)	16 S 硫 3s²3p⁴ 32.06	17 Cl 氯 3s²3p⁵ 35.45	18 Ar 氩 3s²3p⁶ 39.948(1)
4	19 K 钾 4s¹ 39.0983(1)	20 Ca 钙 4s² 40.078(4)	21 Sc 钪 3d¹4s² 44.955908(5)	22 Ti 钛 3d²4s² 47.867(1)	23 V 钒 3d³4s² 50.9415(1)	24 Cr 铬 3d⁵4s¹ 51.9961(6)	25 Mn 锰 3d⁵4s² 54.938044(3)	26 Fe 铁 3d⁶4s² 55.845(2)	27 Co 钴 3d⁷4s² 58.933194(4)	28 Ni 镍 3d⁸4s² 58.6934(4)	29 Cu 铜 3d¹⁰4s¹ 63.546(3)	30 Zn 锌 3d¹⁰4s² 65.38(2)	31 Ga 镓 4s²4p¹ 69.723(1)	32 Ge 锗 4s²4p² 72.630(8)	33 As 砷 4s²4p³ 74.921595(6)	34 Se 硒 4s²4p⁴ 78.971(8)	35 Br 溴 4s²4p⁵ 79.904	36 Kr 氪 4s²4p⁶ 83.798(2)
5	37 Rb 铷 5s¹ 85.4678(3)	38 Sr 锶 5s² 87.62(1)	39 Y 钇 4d¹5s² 88.90584(2)	40 Zr 锆 4d²5s² 91.224(2)	41 Nb 铌 4d⁴5s¹ 92.90637(2)	42 Mo 钼 4d⁵5s¹ 95.95(1)	43 Tc 锝▴ 4d⁵5s² 97.90721(3)⁺	44 Ru 钌 4d⁷5s¹ 101.07(2)	45 Rh 铑 4d⁸5s¹ 102.90550(2)	46 Pd 钯 4d¹⁰ 106.42(1)	47 Ag 银 4d¹⁰5s¹ 107.8682(2)	48 Cd 镉 4d¹⁰5s² 112.414(4)	49 In 铟 5s²5p¹ 114.818(1)	50 Sn 锡 5s²5p² 118.710(7)	51 Sb 锑 5s²5p³ 121.760(1)	52 Te 碲 5s²5p⁴ 127.60(3)	53 I 碘 5s²5p⁵ 126.90447(3)	54 Xe 氙 5s²5p⁶ 131.293(6)
6	55 Cs 铯 6s¹ 132.90545196(6)	56 Ba 钡 6s² 137.327(7)	57~71 La~Lu 镧系	72 Hf 铪 5d²6s² 178.49(2)	73 Ta 钽 5d³6s² 180.94788(2)	74 W 钨 5d⁴6s² 183.84(1)	75 Re 铼 5d⁵6s² 186.207(1)	76 Os 锇 5d⁶6s² 190.23(3)	77 Ir 铱 5d⁷6s² 192.217(3)	78 Pt 铂 5d⁹6s¹ 195.084(9)	79 Au 金 5d¹⁰6s¹ 196.966569(5)	80 Hg 汞 5d¹⁰6s² 200.592(3)	81 Tl 铊 6s²6p¹ 204.38	82 Pb 铅 6s²6p² 207.2(1)	83 Bi 铋 6s²6p³ 208.98040(1)	84 Po 钋▴ 6s²6p⁴ 208.98243(2)⁺	85 At 砹▴ 6s²6p⁵ 209.98715(5)⁺	86 Rn 氡▴ 6s²6p⁶ 222.01758(2)⁺
7	87 Fr 钫▴ 7s¹ 223.01974(2)⁺	88 Ra 镭▴ 7s² 226.02541(2)⁺	89~103 Ac~Lr 锕系	104 Rf 𬬻▴ 6d²7s² 267.1224(4)⁺	105 Db 𬭊▴ 6d³7s² 270.131(4)⁺	106 Sg 𬭳▴ 6d⁴7s² 269.129(3)⁺	107 Bh 𬭛▴ 6d⁵7s² 270.133(2)⁺	108 Hs 𬭶▴ 6d⁶7s² 270.134(2)⁺	109 Mt 鿏▴ 6d⁷7s² 278.156(5)⁺	110 Ds 𫟼▴ 281.165(4)⁺	111 Rg 𬬭▴ 281.166(6)⁺	112 Cn 鿔▴ 285.177(4)⁺	113 Nh 鿭▴ 286.182(5)⁺	114 Fl 𫓧▴ 289.190(4)⁺	115 Mc 镆▴ 289.194(6)⁺	116 Lv 𬝡▴ 293.204(4)⁺	117 Ts 鿬▴ 293.208(6)⁺	118 Og 鿫▴ 294.214(5)⁺

镧系 (★)

57 La 镧 5d¹6s² 138.90547(7)	58 Ce 铈 4f¹5d¹6s² 140.116(1)	59 Pr 镨 4f³6s² 140.90766(2)	60 Nd 钕 4f⁴6s² 144.242(3)	61 Pm 钷▴ 4f⁵6s² 144.91276(2)⁺	62 Sm 钐 4f⁶6s² 150.36(2)	63 Eu 铕 4f⁷6s² 151.964(1)	64 Gd 钆 4f⁷5d¹6s² 157.25(3)	65 Tb 铽 4f⁹6s² 158.92535(2)	66 Dy 镝 4f¹⁰6s² 162.500(1)	67 Ho 钬 4f¹¹6s² 164.93033(2)	68 Er 铒 4f¹²6s² 167.259(3)	69 Tm 铥 4f¹³6s² 168.93422(2)	70 Yb 镱 4f¹⁴6s² 173.045(10)	71 Lu 镥 4f¹⁴5d¹6s² 174.9668(1)

锕系 (★)

89 Ac 锕▴ 6d¹7s² 227.02775(2)⁺	90 Th 钍▴ 6d²7s² 232.0377(4)	91 Pa 镤▴ 5f²6d¹7s² 231.03588(2)	92 U 铀▴ 5f³6d¹7s² 238.02891(3)	93 Np 镎▴ 5f⁴6d¹7s² 237.04817(2)⁺	94 Pu 钚▴ 5f⁶7s² 244.06421(4)⁺	95 Am 镅▴ 5f⁷7s² 243.06138(2)⁺	96 Cm 锔▴ 5f⁷6d¹7s² 247.07035(3)⁺	97 Bk 锫▴ 5f⁹7s² 247.07031(4)⁺	98 Cf 锎▴ 5f¹⁰7s² 251.07959(3)⁺	99 Es 锿▴ 5f¹¹7s² 252.0830(3)⁺	100 Fm 镄▴ 5f¹²7s² 257.09511(5)⁺	101 Md 钔▴ 5f¹³7s² 258.09843(3)⁺	102 No 锘▴ 5f¹⁴7s² 259.10100(7)⁺	103 Lr 铹▴ 5f¹⁴6d¹7s² 262.110(2)⁺

电子层 (K L M N O P Q)